北京市注册助理安全工程师资格考试辅导教材

安全生产实务与案例分析

（非煤矿山安全）

北京市安全生产技术服务中心　组织编写

煤炭工业出版社

·北京·

图书在版编目（CIP）数据

安全生产实务与案例分析．非煤矿山安全/北京市安全
生产技术服务中心组织编写．――北京：煤炭工业出版社，2015
北京市注册助理安全工程师资格考试辅导教材
ISBN 978－7－5020－4839－6

Ⅰ．①安…　Ⅱ．①北…　Ⅲ．①矿山安全—安全生产—
安全工程师—资格考试—教材　Ⅳ．①X931

中国版本图书馆 CIP 数据核字（2015）第 058935 号

安全生产实务与案例分析　非煤矿山安全
（北京市注册助理安全工程师资格考试辅导教材）

组织编写　北京市安全生产技术服务中心
责任编辑　李振祥
责任校对　王云巧
封面设计　明　羲

出版发行　煤炭工业出版社（北京市朝阳区芍药居 35 号　100029）
电　　话　010－84657898（总编室）
　　　　　010－64018321（发行部）　010－84657880（读者服务部）
电子信箱　cciph612@126.com
网　　址　www.cciph.com.cn
印　　刷　煤炭工业出版社印刷厂
经　　销　全国新华书店

开　　本　787mm×1092mm$^1/_{16}$　印张　18　字数　350 千字
版　　次　2015 年 4 月第 1 版　2015 年 4 月第 1 次印刷
社内编号　7694　　定价　45.00 元

北京市安全生产培训教材编委会

本书编写人员（以姓氏笔画为序）

王学广　孙建军　刘　艳　刘自杰　陈　力
李建中　李　让　郎　涛　宫运华　薛映宾

前　言

安全生产在国民经济和社会发展中具有重要地位，其目的是防止和减少生产安全事故，保障人民群众生命和财产安全，促进经济社会持续健康发展。近年来，全国生产安全事故逐年下降，安全生产状况总体稳定、趋于好转，但形势依然十分严峻，事故总量仍然很大，非法违法生产现象严重，重特大事故多发频发，给人民群众生命财产安全造成重大损失，暴露出一些企业重生产轻安全、安全管理薄弱、主体责任不落实，一些地方和部门安全监管不到位等突出问题。

2014 年新修订的《中华人民共和国安全生产法》规定："危险物品的生产、储存单位以及矿山、金属冶炼单位应当有注册安全工程师从事安全生产管理工作。鼓励其他生产经营单位聘用注册安全工程师从事安全生产管理工作"。为适应中小企业安全生产管理工作的实际需要，人事部、国家安全生产监督管理总局下达了国人部发〔2007〕121 号"关于实施《注册安全工程师执业资格制度暂行规定》补充规定的通知"，在注册安全工程师制度中增设"注册助理安全工程师"助理级资格。取得注册助理安全工程师资格证书并经注册人员，可以以注册助理安全工程师的名义，在中小企业中承担安全生产管理或安全生产技术工作，也可在大企业中协助注册安全工程师开展相关工作。助理安全工程师制度是建立和完善安全生产管理制度的一项有效措施，将在加强安全生产管理专业人才队伍建设和促进安全生产工作等方面发挥积极作用。

注册助理安全工程师资格考试设《安全生产法律法规》和《安全生产实务与案例分析》2 个科目。各省、自治区、直辖市人事行政部门和安全生产监督管理部门共同负责注册助理安全工程师资格考试工作。注册助理安全工程师资格考试合格，颁发各省、自治区、直辖市人事行政部门和安全生产监督管理部门共同制发的《中华人民共和国注册助理安全工程师资格证书》，该证书在本行政区域内有效；各省、自治区、直辖市安全生产监督管理部门负责注册助理安全工程师资格的注册管理工作，颁发《中华人民共和国注册助理安全工程师执业证》。

为了落实和推进北京市注册助理安全工程师制度，大力提升北京市生产经营单位，尤其是中小企业和基层人员安全生产管理和技术水平，依据国家安全生产监督管理总局组织编写、人力资源和社会保障部审定的"注册助理安全工程师资格考试大纲"，北京市安全生产技术服务中心组织编制了2015版北京市注册助理安全工程师考试教程，作为参加考试人员的学习教材。

本教程共分两部分，第一部分是《安全生产法律法规》，适用于各类专业的考试；第二部分是《安全生产实务与案例分析》，按非煤矿山、危险化学品、建筑施工、其他四类生产经营单位编制，分别适用于四类企业人员的专业考试。本教程得到了北京地大安环科技发展有限公司、中国石油大学(北京)、北京化学工业协会、北京城建集团有限责任公司、北京城建六建设集团有限公司、北京市启迪智信注册安全工程师事务所有限责任公司等单位的大力支持与配合，作为北京市第一套注册助理安全工程师考试教程，教材编写工作时间较紧，教程会存在一些不当或疏漏之处，敬请谅解并提出宝贵的意见，以便今后改进。

目　次

第一章　安全生产管理实务

第一节　安全生产基础理论和概念

主要法规标准

◆ 《中华人民共和国安全生产法》

◆ 《北京市安全生产条例》

◆ 《企业安全文化建设导则》（AQ/T 9004）

◆ 《企业安全文化建设评价准则》（AQ/T 9005）

◆ 《职业健康安全管理体系要求》（GB/T 28001）

一、安全生产相关概念

（一）危险和安全

1. 危险

危险是指系统中存在导致发生不期望后果的可能性超过了人们的承受程度。危险是人们对事物的具体认识，必须指明具体对象，如危险环境、危险条件、危险状态、危险物质、危险场所、危险人员、危险因素等。

2. 安全

安全是指系统中人员免遭不可承受危险的伤害。安全包括安全条件和安全状况。

（1）安全条件：在生产过程中，可防止人员伤亡、职业病或设备、设施损害或环境危害的条件。

（2）安全状况：人、机、环境及其相互作用的过程中，可防止失效、人员伤害或其他损失的现状。

安全和危险是一组对应的概念。危险是绝对的，任何场所、时段均存在危险。

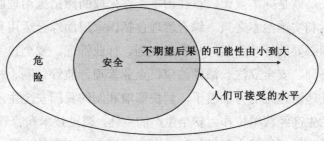

图1-1　安全和危险的关系图

如果危险的程度在人们可接受的水平内，则认为是相对安全的；而当不期望后果发生的可能性大到不可接受的水平时，则认为是危险的。同时，危险和安全是动态的，现有的安全条件和状况在一定条件下，可以转化为不安全条件和不安全状况，如图 1-1

所示。

（二）安全生产

根据现代系统安全工程的观点，安全生产通常是指在社会生产活动中，通过人、机、物料、环境的和谐运作，使生产过程中潜在的各种事故风险和伤害因素始终处于有效控制状态，切实保护劳动者的生命安全和身体健康。

安全生产的目的是保证生产过程在符合物质条件和工作秩序下进行的，防止发生人身伤亡和财产损失等生产事故，消除或控制危险、有害因素，保障人身安全与健康、设备和设施免受损坏、环境免遭破坏。安全生产是安全与生产的统一，安全促进生产，生产必须安全。

（三）安全生产方针

"安全第一、预防为主、综合治理"是我国的安全生产方针。安全生产方针是党和政府对安全生产工作的总体要求，是安全生产工作的方向，对于指导新时期安全生产工作具有重大而深远的意义。

1．安全第一

就是在生产经营活动中，在处理保证安全与生产经营活动的关系上，要始终把安全放在首要位置，优先考虑从业人员和其他人员的人身安全，实行"安全优先"的原则。安全第一的原则，不仅体现在生产经营的全过程，更应该体现在生产经营活动与安全发生矛盾时，坚决将安全的要求放在首位。

2．预防为主

就是把安全生产工作的关口前移，超前防范。按照系统化、科学化的管理思想，按照事故发生的规律和特点，通过危险源控制、隐患排查治理、人员培训教育、设备设施安全性能控制等技术和管理手段，预防事故发生，做到防患于未然。

3．综合治理

就是标本兼治，重在治本。在采取断然措施治理隐患、实现治标的同时，积极探索和实施治本之策。综合治理包括国家层面综合运用科技手段、法律手段、经济手段和必要的行政手段，从发展规划、行业管理、安全投入、科技进步、经济政策、教育培训、安全立法、激励约束、企业管理、监管体制、社会监督以及追究事故责任、查处违法违纪等方面着手，解决影响和制约我国安全生产的历史性、深层次问题；也包括生产经营单位作为安全生产的主体，通过技术和管理手段，建立安全生产综合系统，做到思想认识上警钟长鸣，制度保证上严密有效，技术支撑上坚强有力，监督检查上严格细致，事故处理上严肃认真。

"安全第一、预防为主、综合治理"的安全生产方针是一个有机统一的整体。安全第一是预防为主、综合治理的统帅和灵魂，没有安全第一的思想，预防为主就失去了思想支撑，综合治理就失去了整治依据。预防为主是实现安全第一的根本途径。只有把安全生产的重点放在建立事故隐患预防体系上，超前防范，才能有效减少事故损失，实现安全第一。综合治理是落实安全第一、预防为主的手段和方法。只有不断健全和完善综合治理工作机制，才能有效贯彻安全生产方针，真正把安全第一、预防为主落到实处，不断开创安全生产工作的新局面。

（四）安全生产管理

安全生产管理是管理的重要组成部分，是安全科学的一个分支。

安全生产管理就是针对人们生产过程的安全问题，运用有效的资源，发挥人们的智慧，通过人们的努力，进行有关决策、计划、组织和控制等活动，实现生产过程中人与机器设备、物料、环境的和谐，达到安全生产的目标。

1. 安全生产管理的目标

安全生产管理的目标是减少和控制危害，减少和控制事故，尽量避免生产过程中由于事故所造成的人身伤害、财产损失、环境污染以及其他损失。

2. 安全生产管理的范围

安全生产管理的范围包括安全生产法制管理、行政管理、监督检查、工艺技术管理、设备设施管理、作业环境和条件管理等方面。对生产经营单位，安全生产管理的基本对象是员工（涉及的所有人员）、设备设施、物料、环境、财务、信息等各个方面。

生产经营单位的安全生产管理，按安全生产标准化的规范，总体可分为基础管理。

基础管理包括安全生产机构和人员、安全生产责任制、安全生产管理规章制度、安全目标、安全培训教育、安全监督检查、安全应急、事故、安全绩效考核等管理。

现场管理包括工艺技术管理、设备设施管理、作业活动管理、作业环境和条件管理等。

（五）本质安全

本质安全是指通过设计等手段，保证生产设备或生产系统本身具有安全性，即使在误操作或发生故障的情况下也不会造成事故。本质安全的功能通常包括失误—安全功能和故障—安全功能。

失误—安全功能就是操作者即使操作失误，也不会发生事故或伤害，或者说设备、设施和技术工艺本身具有自动防止人的不安全行为的功能。

故障—安全功能就是设备、设施或技术工艺发生故障或损坏时，还能暂时维持正常工作或者自动转变为安全状态。

本质安全的功能应该是设备、设施和技术工艺本身固有的，即在它们的规划设计阶段就被纳入其中，而不是事后通过其他管理措施补偿的。

本质安全是安全生产预防为主的根本体现，由于技术、资金和人们对事故的认识等原因，目前还很难在所有设备设施上做到本质安全，因此本质安全是安全生产工作奋斗的目标，通过其他技术和管理手段对设备设施的安全状况进行控制，仍然是必不可少的重要措施。

本质安全型企业是我国许多生产经营单位对本质安全概念的扩展，指在存在安全隐患的环境条件下能够依靠内部系统和组织保证长效安全生产。

（六）安全生产监督管理

安全生产监督管理广义上包括生产经营单位的自我监督和政府对生产经营单位的监督，这里专指政府对生产经营单位的监督管理。目前我国的安全生产监督管理方式是综合监管与行业监管相结合、国家监察与地方监管相结合、政府监督与其他监督相结合。

1．综合监管与行业监管

国家安全生产监督管理总局是国务院主管安全生产综合监督管理的直属机构，依法对全国安全生产实施综合监督管理。公安、交通、铁道、民航、水利、电监、建设、国防科技、邮政、信息产业、旅游、质检、环保等国务院有关部门分别对各自行业和领域的安全生产工作负责监督管理，即行业监管。

2．国家监察与地方监管

除了综合监管与行业监管之外，针对某些危险性较高的特殊领域，国家为了加强安全生产监督管理工作，专门建立了国家监察机制。如煤矿，国家专门建立了垂直管理的煤矿安全监察机构，设立国家煤矿安全监察局，产煤地区另设立省级煤矿安全监察局，省级煤矿安全监察局下设分局，监察机构的人、财、物全部由中央负责，避免实行监察过程中受地方政府的干扰。

3．政府监督与其他监督

生产经营单位是安全生产的主体，加强外部的监督和管理是安全生产的重要保证。政府监督包括安全生产监督管理部门和其他负有安全生产监督管理职责部门的监督、监察部门的监督等。除政府监督外，其他方面的监督包括安全中介机构监督、社会公众监督、工会监督、新闻媒体监督、居民委员会和村民委员会等组织监督等。其他监督是整个安全生产监督管理体制的一个重要组成部分，在安全生产工作中发挥着重要的作用。

二、安全生产管理基础理论

（一）事故致因理论

1．事故频发倾向理论

该理论认为，从事同样的工作和在同样的工作环境下，某些人比其他人更易发生事故，成为事故倾向者，他们的存在会使生产中的事故增多，如果通过人的性格特点等区分出这些事故倾向者而不予雇佣，就可以减少工业生产中的事故。

2．海因里希事故因果连锁理论

1931 年，美国的海因里希第一次提出了事故因果连锁理论，阐述导致伤亡事故各种原因因素间及与伤害间的关系，认为伤亡事故的发生不是一个孤立的事件，尽管伤害可能在某瞬间突然发生，却是一系列原因事件相继发生的结果。该理论仅仅关注人的因素，把大多数工业事故的责任都归咎于工人的不安全行为等方面，因此具有局限性，但其对人的不安全行为、物的不安全状态的认识，至今仍然具有现实意义。

海因里希把工业伤害事故的发生和发展过程描述为具有一定因果关系的事件的连锁，其中事故因果连锁过程概括为遗传及社会环境、人的缺点、人的不安全行为或物的不安全状态、事故和伤害 5 个因素。

遗传因素及社会环境是造成人的性格上缺点的原因。遗传因素可能造成鲁莽、固执等不良性格；社会环境可能妨碍教育，助长性格的缺点发展。

人的缺点是使人产生不安全行为或造成机械、物质不安全状态的原因，它包括鲁莽、固执、过激、神经质、轻率等性格上的先天缺点，以及缺乏安全生产知识和技术等后天的缺点。

所谓人的不安全行为或物的不安全状态是指那些曾经引起过事故，可能再次引起事故的人的行为或机械、物质的状态，它们是造成事故的直接原因。

事故是由于物体、物质、人或放射线的作用或反作用，使人体受到伤害或可能受到伤害的，出乎意料之外的、失去控制的事件。

伤害是由于事故直接产生的人身伤害。

海因里希用多米诺骨牌来形象地描述这种事故因果连锁关系，一颗骨牌被碰倒了，则将发生连锁反应，其余的几颗骨牌相继被碰倒。如果移去中间的一颗骨牌，则连锁被破坏，事故过程被中止，如图 1-2 所示。他认为，要防止人的不安全行为，消除机械的或物质的不安全状态，中断事故连锁的进程即可避免事故的发生。

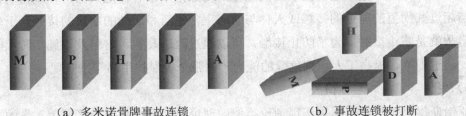

（a）多米诺骨牌事故连锁　　　　（b）事故连锁被打断

图 1-2　事故因果连锁关系图

3．其他事故因果连锁理论

第二次世界大战后，人们逐渐认识到管理因素作为背后原因在事故致因中的重要作用。人的不安全行为或物的不安全状态是工业事故的直接原因，必须加以追究。但是，它们只不过是其背后的深层原因的征兆和管理缺陷的反映。只有找出深层次的、背后的原因，改进企业管理，才能有效地防止事故。

博德在海因里希事故因果连锁理论的基础上，提出了现代事故因果连锁理论，其事故连锁过程影响因素为：

1）控制不足——管理

事故因果连锁中一个最重要的因素是安全管理。安全管理人员应该充分认识到，他们的工作要以得到广泛承认的企业管理原则为基础，即安全管理者应该懂得管理的基本理论和原则。控制是管理机能中的一种机能。安全管理中的控制是指损失控制，包括对人的不安全行为和物的不安全状态的控制，这是安全管理工作的核心。

2）基本原因——起源论

为了从根本上预防事故，必须查明事故的基本原因，并针对查明的基本原因采取对策。

基本原因包括个人原因及与工作有关的原因。只有找出这些基本原因，才能有效地预防事故的发生。所谓起源论是在于找出问题的基本的、背后的原因，而不仅停留在表面的现象上。只有这样，才能实现有效的控制。

3）直接原因——征兆

不安全行为和不安全状态是事故的直接原因，这是最重要的，必须加以追究的原因。但是，直接原因不过是基本原因的征兆，是一种表面现象。在实际工作中，如果只抓住作为表明现象的直接原因而不追究其背后隐藏的深层原因，就永远不能从根本上杜绝事故的发生。另一方面，安全管理人员应该能够预测及发现这些作为管理缺欠的征兆的直接原因，采取恰当的改善措施；同时，为了在经济上及实际可能的情况下采取长期的控制对策，必须努力找出其基本原因。

4）事故——接触

从实用的目的出发，往往把事故定义为最终导致人体损伤、死亡、财产损失的不希望的事件。但是，越来越多的学者从能量的观点把事故看作是人的身体或构筑物、设备与超过其阈值的能量的接触或人体与妨碍正常生活和活动的物质的接触。于是，防止事故就是防止接触。为了防止接触，可以通过改进装置、材料及设施，防止能量释放，通过训练、提高工人识别危险的能力，佩带个人保护用品等来实现。

5）受伤——损坏——损失

亚当斯提出了与博德因果连锁理论类似的理论，他把事故的直接原因、人的不安全行为及物的不安全状态称作现场失误。本来，不安全行为和不安全状态是操作者在生产过程中的错误行为及生产条件方面的问题。采取现场失误这一术语，其主要目的在于提醒人们注意不安全行为及不安全状态的性质。

（二）能量意外释放理论

1961 年吉布森提出，事故是一种不正常的或不希望的能量释放，意外释放的各种形式的能量是构成伤害的直接原因。因此，应该通过控制能量或控制能量载体（能量达及人体的媒介）来预防伤害事故。

在吉布森的研究基础上，1966 年美国运输部安全局局长哈登完善了能量意外释放理论，提出"人受伤害的原因只能是某种能量的转移"。能量意外释放理论揭示了事故发生的物理本质，为人们设计及采取安全技术措施提供了理论依据，对于事故预防、事故调查分析有重要的现实意义。

能量在生产过程中是不可缺少的，人类利用能量做功以实现生产目的。人类为了利用能量做功，必须控制能量。在正常生产过程中，能量受到种种约束和限制，按照人们的意志流动、转换和做功。如果由于某种原因，能量失去了控制，超越了人们设置的约束或限制而意外地逸出或释放，必然造成事故。如果失去控制的、意外释放的能量达及人体，并且能量的作用超过了人们的承受能力，人体必将受到伤害。

据能量意外释放理论，伤害事故原因是：接触了超过机体组织（或结构）抵抗力的某种形式的过量的能量；有机体与周围环境的正常能量交换受到了干扰（如窒息、淹溺等）。因而，各种形式的能量是构成伤害的直接原因。同时也常常可以通过控制能量，或控制达及人体媒介的能量载体来预防伤害事故。

机械能、电能、热能、化学能、电离及非电离辐射、声能和生物能等形式的能量，都可能导致人员伤害。其中前 4 种形式的能量引起的伤害最为常见，如：

（1）意外释放的机械能是造成工业伤害事故的主要能量形式。

（2）处于高处的人体或物体具有较高的势能，当人体具有的势能意外释放时，发生坠落或跌落事故；当物体具有的势能意外释放时，将发生物体打击等事故。

（3）动能是另一种形式的机械能，各种运输车辆和各种机械设备的运动部分都具有较大的动能，人体一旦与之接触，将发生车辆伤害或机械伤害事故。

（4）工业生产中广泛利用电能，当人体意外地接近或接触带电体时，可能发生触电事故而受到伤害。

（5）生产中利用的电能、机械能或化学能可以转变为热能；可燃物燃烧时释放出大量的热能，人体在热能的作用下，可能遭受烧灼或发生烫伤。

（6）有毒有害的化学物质使人体中毒，是化学能引起的典型伤害事故。

从能量意外释放理论出发，采取屏蔽措施可防止能量或危险物质的意外释放、防止人体与过量的能量或危险物质接触，即可预防伤害事故。

防止能量意外释放的措施：

（1）用安全的能源代替不安全的能源。例如：在容易发生触电的作业场所，用压缩空气动力代替电力，可防止发生触电事故；还有用水力采煤代替火药爆破等。但同时也应该考虑到绝对安全的事物是不存在的，如以压缩空气做动力虽然避免了触电事故，但可能产生因压缩空气管路破裂、软管脱落打击等新的危害。

（2）限制能量。限制能量的大小和速度，规定安全极限量，在生产工艺中尽量采用低能量的工艺或设备，这样，即使发生了意外的能量释放，也不致于发生严重伤害。例如：利用低电压设备以防止电击；限制设备运转速度以防止机械伤害；限制露天爆破装药量以防止飞石伤人等。

（3）防止能量蓄积。能量的大量蓄积会导致能量突然释放，因此，要及时泄放多余能量，防止能量蓄积。例如：控制爆炸性气体浓度；通过接地消除静电蓄积；利用避雷针放电保护重要设施等。

（4）控制能量释放。例如：建立水闸墙防止高势能地下水突然涌出。

（5）延缓释放能量。缓慢地释放能量可以降低单位时间内释放的能量，减轻能量对人体的作用。例如：采用安全阀、逸出阀控制高压气体；采用全面崩落法管理煤巷顶板，控制地压；用各种减振装置吸收冲击能量，防止人体受到伤害等。

（6）开辟释放能量的渠道。例如：安全接地可以防止触电；压力容器设置安全阀可以在超压时将气体释放。

（7）设置屏蔽设施。屏蔽设施是一些防止人体与能量接触的物理实体，即狭义的屏蔽。例如：安装在机械转动部分外面的防护罩、安全围栏等；人体佩戴的个体防护用品，可被看作是设置在人体上的屏蔽设施。

（8）在人、物与能源之间设置屏障，在时间或空间上把能量与人体隔离。在生产过程中存在因两种或两种以上的能量相互作用而引发事故的情况，针对两种能量相互作用的情况，我们应该考虑设置两组屏蔽设施：一组设置于两种能量之间，防止能量间的相互作用。

（9）提高防护标准。例如：采用双重绝缘工具防止高压电能触电事故；增强人体对伤害的抵抗能力，如用耐高温、耐高寒、高强度材料制作的个体防护用具等。

（10）改变工艺流程。例如：改变不安全流程为安全流程，用无毒少毒物质代替剧毒有害物质等。

（11）修复或急救。治疗、矫正以减轻伤害程度或恢复原有功能；例如：紧急救护，进行自救教育；限制灾害范围，防止事态扩大等。

（三）海因里希法则

1941年海因里希通过统计许多事故灾害，得出了该法则。当时，海因里希统计了55万件机械事故，其中死亡、重伤事故1666件，轻伤48334件，其余则为无伤害事故。从而得出一个重要结论，即在事故中，重伤或死亡、轻伤、无伤害事故的比例为1:29:300，国际上把这一法则叫事故法则。海因里希法则的另一个名称是"1:29:300法则"。

（1）海因里希法则说明，在生产过程中，每发生330起意外事件，有300件未产生人身伤害（未遂事件），29件造成人员轻伤，1件导致重伤或死亡（图1-3）。要防止重大事故的发生必须减少和消除无伤害事故，要重视事故的苗头和未遂事件，否则终会酿成大祸。

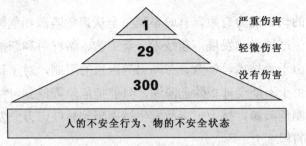

图 1-3　海因里希法则

（2）海因里希法则的研究具有非常重要的现实意义，其意义并不在于具体数字的比例，而在于其总结了预防事故发生的重要规律。例如，某机械师企图用手把皮带挂到正在旋转的皮带轮上，因未使用拨皮带的杆，且站在摇晃的梯板上，又穿了一件宽大的长袖工作服，结果被皮带轮绞入，导致死亡。事故调查结果表明，他这种上皮带的方法使用已有数年之久，手下工人均佩服他手段高明。查阅前四年病志资料，发现他有 33 次手臂擦伤后治疗处理记录。这一事例说明，事故的后果虽有偶然性，但是不安全因素或动作在事故发生之前已暴露过多次，如果在事故发生之前，抓住时机，及时消除不安全因素，许多重大伤亡事故是完全可以避免的。

（四）现代系统安全理论

1．系统安全

系统安全是指在系统寿命周期内应用系统安全管理及系统安全工程原理，识别危险源并使其危险性减至最小，从而使系统在规定的性能、时间和成本范围内达到最佳的安全程度。

2．系统安全的基本原则

在一个新系统的构思阶段就必须考虑其安全性的问题，制定并开始执行安全工作规划——系统安全活动，并且把系统安全活动贯穿于系统寿命周期，直到系统报废为止。

3．系统安全理论内容

系统安全理论包括很多区别于传统安全理论的创新概念，包括：

（1）在事故致因理论方面，改变了人们只注重操作人员的不安全行为而忽略硬件的故障在事故致因中作用的传统观念，开始考虑如何通过改善物的系统的可靠性来提高复杂系统的安全性，从而避免事故。

（2）没有任何一种事物是绝对安全的，任何事物中都潜伏着危险因素。通常所说的安全或危险只不过是一种主观的判断。能够造成事故的潜在危险因素称作危险源，来自某种危险源的造成人体伤害或物质损失的可能性叫做危险。危险源是一些可能出问题的事物或环境因素，而危险表征潜在的危险源造成伤害或损失的机会，可以用概率来衡量。

（3）不可能根除一切危险源和危险，可以减少来自现有危险源的危险性，应减少总的危险性而不是只消除几种选定的危险。

9

（4）由于人的认识能力有限，有时不能完全认识危险源和危险，即使认识了现有的危险源，随着生产技术的发展，新技术、新工艺、新材料和新能源的出现，又会产生新的危险源。由于受技术、资金、劳动力等因素的限制，对于认识了的危险源也不可能完全根除。由于不能全部根除危险源，只能把危险降低到可接受的程度。安全工作的目标就是控制危险源，努力把事故发生概率降到最低，万一发生事故，把伤害和损失控制在较轻的程度上。

三、职业健康安全管理体系

（一）职业健康安全管理体系产生和发展

（1）各国安全健康状况差异使发达国家在成本价格和贸易竞争中处于不利地位，而发展中国家在劳动条件改善方面投入不够，职业健康问题成为国际贸易中的贸易壁垒之一，需要制定国际公认的职业健康安全标准，即国际安全卫生标准一体化。

（2）20 世纪 90 年代初，在国际标准化组织 ISO 成功推行了 ISO 9001 质量管理体系和 ISO 14001 环境管理体系之后，人们充分认识到在企业内部可以使用同样的方法来开展职业安全健康管理，故在一些发达国家率先开展了实施职业安全健康管理体系（OSHMS）的活动，并在其基础上由相关国家标准化组织共同发布了 OHSAS 18001:1999《职业健康安全管理体系　规范》，我国将其转换为《职业健康安全管理体系　规范》（GB/T 28001—2001）。

（3）为了实现职业健康安全管理体系与质量管理体系、环境管理体系的相容性，以便于满足组织整合职业健康安全、环境管理和质量管理体系的需求，相关国家标准化组织对职业健康管理体系标准进行了修改，发布了 OHSAS 18001:2007，我国于 2011 年等同发布了（OHSAS 18001:2007, IDT）《职业健康安全管理体系　要求》（GB/T 28001—2011），其中 IDT 代表等同发布。

（二）职业健康安全管理体系及其运行模式

1. 职业健康安全管理体系

组织管理体系的一部分，用于制定和实施组织的职业健康安全方针并管理其职业健康安全风险。其中：

（1）管理体系是用于制定方针和目标并实现这些目标的一组相互关联的要素。

（2）管理体系包括组织结构、策划活动（例如：包括风险评价、目标建立等）、职责、惯例、程序、过程和资源。

2. 职业健康安全管理体系的目的和适用范围

（1）职业健康安全管理体系的要求，旨在使组织能够控制其职业健康安全风险，并改进其职业健康安全绩效。它既不规定具体的职业健康安全绩效准则，也不提供详细的管理体系设计规范。

（2）职业健康安全管理体系适用于各类组织。建立体系的首要愿望是消除或尽可能降低员工可能暴露于与组织活动相关的职业健康安全危险源中的和其他相关方所面临的风险，并实施、保持和持续改进职业健康安全管理体系，组织可以通过自我评价和自我声明证实体系的建立和运行，也可通过第三方认证等方法予以证实。

（3）职业健康管理体系提供的是管理模式和方法，但由于其适用于国际上的各类组织，不可能具体规定的管理准则和要求，但其要求按所在国家的法律法规和其他要求执行，并符合组织的实际，以实现体系的适宜性、充分性和有效性。

3．职业健康安全管理体系的总体要求

组织应根据本标准的要求建立、实施、保持和持续改进职业健康安全管理体系，确定如何满足这些要求，并形成文件；组织应界定其职业健康安全管理体系的范围，并形成文件。其总体要求可概括为：

（1）首先应建立体系，按体系的要求，建立方针、目标和相关文件，所有策划和编制的文件应符合体系、法规和组织自身的要求。

（2）应按体系的要求，包括组织的文件实施体系，即体系的运行，这是体系能否实现其目的的关键。应避免将体系与日常的职业健康安全管理人为分隔，造成"两张皮"现象，日常的管理工作应按体系的要求进行，将所有日常安全管理工作纳入体系运行的范畴。

（3）体系应持续保持，通过持续的运行、日常监视测量、内部审核、合规性评价等活动，使体系的各项要求落实到组织的各部门、各级岗位，实现体系运行的符合性和有效性。

（4）体系的精髓是持续改进，通过目标拉动、纠正措施和预防措施的实施、管理评审等措施，不断完善体系，不断深化体系的运行，提高体系的有效性和效率，并与其他先进的管理模式融合，实现职业健康安全绩效的不断提升。

4．职业健康安全管理体系的运行模式

职业健康安全管理体系的运行模式如图1-4所示。

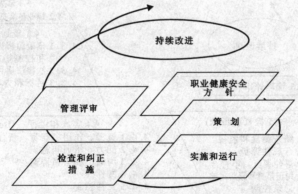

图1-4　职业健康安全管理体系的运行模式

从职业健康安全管理体系的运行模式，采用"策划—实施—检查—改进（PDCA）"的运行模式（图1-5）。关于PDCA的含意简要说明如下：

（1）策划。建立所需的目标和过程，以实现组织的职业健康安全方针所期望的结果。

（2）实施。对过程予以实施。

（3）检查。根据职业健康安全方针、目标、法规和其他要求，对过程进行监测和测量，并报告结果。

（4）改进。采取措施以持续改进职业健康安全管理绩效。

许多组织通过由过程组成的体系以及过程之间的相互作用对其运行进行管理，这种方式称为"过程方法"。GB/T 19001—2008 提倡使用过程方法。由于 PDCA 可以应用于所有的过程，因此这两种方式可以看作是兼容的。

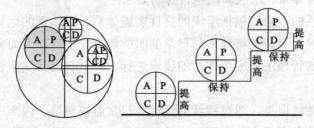

图 1-5　PDCA 运行模式

（三）职业健康安全管理体系要求及其建立、运行

1. 职业健康安全管理体系的要求

（1）《职业健康安全管理体系　要求》（GB/T 28001—2011）的第 4 部分提出了体系建立、实施、保持和持续改进的要求，从 4.1～4.6 共计 6 个大条款、17 个具体条款，如图 1-6 所示。

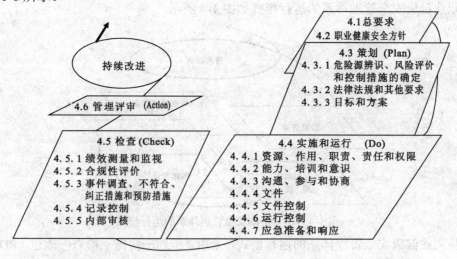

图 1-6　职业健康安全管理体系建立、实施、保持和持续改进的要求

（2）职业健康安全管理体系的各项要求是不可删减的，其应用程度取决于组织的职业健康安全方针、活动性质、运行的风险与复杂性等因素，但必须符合国家法规和其他要求。

2. 职业健康安全管理体系的建立

体系建立工作大致可分为以7个阶段。

1）准备和培训阶段

（1）建立体系推进机构，包括确定推进工作小组、确定推进人员和内审员。

（2）对领导、管理人员和推进人员进行职业健康安全管理体系标准培训、危险源辨识培训，内审培训等。

（3）制定体系建立的计划方案。

2）初始评审阶段

（1）进行危险源辨识、风险评价和控制措施确定工作。

（2）获取和识别适用的法规和其他要求。

（3）制定职业健康安全目标和方案。

（4）对组织管理现状进行调研，针对实际情况策划体系架构，包括文件架构和编制要求。

3）体系文件编制、评审和发布

（1）组成文件编制工作小组。

（2）编制管理手册、程序类文件和相关作业类文件，包括记录表格。

（3）对文件进行评审，结果审核、批准后发布。

4）体系试运行阶段

（1）按法规和其他要求、体系标准要求、文件要求进行实施运行，并保存相关记录。

（2）运行过程进行必要的培训、辅导。

（3）运行过程对文件进行必要的修改、完善。

5）体系合规性评价和内部审核阶段

（1）在体系试运行取得成效的基础上，针对适用的法律法规和其他要求，对遵循情况进行合规性评价。

（2）由内审员组成审核组，对体系的符合性、有效性进行内部审核。

6）体系管理评审阶段

（1）收集、准备相关管理评审输入资料，包括体系运行报告、合规性评价和内审资料等。

（2）组织由最高管理者主持的管理评审会议，对体系的适宜性、充分性和有效性进行评审，提出改进的要求，并保存相关记录。

7）体系确认或第三方认证审核阶段

（1）根据管理评审的结论，对体系建立情况进行确认，确认体系建立和试运行符合要求后，体系进入正常实施和保持阶段。

（2）如需国家批准的体系认证机构进行第三方认证，办理申报手续并接受第一、二阶段认证审核，审核合格后，由认证机构颁发认证证书。

四、安全文化建设

（一）安全文化的起源和发展

1. 安全文化的概念提出

20 世纪 80 年代中后期国际原子能机构对苏联切尔诺贝利核电站泄漏事故的分析报告指出：技术的措施只能实现低层次的基本安全，管理和法制的措施能够实现较高层次的安全。要实现根本的安全，必须建立安全文化。国际核安全咨询组还发表了"安全文化"专论，论述了安全文化的特征以及对决策层、管理层、执行层的不同要求，并且提出了一系列定性指标，使安全文化这一抽象概念具有很强的实用价值。这是国际社会首次正式提出安全文化的概念。

2. 杜邦安全文化的实践

美国杜邦公司早期的高风险性和曾发生过多次的严重安全事故，使杜邦高层意识到，安全是当时公司能否生存的重要制约因素以及建立安全制度的必要性。多年来，杜邦公司进行了一系列安全文化的实践活动，包括其著名的安全理念和安全原则。

杜邦的核心价值：安全与健康，环境保护，职业操守，对人的尊重；杜邦确信：安全是具有战略意义的商业价值。安全作为业务经营和管理的核心价值之一。

杜邦第一套安全章程创立于 1811 年，它强调各级管理层对安全的责任和员工的参与，提出"在高级管理层亲自操作前，任何人都不允许进入一个新的或重建的工厂"，即著名的高级管理层的"有感领导"。

杜邦 1912 年开始安全数据统计，1926 成立安全与防火体系，20 世纪 40 年代提出"所有事故都是可以预防的"理念，20 世纪 50 年代推出工作外安全预防方案和安全数据统计，提出实现零伤害、零疾病、零事故的目标。

杜邦十人安全原则：

（1）所有的安全事故是可以预防的。

（2）各级管理层对各自的安全直接负责。

（3）所有安全操作隐患是可以控制的。

（4）安全是被雇佣的一个条件。

（5）员工必须接受严格的安全培训。

（6）各级管理层都必须进行安全审核。

（7）所有不良因素都必须马上纠正。

（8）工作之外的安全也很重要。

（9）良好的安全创造良好的业务。

3. 我国安全文化建设

近 20 年来，在我国安全专家、学者的倡导下，在国家领导的关怀和指导下，我国安全文化建设取得了初步成果。

（1）针对我国安全生产的严峻形势，多位专家、安全管理领导多次指出："把安全工作提高到安全文化的高度来认识""要解决这些问题，关键在于建立包括思想认识、观念意识、行为习惯等内容的企业安全文化"。

（2）2006 年，国家安全生产监督管理总局发布《"十一五"安全文化建设纲要》。

（3）2008 年，国家安全生产监督管理总局发布了《企业安全文化建设导则》（AQ/T 9004）、《企业安全文化建设评价准则》（AQ/T 9005）。

（二）企业安全文化的作用

企业安全文化是企业长期的安全生产实践的沉淀，是企业员工内在的思想与外在的行动和物质表现的统一。

1. 企业安全文化具有对安全生产的导向作用

企业安全生产决策者是在一定的观念指导和文化气氛下进行的。它不仅取决于企业领导及领导层的观念和作风，而且还取决于整个企业的精神面貌和文化气氛。积极向上的企业安全文化可为企业安全生产决策提供正确的指导思想和健康的精神气氛。

2. 企业安全文化具有对安全生产的激励作用

积极向上的思想观念和行为准则，可以形成强烈使命感和持久的驱动力。心理学研究表明，人们越能认识行为的意义，就越能产生行为的推动力。积极向上的企业安全生产精神就是一把员工自我激励的标尺，他们通过对照自己行为，找出差距，可以产生改进工作的驱动力，同时企业内共同的价值观，信念、行为准则又是一种强大的精神力量，它能使员工产生认同感、归属感、安全感，起到相互激励的作用。

3. 企业安全文化对企业安全生产起凝聚、协调和控制作用

现代企业管理中的系统管理理论告诉我们，组织起来的集体具有比分散个体大得多的力量，集体力量的大小又取决于该组织的凝聚力，取决于该组织内部的协调状况及控制能力。组织的凝聚力、协调和控制能力可以通过制度、纪律等刚性连接件产生。但制度、纪律不可能面面俱到，而且难以适应复杂多变及个人作业的管理要求。而积极向上的共同价值观、信念、行为准则是一种内部粘结剂，是人们意识的一部分，可以让员工自觉地行动，达到自我控制和自我协调。

（三）安全文化的基本概念

1. 企业安全文化

被企业的员工群体所共享的安全价值观、态度、道德和行为规范组成的统一体。

2．企业安全文化建设

通过综合的组织管理等手段，使企业的安全文化不断进步和发展的过程。

从上述定义，我们可以看到，企业安全文化就是被企业组织的员工群体所共享的一组理念的统一体，它代表了广大职工的根本利益；安全文化建设就是将这些理念落实到企业的决策、管理和作业各层次人员的心灵、行动之中，最终目标是防止事故、抵御灾害、维护职工健康。因此，推进安全文化建设、普及安全知识、强化全员安全意识是企业实现可持续发展和安全稳定的需要。安全文化通过教育、宣传、奖惩、创建群体氛围等手段，把服从管理的"要我安全"转变成自主管理的"我要安全"，从而使企业安全工作的境界得到提升。

（四）企业安全文化建设的总体架构和要素

《企业安全文化建设导则》（AQ/T 9004—2008）规定了安全文化建设的总体架构，如图 1-7 所示。

图 1-7　企业安全文化建设的总体模式

1．安全承诺

（1）企业应建立包括安全价值观、安全愿景、安全使命和安全目标等在内的安全承诺。安全承诺应做到：

①切合企业特点和实际，反映共同安全志向；

②明确安全问题在组织内部具有最高优先权；

③声明所有与企业安全有关的重要活动都追求卓越；

④含义清晰明了，并被全体员工和相关方所知晓和理解。

（2）《企业安全文化建设导则》（AQ/T 9004—2008）分别对企业各层次人员提出了安全承诺的要求：

①领导者应对安全承诺做出有形的表率；

②各级管理者应对安全承诺的实施起到示范和推进作用；

③员工应充分理解和接受企业的安全承诺，并结合岗位工作任务实践这种安全承诺；

④企业应将自己的安全承诺传达到相关方。

16

2. 行为规范与程序

（1）企业应有效控制全体员工的行为。

（2）程序是行为规范的重要组成部分。企业应建立必要的程序，以实现对与安全相关的所有活动进行有效控制的目的。

3. 安全行为激励

（1）企业在审查和评估自身安全绩效时，除使用事故发生率等消极指标外，还应使用对安全绩效给予直接认可的积极指标。

（2）员工应该受到鼓励，对员工所识别的安全缺陷，企业应给予及时处理和反馈。

（3）应建立将安全绩效与工作业绩相结合的奖励制度，避免因处罚而导致员工隐瞒错误。

（4）企业宜在组织内部树立安全榜样或典范，发挥安全行为和安全态度的示范作用。

4. 安全信息传播与沟通

（1）应建立安全信息传播系统，综合利用各种传播途径和方式，提高传播效果。

（2）应优化安全信息的传播内容，将组织内部有关安全的经验、实践和概念作为传播内容的组成部分。

（3）企业应就安全事项建立良好的沟通程序，确保企业与政府监管机构和相关方、各级管理者与员工、员工相互之间的沟通。

5. 自主学习与改进

（1）应建立有效的安全学习模式，实现动态发展的安全学习过程。

（2）应建立正式的岗位适任资格评估和培训系统，确保全体员工充分胜任所承担的工作。

（3）企业应将与安全相关的任何事件，尤其是人员失误或组织错误事件，当作能够从中汲取经验教训的宝贵机会与信息资源，从而改进行为规范和程序，获得新的知识和能力。

（4）应鼓励员工对安全问题予以关注，进行团队协作，利用既有知识和能力，辨识和分析可供改进的机会，对改进措施提出建议，并在可控条件下授权员工自主改进。

（5）经验教训、改进机会和改进过程的信息宜编写到企业内部培训课程或宣传教育活动的内容中，使员工广泛知晓。

6. 安全事务参与

（1）全体员工都应认识到自己负有对自身和同事安全做出贡献的重要责任。员工对安全事务的参与是落实这种责任的最佳途径。

（2）企业组织应根据自身的特点和需要确定员工参与的形式。

（3）所有承包商对企业的安全绩效改进均可做出贡献。企业应建立让承包商参与安全事务和改进过程的机制。

7．审核与评估

（1）企业应对自身安全文化建设情况进行定期的全面审核。

（2）在安全文化建设过程中及审核时，应采用有效的安全文化评估方法，关注安全绩效下滑的前兆，给予及时的控制和改进。

（五）安全文化评价

安全文化评价的目的是为了解企业安全文化现状或企业安全文化建设效果而采取的系统化测评行为，并得出定性或定量的分析结论。《企业安全文化建设评价准则》（AQ/T 9005—2008）阐述了安全文化评价的基本要素、评价指标、计算方法等内容。

安全文化评价的流程如图 1-8 所示。

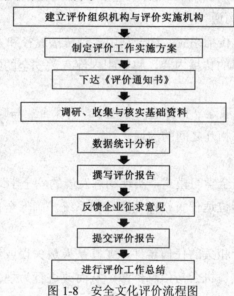

图 1-8 安全文化评价流程图

安全文化建设水平层级根据其特征和评价参考分值，分为 6 个层级，如图 1-9 所示。

第一层级	本能反应阶段
参考分值	35分以下
主要特征 1.企业认为安全的重要程度远不及经济利益。 2.企业认为安全只是单纯的投入，得不到回报。 3.管理者和员工的行为安全基于对自身的本能保护。 4.员工对自身安全不重视，缺乏自我保护的意识和能力。 5.员工对岗位操作技能、安全规程等缺乏了解。 6.企业和员工不认为事故无法避免。 7.员工普遍对工作现场和环境缺乏安全感。	

第四层级	员工参与阶段
参考分值	65～79分
主要特征 1.具备系统和完善的安全承诺。 2.企业意识到有关管理政策，规章制度的执行不完善是导致事故的常见原因。 3.大多数员工愿意承担对个人安全健康的责任。 4.企业意识到员工参与对提升安全生产水平的重要作用。 5.关注职业病、工伤保险等方面的知识。 6.绝大多数一线员工愿与管理层一起改善和提高安全健康水平。 7.事故率稳定在较低的水平。 8.员工积极参与对安全绩效的考核。 9.企业建有完善的安全激励机制。 10.员工可以方便的获取安全信息。	

第二层级	被动管理阶段
参考分值	35~49分

主要特征
1.企业没有或只为应付监察而制定安全制度。
2.大多数员工对安全没有特别关注。
3.企业认为事故无法避免。
4.安全问题并不被看作企业的重要风险。
5.只有安监部门承担安全管理的责任。
6.员工不认为应该对自己的安全负责。
7.多数人被动学习安全知识、安全操作技能和规程。
8.企业对安全技能的培训投入不足。
9.员工对工作现场的安全性缺乏充分的信任。

第五层级	团队互助阶段
参考分值	80~90分

主要特征
1.大多数员工认为无论从道德还是经济角度，安全健康都十分重要。
2.提倡健康的生活方式，与工作无关的事故也要控制。
3.承认所有员工的价值，认识到公平对待员工于安全十分重要。
4.一线职工愿意承担对自己和对他人的安全健康责任。
5.管理层认识到管理不到位是导致多种事故的主要原因。
6.安全管理重心放在有效预防各类事故。
7.所有可能相关的数据都用来评估安全绩效。
8.更注重情感的沟通和交流。
9.拥有人性化和个性化的安全氛围。

第三层级	主动管理阶段
参考分值	50~64分

主要特征
1.认识到安全承诺的重要性。
2.认为事故是可以避免的。
3.安全被纳入企业的风险管理内容。
4.管理层意识到多数事故是由于一线工人不安全行为造成的。
5.注重对员工行为的规范。
6.企业有计划、主动对员工进行安全技能培训，
7.员工意识到学习安全知识的重要性。
8.通过改进规章、程序和工程技术促进安全。
9.开始用指标来测量安全绩效（如伤害率）。
10.采用减少事故损失工时来激励安全绩效。

第六层级	持续改进阶段
参考分值	90分以上

主要特征
1.保障员工在工作场所和家庭的安全健康，已经成为企业的核心价值观。
2.员工共享"安全健康是最重要的体面工作"的理念。
3.出于对整个安全管理过程充满信心，企业采用更多样的指标来展示安全绩效。
4.员工认为防止非工作相关的意外伤害同样重要。
5.企业持续改进，不断采用更好的风险控制理论和方法。
6.企业将大量投入用于员工家庭安全与健康的改善。
7.企业并不仅仅满足于长期（多年）无事故和无严重未遂事故记录的成绩。
8.安全意识和安全行为成为多数员工的一种固有习惯。

图 1-9　安全文化建设水平 6 个层级

（六）安全文化建设工作

安全文化建设是一个长期的、不断提升的过程。生产经营单位可制定安全文化建设工作规划，对中长期建设工作提出要求和具体的实施计划，并将建设工作列入每年的安全工作计划。

安全文化初始建设工作大致可分为以下阶段：

1．准备和培训阶段

（1）建立体系推进机构，包括确定推进工作小组、确定推进人员。

（2）对领导、管理人员和推进人员进行安全文化建设标准培训、安全文化案例培训等，可通过召开安全文化建设启动大会等方式进行。

（3）制定安全文化初始建设的推进工作计划方案。

2．安全文化承诺、行为规范建立阶段

（1）制订企业安全承诺并予以发布，可以采取安全文化手册的方式。

（2）建立安全行为规范系统，如各层次人员安全行为准则规范。

（3）结合企业实际，建立必要的安全文化建设相关要素系统。

3．安全文化系统运行阶段

（1）对安全文化承诺、行为规范等进行培训、宣传。

（2）开展安全文化推进的各项活动，要求寓教于乐，生动活泼。

4．安全文化状态评价阶段

（1）安全文化推进取得成效的基础上，对安全文化建设初始阶段完成后的状态进行评价。

（2）根据评价结果，确定现阶段企业安全文化建设水平层级。

5．安全文化建设的持续改进阶段

根据安全文化状态评价的结论，对安全文化建设情况进行确认，确认建设工作达到预期目标后，安全文化建设工作进入正常持续推进阶段，安全文化建设推进工作按建设规划的要求，纳入年度安全工作计划进行管理。

第二节　生产经营单位的安全生产管理主要法规标准

- ◆ 《中华人民共和国安全生产法》
- ◆ 《劳动防护用品监督管理规定》（国家安监总局令第 1 号）
- ◆ 《生产经营单位安全培训规定》（国家安监总局令第 3 号）
- ◆ 《安全生产事故隐患排查治理暂行规定》（国家安监总局令第 16 号）
- ◆ 《特种作业人员安全技术培训考核管理规定》（国家安监总局令第 30 号）
- ◆ 《建设项目安全设施"三同时"监督管理暂行办法》（国家安监总局令第 36 号）
- ◆ 《建设项目职业卫生"三同时"监督管理暂行办法》（国家安监总局令第 51 号）
- ◆ 《国家安全监管总局关于修改〈生产经营单位安全培训规定〉等 11 件规章的决定》（国家安监总局令第 63 号）
- ◆ 《特种设备作业人员监督管理办法》（国家质监总局令第 70 号）
- ◆ 《建设工程消防监督管理规定》（公安部令第 119 号）
- ◆ 《北京市安全生产条例》
- ◆ 《国务院关于进一步加强企业安全生产工作的通知》（国发〔2010〕23 号）
- ◆ 《国务院安委会关于进一步加强安全培训工作的决定》（安委〔2012〕10 号）
- ◆ 《特种劳动防护用品安全标志实施细则》（安监总规划字〔2005〕149 号）
- ◆ 《个体防护装备选用规范》（GB/T 11651—2008）

一、生产经营单位安全组织机构、人员设置和责任制

（一）生产经营单位安全组织机构的设置要求

生产经营单位安全组织机构是指生产经营单位中专门负责安全生产监督管理的内设机构，根据《中华人民共和国安全生产法》第十九条的规定，生产经营单位安全生产管理机构的设置要求如下：

（1）矿山、建筑施工单位和危险物品的生产、经营、储存单位，以及从业人员超过 300 人的其他生产经营单位，应当设置安全生产管理机构或者配备专职安全生产管理人员；具体由生产经营单位根据生产经营单位危险性的大小、从业人员的多少、生产经营规模的大小等因素确定。

（2）除上述以外，从业人员在 300 人以下的生产经营单位，应当配备专职或者兼职的安全生产管理人员，或者委托具有国家规定的相关专业技术资格的工程技术人员提供安全生产管理服务，具体由生产经营单位根据实际情况自行确定。

（二）生产经营单位安全管理人员的配备要求

生产经营单位安全管理人员是指在生产经营单位从事安全生产管理工作的专职或兼职人员。专职安全生产管理人员是指在生产经营单位专门从事安全生产管理工作的人员；兼职安全生产管理人员是指在生产经营单位既承担其他工作职责同时又承担安全生产管理职责的人员。

根据《中华人民共和国安全生产法》第十九条规定，生产经营单位安全生产管理人员的配备应满足如下要求：

（1）矿山、建筑施工单位和危险物品的生产、经营、储存单位，以及从业人员超过 300 人的其他生产经营单位，必须配备专职的安全生产管理人员。

（2）上述三类高风险单位以外且从业人员在 300 人以下的生产经营单位，可以配备专职的安全生产管理人员，也可以只配备兼职的安全生产管理人员，还可以委托具有国家规定的相关专业技术资格的工程技术人员提供安全生产管理服务。

（3）当生产经营单位依据法律规定和本单位实际情况，委托工程技术人员提供安全生产管理服务时，保证安全生产的责任仍由本单位负责。

（三）安全生产责任制

1. 建立安全生产责任制的目的和意义

（1）安全生产责任制是按照"安全第一，预防为主，综合治理"的安全生产方针和"管生产的同时必须管安全"的原则，将各级负责人员、各职能部门及其工作人员和各岗位生产人员在安全生产方面应做的事情和应负的责任加以明确规定的一种制度。

（2）安全生产责任制是生产经营单位岗位责任制和经济责任制度的重要组成部分，是生产经营单位各项安全生产规章制度的核心，同时也是生产经营单位最基本的安全管理制度。

（3）建立安全生产责任制的重要意义主要体现在三方面：一是落实我国安全生产方针和有关安全生产法规和政策的具体要求。《中华人民共和国安全生产法》第四条明确规定："生产经营单位必须建立、健全安全生产责任制"。二是通过明确责任使各级各类人员真正重视安全生产工作，对预防事故和减少损失、进行事故调查和处理、建立和谐社会等均具有重要作用。三是落实安全生产主体责任，生产经营单位是安全生产的责任主体，生产经营单位必须建立安全生产责任制，把"安全生产，人人有责"从制度上固定下来，把安全生产的责任落实到每个环节、每个岗位、每个人，从而增强各级管理人员的责任心，使安全管理工作既做到责任明确，又互相协调配合，共同努力把安全生产工作真正落到实处。

2．建立安全生产责任制的基本要求

建立一个完善的安全生产责任制的基本要求是：横向到边、纵向到底，并由生产经营单位的主要负责人组织建立。建立的安全生产责任制具体应满足如下要求：

（1）符合国家安全生产法律法规和政策、方针的要求。

（2）与生产经营单位管理体制协调一致，根据本单位、部门、班组、岗位的实际情况制定，既明确、具体，又具有可操作性，防止形式主义。

（3）有专门的人员与机构制定和落实，并应适时修订。

（4）应有配套的监督、检查等制度，以保证安全生产责任制得到真正落实。

3．安全生产责任制的主要内容

安全生产责任制的内容主要包括下列两个方面：

（1）纵向方面，建立从上到下所有类型人员的安全生产职责。在建立责任制时，可首先将本单位从主要负责人一直到岗位员工分成相应的层级；然后结合本单位的实际工作，对不同层级的人员在安全生产中应承担的职责做出规定。

（2）横向方面，建立各职能部门（包括党、政、工、团）的安全生产职责。在建立责任制时，可按照本单位职能部门的设置（如安全、设备、计划、技术、生产、基建、人事、财务、设计、档案、培训、党办、宣传、工会、团委等部门），分别对其在安全生产中应承担的职责作出规定。

4．生产经营单位纵向方面各类人员：

1）生产经营单位主要负责人

生产经营单位主要负责人必须是生产经营单位生产经营活动的主要决策人；必须是实际领导、指挥生产经营单位日常生产经营活动的决策人；必须是能够承担生产经营单位安全生产工作全面领导责任的决策人。综上所述，生产经营单位主要负责人应当是直接领导、指挥生产经营单位日常生产经验活动、能够承担生产经营单位安全工作主要领导责任的决策人。

生产经营单位的主要负责人是本单位安全生产的第一责任者，对安全生产工作全面负责。《北京市安全生产条例》第十六条将其职责规定为：

（1）建立健全并督促落实安全生产责任制。

（2）组织制定并督促落实安全生产规章制度和操作规程。

（3）保证安全生产投入。

（4）定期研究安全生产问题。

（5）督促、检查安全生产工作，及时消除生产安全事故隐患。

（6）组织实施本单位从业人员的职业健康工作。

（7）组织制定并实施生产安全事故应急救援预案。

（8）及时、如实报告生产安全事故。

（9）生产经营单位的主要负责人应当每年向职工代表大会或者职工大会报告本单位的安全生产情况。

2）生产经营单位其他负责人

生产经营单位其他负责人的职责是协助主要负责人搞好安全生产工作。不同的负责人分管的工作不同，应根据其具体分管工作，对其在安全生产方面应承担的具体职责做出规定。

3）生产经营单位各职能部门负责人及其工作人员

各职能部门都会涉及到安全生产职责，需根据各部门职责分工做出具体规定。各职能部门负责人的职责是按照本部门的安全生产职责，组织有关人员做好本部门安全生产责任制的落实，并对本部门职责范围内的安全生产工作负责；各职能部门的工作人员则是在本人职责范围内做好有关安全生产工作，并对自己职责范围内的安全生产工作负责。

4）班组长

班组是搞好生产经营单位安全生产工作的关键。班组长全面负责本班组的安全生产工作，是安全生产法律、法规和规章制度的直接执行者。班组长的主要职责是贯彻执行本单位对安全生产的规定和要求，督促本班组的员工遵守有关安全生产规章制度和安全操作规程，切实做到不违章指挥，不违章作业，遵守劳动纪律。

5）岗位员工

岗位员工对本岗位的安全生产负直接责任。岗位员工的主要职责是要接受安全生产教育和培训，遵守有关安全生产规章和安全操作规程，遵守劳动纪律，不违章作业。特种作业人员、特种设备作业人员等必须接受专门的培训，经考试合格取得操作资格证书后，方可上岗作业。

二、安全生产目标、计划、总结和考核

（一）安全生产目标和指标

1. 安全生产目标和指标的基本概念

安全生产目标是指企业自我设定的在安全生产绩效方面要达到的总体安全目的；安全生产指标由安全生产目标产生，为实现安全生产目标所须规定并满足的具体的绩效要求，它们可适用于整个企业或其局部。

2. 安全生产目标和指标制定的基本要求

企业应根据自身安全生产实际，制定总体和年度安全生产目标，并按照所属基层单位和部门在生产经营中的职能，制定安全生产指标和考核办法。安全生产目标和指标应根据企业现状和上级要求制定，目标和指标包括：

（1）事故发生率、职业危害控制目标和指标，一般列为考核性指标；如年度重伤及以上事故发生率为零、年度职业病发生率为零、年度轻伤及以下事故发生率不超过在职人数的千分之一等。

（2）安全管理、风险控制等过程控制目标和指标，并尽可能量化，其中包括考核性指标和自主工作目标。如噪音作业现场人员防噪声耳塞佩戴率100%、危险作业审批和现场监护率100%、某项工作按期完成率、某季度完成某现场的安全专项治理工作等。

（3）安全生产目标和指标还包括为实现持续改进而提出的年度内实现的提升性目标和指标，如年度内改进某现场通风量、减少现场某化学物质接触量等。

企业应针对安全生产目标和指标制定相应的安全技术措施计划、管理措施计划等，明确为实现安全生产目标和指标所规定的有关职能、层次的职责和权限、实现目标和指标的方法及时间表等。

（二）安全工作计划

生产经营单位通常在年初组织制定本单位的年度安全工作计划，其制定内容和要求包括：

（1）本单位相关的安全管理和安全技术措施项目。其中：

①管理工作应包括生产安全、消防安全、交通安全、职业危害等管理工作内容；

②技术措施项目应包括上年度计划内延长到本年度的项目、本年度新项目，并明确各项目的主管部门、配合部门和相关执行部门、计划节点和相关要求，包括费用计划。

（2）年度安全工作计划内，重点是布置、安排本年度安全工作的重点项目，如本年度需开展的相关安全活动、本年度需进行的安全专项检查、本年度应急预案的演练计划、本年度安全生产标准化自评和职业健康安全管理体系审核计划等。

（3）年度安全工作计划内，可要求相关部门制定专项安全工作计划，如特种设备检验计划、职业危害检测计划等，也可将这些计划作为本单位年度安全工作计划的附件。

（4）年度安全工作计划内，通常也可包括本单位安全目标及考核目标等内容。

（5）年度安全工作计划，通常经过主要负责人批准后下发各部门执行；计划需变更时，应经原批准人批准后实施。

（三）安全工作总结

生产经营单位通常在年末组织制定本单位的年度安全工作总结，其制定内容和要求包括：

1．年度内安全工作情况的概述

（1）年度各项目标和指标完成情况，包括事故发生和处置情况等；

（2）年度内安全投入费用及其使用情况，包括重点项目的实施和完成情况等；

（3）年度内隐患排查治理的情况，包括发现的重大隐患整改及完成情况等；

（4）年度内安全各项常规性工作完成情况、年度专项重点安全工作完成情况，包括完成的效果评估等；

（5）年度内安全生产标准化、职业健康安全管理体系、安全文化建设等情况，包括自评、审核等结果及需整改、改进的内容等；

（6）其他需向领导层、职工代表报告的事项。

2．年度安全工作总结的内容

（1）总结本年度安全工作取得的成效、亮点和经验；例如：通过数据分析年度安全绩效的提升情况；通过对某项新的管理制度的推行进行分析，总结其推行效果和经验等。

（2）总结本年度安全工作存在的不足之处和可以改进的内容，并提出下一年度的工作设想、建议等。

安全工作总结通常由安全分管领导审核后报主要负责人批准后下发，企业设安委会的通常报安委会审议，同时还可作为向职工代表、工会报告的报告书。

（四）安全绩效考核

生产经营单位应建立安全绩效考核制度，包括年度安全目标和指标中纳入考核的目标和指标等内容。考核制度应规定考核的职责、考核内容的确定、考核周期和方法、考核结果的奖惩等要求，并经过安委会审议，企业主要负责人批准；安全绩效考核的范围应包括安全管理部门对各部门的综合安全考核，也应包括相关部门对各部门相关安全内容的考核。

安全绩效考核应体现"预防为主"和"持续改进"的原则，实现动态考核；每年应根据当年目标调整考核内容和奖惩方法，考核方法应以事实和数据为依据；考核的资料应保存，并公示考核结果。

三、安全生产规章制度和操作规程

（一）安全生产规章制度的基本概念

1．安全生产规章制度

安全生产规章制度是指生产经营单位依据国家有关法律法规、国家和行业标准。结合生产经营单位的安全生产实际，以生产经营单位或下属部门名义颁发的有关安全生产的规范性文件。

2．安全生产管理制度

安全生产管理制度按管理内容分，通常包括：

（1）安全生产的总体要求文件，如管理手册、安全生产责任制等。

（2）针对某专项管理的安全管理规定，如应急准备和响应管理规定、消防安全管理规定、特种设备管理规定等。

（3）针对某现场的安全管理制度，如锅炉房安全管理制度、变配电站（室）安全管理制度等。

（4）针对设备设施、岗位作业的安全操作规程，如电工安全操作规程、车床安全操作规程等。

（5）针对安全设施或装置的技术标准，如库房电气安全规程、排风装置标准等。

3．安全生产管理制度的形式和格式

安全生产管理制度的形式、格式无固定要求，按文件形式分，通常包括：

（1）按职业健康管理体系文件，通常有管理手册、程序文件、作业文件等。

（2）按标准化管理，通常包括技术标准、管理标准、工作标准等。

（3）按章节式文件编写。

（4）红头文件通常作为文件发布的通知，将需发布的文件作为附件。

（二）建立安全管理制度和操作规程的必要性和基本原则

1．建立安全管理制度和操作规程的必要性

（1）生产经营单位的法定责任。

（2）生产经营单位安全生产的重要保障。

（3）生产经营单位保护从业人员安全与健康的重要手段。

2．建立安全管理制度和操作规程的基本原则

（1）"安全第一，预防为主，综合治理"的原则。

（2）落实职责，分级负责的原则。

（3）系统性原则。

（4）规范化原则。

3．安全管理制度和操作规程制定的主要依据

（1）以安全生产法律法规、国家和行业标准、地方政府的法规、标准为依据。

（2）以生产经营过程的危险源辨识、风险控制要求为依据。

（3）以国内外先进的安全管理方法为依据。

（三）安全管理制度和操作规程的编制范围

1．安全管理制度的编制范围

1）安全生产规章制度

按《北京市安全生产条例》的要求，除安全生产责任制文件外，生产经营单位制定的安全生产规章制度应当包括：

（1）安全生产教育和培训制度。

（2）安全生产检查制度。

（3）具有较大危险因素的生产经营场所、设备和设施的安全管理制度。

（4）危险作业管理制度。

（5）劳动防护用品配备和管理制度。

（6）安全生产奖励和惩罚制度。

（7）生产安全事故报告和处理制度。

（8）其他保障安全生产的规章制度。

2）管理制度

按国家和北京市不同行业安全生产标准化的要求，生产经营单位应编制相关的管理制度，通常包括：

（1）消防安全管理制度。

（2）交通安全管理制度。

（3）职业危害防治制度。

（4）危险化学品使用安全管理制度。

（5）特种设备安全管理制度。

（6）其他生产经营活动涉及的安全管理制度，如宾馆、景区、商场等相关安全管理制度。

（7）相关作业现场的安全管理制度。

2. 安全操作规程的编制范围

需编制安全操作的岗位一般包括：

（1）设备设施操作和运行岗位，如车床操作、变配电值班运行等。

（2）从事现场服务和生产的作业岗位，如生产现场搬运、餐饮后厨作业等。

（3）维修保养和检测作业岗位，如维修电工、试验检测作业等。

（4）其他需规定作业活动安全注意事项的岗位。

生产经营单位应根据实际，确定需编制安全操作规程的岗位；安全操作规程一般依据工艺流程、设备（设施）性能、操作方法及工作环境制定；相同设备设施且作业方式相同，可以合并，否则应单独编制安全操作规程。

安全操作规程一般应以作业工序、作业岗位为基本单元编制；可以按岗位划分，也可按设备设施或不同的作业活动划分；如砂轮机的安全操作规程可单独编写，也可在包含在维修岗位的安全操作规程内。

安全操作规程可单独制定，也可与设备操作规程、作业指导书等整合发布，并下发到现场作业人员。

（四）安全生产管理制度和操作规程的编写和评审、审批

1．安全生产管理制度

安全生产管理制度一般由生产经营单位或下属部门组织编制，确定各类文件编制的主管部门、协助部门和人员，必要时组成编写小组进行；编写和评审、审批要求包括：

（1）首先应对需编制的管理制度架构进行策划，确定需编制那些层次的那些文件，并确定需编制的相关文件的关系。

（2）对每个需编制的文件内容进行讨论，确定文件应规定的相关内容，包括"5W1H"，即做什么（What），为何做（Why），何时做（When），在哪做（Where）、谁来做（Who）、怎么做（How），也包括依据哪些法规和文件、需要何种记录等，讨论可形成文件编制大纲。

（3）根据讨论的结果，按分工进行文件编制，初稿应经过参与人员或小组内讨论、修改形成评审稿。

（4）对单个文件或相关文件进行评审，评审的内容是文件对于法规和本单位要求的符合性、文件运行的可行性等，包括文件确定的职责、管理流程和方法、要求等；文件评审可采取会议或会签的方法，评审人员应包括主管和相关的管理人员、技术人员人员、相关领导等。

（5）按规定的权限对文件进行审核和批准后发布。

（6）发布后的文件需要修改，应按流程重新进行审批。

2．安全操作规程

安全操作规程一般由生产作业所在部门组织编制，编制应有相关的工艺、设备技术人员和管理人员参加，并听取岗位作业人员的意见，必要时组成编写小组进行；编写和评审、审批要求包括：

（1）应确定需编制的安全操作规程种类，并确定是否与设备操作规程、作业指导书整合编制。

（2）针对每个岗位的操作规程，对岗位情况进行现场调研，重点是对岗位作业过程的危险源及其风险控制措施进行摸底，包括对岗位人员、设备、作业环境等现状进行摸底，以便于安全操作规程的内容符合岗位实际。

（3）按安全生产标准化的要求，安全操作规程的内容应包括：

①岗位主要危险源及风险控制措施；

②岗位作业人员应使用、佩戴的劳动防护用品；

③岗位作业前、作业中和作业后的安全操作要求；

④必要时，可包括岗位发生异常、紧急情况时的现场应急措施。

（4）安全操作规程初稿应与岗位作业人员沟通，并组织相关工艺、技术人员讨论，修改后方可提交审批。

（5）按规定的权限对安全操作规程进行审核和批准后发布，生产作业现场应保存安全操作规程的有效版本。

（6）采用新技术、新工艺、新设备、新材料时，在投入使用前应先修订或重新制订安全操作规程，岗位安全操作规程应随工艺或设备的变更情况，及时进行更新，保持有效版本；发布后的文件需要修改，应按流程重新进行审批。

四、安全生产教育和培训

（一）生产经营单位安全生产教育和培训的基本要求

1. 严峻的安全生产形势的要求

目前，我国安全生产形势依然严峻，重特大人身伤亡事故主要集中在劳动密集型企业，如煤矿、非煤矿山、危险化学品、建筑施工、道路交通等。这些企业的从业人员基本以农民工为主，其中大多数人员文化水平不高、流动性较大，企业对其进行的安全生产教育培训普遍流于形式，导致从业人员对违章作业及作业环境中存在的危险源的危害等认识不到位。因此，加强对从业人员的安全教育培训，提高从业人员对作业风险的辨识、控制、应急处置和避险自救能力，提高从业人员安全意识和综合素质，是防止产生不安全行为，减少人为失误的重要途径。

2. 法律法规要求

（1）《中华人民共和国安全生产法》第二十条规定："生产经营单位的主要负责人和安全生产管理人员必须具备与本单位所从事的生产经营活动相应的安全生产知识和管理能力，危险物品的生产、经营、储存单位以及矿山、建筑施工单位的主要负责人和安全生产管理人员，应当由有关主管部门对其安全生产知识和管理能力考试合格后方可任职。"第二十一条规定："生产经营单位应当对从业人员进行安全生产教育和培训，保证从业人员具备必要的安全生产知识，熟悉有关的安全生产规章制度和安全操作规程，掌握本岗位的安全操作技能。未经安全生产教育和培训合格的从业人员，不得上岗作业"。第二十二条、二十三条、三十六条、五十条分别就生产经营单位"四新"、特种作业人员持证上岗等安全生产教育和培训做出了明确规定。

（2）2006年，国家安监总局发布了《生产经营单位安全培训规定》，对生产经营单位的安全培训做出了具体规定，要求生产经营单位进一步完善其安全教育和培训工作。

（3）2012年，国务院安委会发布了关于进一步加强安全培训工作的决定，提出了相关要求，包括：认真落实企业安全培训主体责任；劳务派遣单位要加强劳务派遣工基本安全知识培训，劳务使用单位要确保劳务派遣工与本企业职工接受同等安全培训；境内投资主体要指导督促境外中资企业依法加强安全培训工作；严格落实矿山、建筑施工单位和危险物品生产、经营、储存等高危行业企业（以下简称高危企业）主要负责人、安全管理人员和生产经营单位特种作业人员（以下简称"三项岗位"人员）持证上岗制度等。

（二）生产经营单位安全生产教育和培训的组织和管理

1．生产经营单位主要负责人和安全管理人员的培训

（1）矿山、建筑施工单位和危险物品生产、经营、储存等高危行业企业（以下简称高危企业）主要负责人、安全管理人员，应经过主管部门组织的安全管理培训持证上岗。

（2）其他生产经营单位的生产经营单位主要负责人、安全生产管理人员每年接受的在岗安全生产教育和培训时间不得少于 8 学时，并具备相应的安全管理能力。

2．特种设备作业人员和特种作业人员的培训取证

（1）特种设备操作人员应当按照国家有关规定经特种设备安全监督管理部门考核合格，取得国家统一格式特种作业人员证书，方可从事相应的作业或者管理工作。生产经营单位应建立特种设备作业人员台账或清单，记录其培训取证及上岗时间、证件复审情况等；其中特种设备作业人员范围应与《特种设备作业人员监督管理办法》附件中特种设备作业人员作业种类与项目目录内容相对应，包括设备操作人员和安全管理人员；特种设备作业人员作业时应随身携带证件，或将证件或复印件放置在作业现场。

（2）特种作业人员应经过由当地安全生产监督部门指定的培训机构的培训考试合格，获得安全生产监管部门颁发的特种作业操作证后，方可上岗作业；生产经营单位应建立特种作业人员台账或清单，记录其培训取证及上岗时间、证件复审情况等；其中特种作业人员范围应与《特种作业人员安全技术培训考核管理规定》附件中特种作业目录内容相对应；特种作业人员作业时应随身携带证件，或将证件或复印件放置在作业现场。

（3）生产经营单位应根据行业和地方政府要求，确定其他应经外部培训发证后方可持证上岗的人员，并保存培训取证记录；其中应包括消防控制室的值班和操作人员、职业机动车驾驶员等。

3．三级安全教育

（1）新职工应经过企业、部门、班组三级安全教育方可上岗作业；矿山、危险物品等高危企业要对新职工进行至少 72 学时的安全培训，建筑企业要对新职工进行至少 32 学时的安全培训，每年进行至少 20 学时的再培训；非高危企业新职工上岗前要经过至少 24 学时的安全培训，每年进行至少 8 学时的再培训。

（2）调换岗位或离岗一年后重新上岗人员，应重新进行相应部门、班组级安全教育。

4．各类人员的安全生产教育和培训的具体要求

生产经营单位的主要负责人、安全生产管理人员、新从业人员及特种作业人员的安全生产教育和培训的要求、培训内容及培训时间具体见表 1-1：

30

表 1-1　各类人员安全生产教育和培训的要求、培训内容及培训时间

	主要负责人	安全生产管理人员	特种作业（含特种设备管理和作业人员）	新从业/转复岗人员	员工
要求	高危行业必须按国家有关规定取得安全资格证书，其他行业经培训合格后方可任职，每年应进行再培训		经过主管部门组织的专门的培训后持证上岗	新从业人员：进行入企业三级教育调岗或离岗重新上岗人员：应进行车间/部门级培训	应接受安全知识及意识的教育培训
培训内容	1. 安全方针、政策、法规、标准等； 2. 安全生产管理基本知识、方法、技术等； 3. 重大事故防范等； 4. 职业危害及其预防措施； 5. 其他先进安全生产经验； 6. 典型事故和应急案例； 7. 其他培训	1. 安全方针、政策、法规、标准等； 2. 安全生产管理基本知识、方法、技术等； 3. 伤亡事故和职业病统计等； 4. 应急管理、编制、处理； 5. 国内外先进经验； 6. 典型事故和应急救援案例分析； 7. 其他培训	1. 根据人员的从业内容，进行专门的安全技术、操作技能和安全生产意识的培训教育； 2. 按规定定期复审	新从业人员： 1. 企业级：安全生产基本知识，安全规章制度，劳动纪律，事故应急措施等； 2. 车间/部门级：本车间/部门安全规章，作业场所危害因素等； 3. 班组级：岗位操作规程，安全装置，劳动防护用品正确使用方法	1. 安全目标；安全常识、新知识、新技术； 2. 安全法律法规； 3. 所在作业场所和岗位的危险源及控制措施； 4. 安全操作规程和制度； 5. 相关的应急预案； 6. 事故案例等
培训时间	高危行业：培训不少于 48 学时，再培训不少于 16 学时； 其他行业：培训不少于 32 学时，再培训（每年）不少于 12 学时		培训时间按有关规定实施	新从业人员：不得少于 24 学时；农民工再培训 8 小时，高危行业和岗位不得少于 72 学时，每年再培训不得少于 20 学时	一年至少一次

5．生产经营单位安全生产教育和培训的管理

1）安全教育和培训制度

生产经营单位应建立本单位的安全教育培训管理制度，其中内容应包括：安全培训的管理职责、组织要求、各类人员培训内容、培训时间、培训周期与学时要求、培训计划的编制、实施、记录、培训效果、评价要求等。

2）安全教育培训需求和计划

生产经营单位的安全管理部门应会同培训主管部门，于每年年底组织各部门调查、了解本单位的安全教育和培训需求，并结合本单位安全管理的实际需要，制定下一年度安全教育培训计划。计划中应包括内部企业级培训和外部培训的具体组织职责、时间、内容和要求，经相关主管领导批准后下发实施。

3）安全教育和培训的实施和效果评价

（1）生产经营单位的安全管理部门应配合培训主管部门，按照年度安全教育培训计划组织实施相关安全教育和培训工作，并保存相关记录，记录中应有参加人员签到、培训内容、考试或考核方式、成绩等内容。

（2）培训完成后，应进行效果评价，一般培训应进行现场直观评价，包括评价参

加人数、授课效果、考试情况等，并保存记录；对于大型系统培训，可采取培训效果调查表、跟踪评价等方式；对未达到培训效果的，应组织补课或再培训。

6. 劳务派遣人员的安全培训教育

生产经营单位直接聘用的岗位临时工、季节工、治安保卫人员、消防人员等劳务派遣人员，按企业员工进行培训教育管理；其安全教育要求同企业员工；通过劳务派遣机构选派的人员。

五、建设项目"三同时"

（一）建设项目"三同时"的含义

建设项目"三同时"是指新建、改建、扩建的基本建设项目中的安全设施（通常包括生产安全、消防安全及职业危害防护设施等）必须符合国家规定的标准，必须与主体工程同时设计、同时施工、同时投入生产和使用，以确保建设项目竣工投产后，符合国家规定的劳动安全卫生标准，保障劳动者在生产过程中的安全与健康。

建设项目"三同时"的主体是项目的建设单位，即生产经营单位，是生产经营单位安全生产的重要保障措施。建设项目"三同时"是一种事前保障措施它，对贯彻落实"安全第一、预防为主、综合治理"方针，改善劳动者的劳动条件，防止发生工伤事故，促进社会主义经济的发展，具有重要意义。

建设项目"三同时"也是各级政府安全生产监督管理机构实施监督管理的主要内容，对建设项目"三同时"的相关阶段，安全生产监督管理部门按法规的要求进行相关监督，如重点项目的设计审查、安全设施验收等。

（二）建设项目"三同时"的主要内容

实施建设项目"三同时"制度，要求与建设项目配套的生产安全、消防安全及职业危害防护设施，从项目的可行性研究、设计、施工、试生产、竣工验收到投产使用均应同步进行。具体包括以下内容：

1. 建设项目可行性分析和设计阶段的"三同时"管理

1）项目可行性研究

生产经营单位根据生产经营实际需要，提出建设项目时，应针对建设项目的内容及合理性进行可行性研究，编制项目可行性分析报告时，应将项目的安全生产风险，安全设施（生产安全设施、职业病防护设施、消防设施等）的要求及所需要投资一并纳入，同时编报；生产经营单位的安全管理部门参与对可行性分析报告的审核及相关设施的选型。

2）建设项目评审和预评价要求

（1）《建设项目安全设施"三同时"监督管理暂行办法》（安监总局令第 36 号）、《建设项目职业卫生"三同时"监督管理暂行办法》（安监总局令第 51 号）规定，属于国家或省级重点建设项目在进行可行性研究时，生产经营单位组织对其安全生产条件进行论证和安全预评价；有职业危害的项目，应进行职业病危害预评价；预评价应由具有资质的机构进行，并出具评价报告；安全生产条件论证应根据建设项目危害因素，可由生产经营单位邀请注册安全工程师、安全管理人员及相关专业技术人员或外部专家召开论证会进行，并保留论证会议纪要。

（2）一般项目由生产经营单位组织内部安全评审，对项目的安全设施进行评审并提出意见，保留安全评审记录。

（3）生产经营单位应将论证、评价、评审的意见汇总并转交设计单位，作为项目安全设施设计的依据。

3）建设项目初步设计和设计评审

（1）建设项目设计应当委托有相应资质的设计单位进行，并提出安全设施的"三同时"要求；设计单位应充分采纳预评价报告或专家论证、评审意见，并编制相关安全设施设计资料，包括安全专篇、职业病防护设施设计专篇；涉及建筑物消防设计的建设项目还应编制消防设计资料。

（2）生产经营单位负责组织对设计单位的初步设计文件进行内部安全评审，评审应有安全管理部门及注册安全工程师参加，并保存初步设计安全评审记录。

（3）重点项目及职业病危害一般和较重的项目的安全设施设计资料由基建技改部门负责向安监部门备案；其中涉及生产、储存危险化学品的项目、职业病危害严重的建设项目应提请安监部门进行设计审查。

（4）需要进行消防设计的建设工程应向公安机关消防机构提交消防审计文件备案；属于《建设工程消防监督管理规定》等法规规定的人员密集场所、特殊建设工程的项目应当报当地公安机关消防机构进行消防设计审核。

（5）对于地方政府有审批要求的其他项目，按政府主管部门要求进行初步设计文件审批。

（6）初步设计的评审、审查、审核结果，应反馈设计单位，并按评审、审查、审核意见完善和修改设计文件。

2．建设项目施工阶段的"三同时"管理

1）施工管理

（1）生产经营单位选择施工单位，施工单位应具有与项目相符合的资质，项目中的压力容器、压力管道、电梯等特种设备、安全设施、环境设施等应按照国家规定由取得相应资质的施工单位进行安装和施工，并与主体工程同时进行。

（2）生产经营单位委托监理单位负责对施工方的"三同时"执行情况进行监督。

（3）生产经营单位应指定主管部门，对项目施工单位进行监督，要求其严格按照安全设施设计和相关施工技术标准、规范施工，并对安全设施的工程质量负责；发现安全设施设计文件有错漏或需修改的，应当及时向设计单位提出并处理。

（4）施工单位应制定施工安全方案，经生产经营单位审查后组织实施。

2）项目试运行

（1）建设项目试运行应当在正式投入生产或者使用前进行；国家法规规定的重点项目试运行时间应当不少于 30d，最长不得超过 180d，国家有关部门有规定或者特殊要求的行业除外。

（2）试运行中需要对危害因素或设备设施进行检验、检测的，应及时组织检验检测，并保存记录；其中特种设备、防雷装置、消防系统、职业危害因素的检验、检测应委托具有资质的单位进行。职业危害项目还需委托具有资质的单位进行职业危害效果评价。检验、检测、评价结果不符合国家法律法规和标准的，应督促施工单位进行整改，直至合格达标为止。

3．建设项目竣工验收阶段的"三同时"管理

1）竣工验收

（1）建设项目主体工程和安全设施竣工后或试运行完成后，由生产经营单位组织竣工验收。

（2）竣工验收时，安全设施的验收应与主体工程同时进行，并有安全管理部门、使用单位及相关专业技术人员或外部专家参加；保存竣工验收资料，包括建设项目安全设施验收记录。

（3）验收时应充分考虑建设项目前期的认证、评审、评价等意见，以及初步设计中的安全专篇内容；验收中提出的整改要求，应在正式生产前整改完毕，并验证确认，保存相关记录。

2）外部验收

（1）按《建设项目安全设施"三同时"监督管理暂行办法》（安监总局令第 36 号）、《建设项目职业卫生"三同时"监督管理暂行办法》（安监总局令第 51 号），国家和省级重点建设项目、职业病危害较重和严重的建设项目，由项目主管部门负责向政府安监部门申请竣工验收。

（2）《建设工程消防监督管理规定》（公安部令第 106 号）规定的人员密集场所或特殊建设工程应当向公安机关消防机构申请消防竣工验收；其他项目公司内部消防验收资料向公安机关消防机构备案，并接受抽查。

（3）对于地方政府有验收要求的其他项目，按政府主管部门要求进行验收。

（三）建设项目"三同时"的安全设施资料和使用管理

1．建设项目安全设施资料

建设项目竣工后，应在验收的同时收集整理项目主体工程及安全设施的资料，其中安全设施资料应包括：

（1）各阶段安全设施的相关评审、认证、评价、验收等资料。

（2）安全设施的设计资料，包括与主体工程的相关配套系统资料。

（3）安全设施部件、器材等产品资料，包括产品说明书、产品维护保养资料等。

2．安全设施资料的管理

安全设施的资料，应与项目主体工程资料一起归档，形成归档资料，并明确专人管理，包括由生产经营单位及时档案室管理。

建设项目正式投产使用后，必须同时将生产安全、消防安全及职业危害防护设施进行投产使用。不得擅自将生产安全、消防安全及职业危害防护设施闲置不用或拆除，并需进行日常维护和保养，确保其效果。

（四）生产经营单位设备设施变更管理

生产经营单位除了建设项目以外，会发生局部设备设施、建筑物等发生结构变更、使用用途变更等情况，也会有安全设施同时变更的要求，可参照建设项目"三同时"的相关要求进行管理。

（1）需实施生产经营单位内部项目时，如项目涉及建筑物用途改变、场地变更、新工艺、人机功效变更等带来新的风险等内容时，应向安全管理部门报告，根据项目情况确定组织安全审查、安全验收。

（2）安全审查的内容包括风险识别、新增安全设施、采取的安全防护措施等是否可行、项目是否具体安全条件等，并提出相应的建议；项目实施部门应根据审查意见组织编制相应的项目实施方案。

（3）需进行安全审查的项目，在竣工验收时应有安全管理人员、注册安全工程师等参加，对变更后的安全设施进行验收，其中涉及需向政府部门申报内容的，应按规定由政府主管部门验收。

六、劳动防护用品管理

（一）劳动防护用品的基本概念

劳动防护用品是指由生产经营单位为从业人员配备的，使其在劳动过程中免遭或者减轻事故伤害及职业危害的个人防护装备。

劳动防护用品分为特种劳动防护用品和一般劳动防护用品。

（1）特种劳动防护用品目录由国家安全生产监督管理总局确定，具体见《特种劳动防护用品安全标志实施细则》的附件 1（安监总规划字〔2005〕149 号）；未列入目录的劳动防护用品为一般劳动防护用品。

（2）特种劳动防护用品安全标志由特种劳动防护用品安全标志证书和特种劳动防护用品安全标志标识两部分组成。特种劳动防护用品安全标志证书由国家安全生产监督管理总局监制，加盖特种劳动防护用品安全标志管理中心印章。特种劳动防护用品安全标志标识由图形和特种劳动防护用品安全标志编号构成，具体如图 1-10所示。

安 全 防 护

图 1-10　特种劳动防护用品安全标志标识

（3）按《个体防护装备选用规范》（GB/T 11651—2008），劳动防护用品又称"个体防护装备"。

（4）劳动防护用品按照防护部位分为 8 类：

①头部防护用品是用于保护头部，防撞击、挤压伤害、防物料喷溅、防粉尘等的护具；主要有工作帽、安全帽、防冲击安全头盔等；

②呼吸器官防护用品是预防尘肺和职业病的重要护品；主要有防尘口罩、防毒面具、空气呼吸器、自救器等；

③眼（面）部防护用品用以保护作业人员的眼睛、面部，防止外来伤害；主要有防冲击护目镜、防微波护目镜、防放射性护目镜、焊接面罩、防腐蚀夜护目镜、太阳镜等；

④听觉器官防护用品主要有耳塞、耳罩等；

⑤手部防护用品用于手部保护；主要有绝缘手套、焊接手套、防放射性手套、耐酸碱手套、防化学品手套等；

⑥足部防护用品用于足部保护，主要有防砸鞋（靴）、绝缘鞋、防振鞋、耐酸碱鞋、焊接防护鞋等；

⑦躯干防护用品用于保护职工免受劳动环境中的物理、化学因素的伤害，主要有防尘服、化学品防护服、焊接防护服、救生衣（圈）、绝缘服、安全带、安全网等；

⑧护肤用品用于外露皮肤的保护，主要有护肤膏和洗涤剂等。

（二）劳动防护用品选用和发放标准

生产经营单位应根据本单位作业岗位的设置，建立本单位劳动防护用品选用和发放标准。

劳动防护用品的选用，可参照《个体防护装备选用规范》（GB/T 11651—2008）的选用方法进行：

（1）表 2 对个体防护装备按 B1～B72 分类，分别进行了防护性能的说明，如 B02 安全帽的防护性能是"防御物体对头部造成冲击、刺穿、挤压等伤害"。

（2）表 3 将作业类别分为 A01～A39，如 A01 是"存在物体坠落、撞击的作业"。

（3）表 3 对每一类作业个体防护装备提出了"可以使用的防护用品"和"建议使用的防护用品"，如 A01 类作业，"可以使用的防护用品"是 B02 安全帽、B39 防砸鞋

（靴）、B41 防刺穿鞋、B68 安全网；"建议使用的防护用品"是 B40 防滑鞋。

（4）附录 B 针对各类作业类别的相关典型工种，列出了选用的一般、特种个体防护装备的使用期限。生产经营单位应确保发放的周期符合使用期限的要求。

（三）劳动防护用品的管理

1. 劳动防护用品管理的基本原则

（1）生产经营单位应当安排用于配备劳动防护用品的专项经费。

（2）生产经营单位不得以货币或者其他物品替代应当按规定配备的劳动防护用品。

（3）生产经营单位为从业人员提供的劳动防护用品，必须符合国家标准或者行业标准，不得超过使用期限。

（4）生产经营单位应当督促、教育从业人员正确佩戴和使用劳动防护用品。

2. 劳动防护用品的管理

生产经营单位应建立劳动防护用品管理制度，其中应规定采购、验收、保管、发放、使用、报废等职责和要求。

3. 劳动防护用品的采购和验收

（1）劳动防护用品应从具有资质的生产和销售单位购买。

（2）购买的特种劳动防护用品应经过主管部门或安全管理人员对其实物、产品合格证及特种劳动防护用品 LA 标志等进行检查，验收合格后方可入库发放，并保存验收记录。

4. 劳动防护用品的发放和回收

（1）劳动防护用品的发放应填写并保存记录，由使用人签收，并有签收日期，宜一人一卡。

（2）通过劳务派遣机构选派的劳务派遣人员，其各项劳动防护用品发放标准应与企业员工相同，具体发放、组织协调和费用等内容，在与劳务派遣机构的用工合同中明确各自的职责和承担的费用。

（3）各工种各类劳动防护用品发放后的使用期限应符合 GB 11651 的要求，并同时符合产品说明书、产品标志规定的出厂使用年限。

（4）达到以下判废标准的劳动防护用品应报废，由生产经营单位回收，并防止其继续使用或流向社会。

①所选用的个体防护装备技术指标不符合国家相关标准或行业标准；

②所选用的个体防护装备与所从事的作业类型不匹配；

③个体防护装备产品标识不符合产品要求或国家法律法规的要求；

④个体防护装备在使用或保管贮存期内遭到破损或超过有效使用期；

⑤所选用的个体防护装备经定期检验和抽查为不合格；

⑥当发生使用说明中规定的其他报废条件时。

七、相关方安全管理

（一）相关方安全管理的基本概念

1. 相关方

GB/T 28001—2011/OHSAS 18001:2007《职业健康安全管理体系要求》将相关方（英文为 interested party）定义为：工作场所内外与组织职业健康安全绩效有关或受其影响的个人或团体。

2. 相关方安全管理

（1）广义的相关方安全管理，指的是生产经营单位对相关方进行的安全方面的管理，包括为到本单位现场工作的相关方人员提供安全的作业条件相关的管理，也包括对相关方人员为本单位提供相关服务和作业过程的监督管理，以防止其作业带来的风险导致事故发生。

（2）本节教程所指的相关方安全管理，特指对相关方的安全监督管理，尤其是对那些可能带来相关风险，需加强控制的服务和作业相关方的选择和监督检查。

（3）可能带来相关风险，需加强控制的服务和作业相关方，可称为重点相关方或高风险相关方。它通常包括在本单位区域内进行基建施工、设备安装/维修、动力管线施工、危险物品供应、物流服务、环保/卫生/绿化工程、特种设备承租、房屋承租、后勤服务等服务、作业的单位或个人等。

（二）相关方安全管理总体要求

1. 生产经营单位应制定相关方安全管理制度

（1）识别本单位需重点控制的相关方，并明确各相关方的归口管理部门及其管理职责。

（2）对相关方的资质、安全协议、安全教育等作出规定，并规定记录要求。

（3）对各类相关方的现场监管提出要求，包括相关方危险作业、临时用电等审批、交底和监护要求等。

（4）对相关方进行定期安全考评等作出具体规定。

2. 相关管理部门监管职责

充分发挥各级管理人员对相关方的监督管理作用，齐抓共管，确保相关方安全；相关管理部门的监管职责通常包括：

（1）相关方的主管部门应是相关方业务的归口管理部门，体现管业务必须管安全的要求；其管理职责是负责组织相关方的资质、安全协议、安全教育、监督管理和安全考评等各项工作。

（2）相关方作业活动所到现场，现场所在部门应协助和配合相关方主管部门对相关方作业活动过程进行监督检查。

（3）安全管理部门应对相关方管理工作进行监督检查，并可对相关方作业现场进行抽查，发现问题组织、协调解决。

（三）相关方资质与安全协议

1．相关方资质管理

《北京市安全生产条例》第四十条规定：生产经营单位不得将生产经营项目、场所、设备，发包、出租给不具备国家规定的安全生产条件或者相应资质的单位和个人从事生产经营活动。常见相关方的资质应包括：

（1）从事特种设备安装、维保，高处建筑外墙清洗，建筑施工等作业的相关方，应取得相应的安全生产许可证或其他资质证书。

（2）建筑施工单位的应取得相应的建筑等级证书及施工安全许可证；项目负责人、项目部安全员应取得安全管理人员证书。

（3）建筑工地的吊装和工程设备租赁方应具备相应的设备租赁资质。

（4）危险化学品运输企业应取得危险化学品运输许可资质。

（5）相关方的特种作业人员及特种设备操作人员应取得相应的证书并持证上岗。

（6）其他当地政府主管部门需审批的作业资质，如有限空间作业等。

2．相关方安全协议

《北京市安全生产条例》第四十条规定：生产经营单位将生产经营项目、场所、设备发包或者出租的，应当与承包单位、承租单位签订专门的安全生产管理协议，或者在承包、租赁合同中约定各自的安全生产管理职责。同一建筑物内的多个生产经营单位共同委托物业服务企业或者其他管理人进行管理的，由物业服务企业或者其他管理人依照委托协议承担其管理范围内的安全生产管理职责。相关方安全协议的内容通常包括：

（1）对于到生产经营单位现场工作的相关方，如建筑施工相关方、设备维保相关方、绿化保洁相关方、食堂承包方等，与其签订的安全协议中应规定职业健康安全要求，或同时签订安全协议，明确双方的安全职责，包括现场管理、消防器材配置、设备安全装置管理、人员安全教育与培训、安全检查与监督等各种职责和管理要求，并符合国家和地方相关法规要求。

（2）对于主要不在生产经营单位现场工作的相关方，如班车相关方、危化品运输相关方等，与其签订的安全协议中应规定各自的安全责任，并对其设备设施，如车辆及其附件提出要求，同时对其作业人员，如驾驶人员资质及能力、体检等提出要求，同时对其进入生产经营单位现场时的安全提出要求，如车辆限速、停放、禁止吸烟等要求。

（3）对于房屋租赁方，应在租赁协议中或单独签订的安全协议中明确房屋日常消防管理、房屋结构、用途变更等事项的各自职责和要求。

（4）安全协议内应包括对相关方违反协议要求时应承担的责任，包括处罚内容。

（5）单项项目的安全管理协议书有效期一般为一个施工或服务周期；长期在企业从事零星项目施工或服务的承包方，安全管理协议书签订的有效期一般不应超过一年。

（四）相关方安全教育和监督检查

1．相关方安全教育

（1）相关方作业人员进入生产经营单位作业前，应对相关方的负责人、安全员进行作业安全教育，然后由其对作业人员进行培训，并保存相关记录。安全教育内容通常包括：企业相关安全管理制度、规程等要求；作业中可能接触的危险源及控制措施；发生事故的应急处置要求；其他需要教育的内容。

（2）相关方作业人员进行高处作业、动火作业、有限空间作业等危险作业时，应办理危险作业审批手续，并按规定到现场对作业人员进行安全作业告知交底，并保存记录。

（3）长期或固定在生产经营单位作业的相关方人员，其安全教育应与企业职工相同。

2．对相关方的安全监督检查

（1）各类相关方的主管部门应将对相关方监督检查纳入日常管理工作，定期对相关方作业现场进行安全检查，发现事故隐患立即要求相关方整改，并对整改效果进行验证。

（2）相关方作业所在现场的部门应对作业过程进行监督检查。

（3）生产经营单位的安全管理部门应对本单位的相关方管理工作进行监督检查。

（4）对建筑施工、危化品和其他易燃易爆使用现场等相关方作业场所，应要求相关方进行危险源辨识并制定控制措施或专项安全施工方案，生产经营单位对其风险控制进行日常和专项安全检查。

（五）相关方安全考评

对相关方的安全状况应进行日常考评，根据日常监督检查情况进行相应的处罚。

定期对相关方进行安全绩效的考评，一般一年为一个周期，考评的内容通常包括：

（1）年度内单位资质和人员的安全资质情况。

（2）年度内安全事故发生情况。

（3）事故隐患及其整改情况。

（4）执行生产经营单位规章制度情况。

（5）现场设备设施、作业活动、作业环境和日常管理的管理和技术状况。

（6）相关方人员的安全行为、违章情况等，包括安全教育情况。

相关方年度安全绩效考评的结论应作为下一年度选择相关方的重要依据，其中安全资质等应作为否决项。

八、安全检查和隐患治理

（一）安全生产检查

1. 安全生产检查的重要性

（1）《北京市安全生产条例》第三十七条要求：生产经营单位应当根据本单位生产经营活动的特点，对安全生产状况进行经常性检查。检查情况应当记录在案，并按照规定的期限保存。

（2）安全生产检查是安全生产管理的检查环节，其工作重点是查找安全生产管理工作存在的漏洞和死角，检查生产现场安全防护设施、作业环境是否存在不安全状态，现场作业人员的行为是否符合安全规范，以及设备、系统运行状况是否符合现场规程的要求等。

（3）通过安全生产检查，不断堵塞管理漏洞，改善劳动作业环境，规范作业人员的行为，保证设备系统的安全、可靠运行，实现安全生产的目的。

（4）安全生产检查是发现事故隐患的主要手段，是发现问题的过程，同时为解决问题、隐患治理提出要求和建议。

2. 安全生产检查的类型

安全生产检查分类方法一般分为以下 6 种类型：

1）定期安全生产检查

定期安全生产检查一般由生产经营单位统一组织或分级实施。检查周期应根据生产经营单位的规模、性质以及地区气候、地理环境等确定。定期安全检查一般具有组织规模大、检查范围广、有深度，能及时发现并解决问题等特点。

2）经常性安全生产检查

经常性安全生产检查是由生产经营单位的安全生产管理部门、车间、班组或岗位组织进行的日常检查。通常包括交接班检查、班中检查、特殊检查等几种形式。

交接班检查是指在交接班前，岗位人员对岗位作业环境、管辖的设备及系统安全运行状况进行检查，交班人员要向接班人员说清楚，接班人员根据自己检查的情况和交班人员的交代，做好工作中可能发生问题的处置。

班中检查包括岗位作业人员在工作过程中的安全检查，以及生产经营单位领导、安全生产管理部门和车间班组的领导或安全监督人员对作业情况的巡视或抽查等。

特殊检查是针对设备、系统存在的异常情况，所采取的加强监视运行的措施。一般来讲，措施由工程技术人员制定，岗位作业人员执行。

3）季节性及节假日前后安全生产检查

由生产经营单位统一组织，按季节变化引发事故的规律，对潜在危险进行重点检查。如冬季防冻保温、防火、防煤气中毒；夏季防暑降温、防汛、防雷电检查等。由于节假日（特别是重大节日，如元旦、春节、劳动节、国庆节）前后容易发生事故，因而应在节假日前后进行全面安全检查。

4）专业（项）安全生产检查

专业（项）安全生产检查是对某个专业（项）问题或在施工（生产）中存在的普遍性安全问题进行的单项定性或定量检查。如对危险性较大的在用设备、设施，作业场所环境条件的管理性或监督性定量检测检验则属于专业（项）安全检查。专业（项）检查具有较强的针对性和专业要求。

5）安全生产监督检查

安全生产监督检查一般是由上级主管部门或地方政府负有安全生产监督管理职责的部门组织，对生产经营单位进行的安全检查。

6）工会、职工代表对安全生产的巡查

根据《工会法》及《安全生产法》的有关规定，生产经营单位的工会应定期或不定期组织职工代表进行安全检查。重点检查国家安全生产方针、法规的贯彻执行情况，各级人员安全生产责任制和规章制度的落实情况，从业人员安全生产权利的保障情况，生产现场的安全状况等。巡查可以参加生产经营单位的定期安全生产检查的方式进行。

3．安全生产检查的内容和方法

（1）安全生产检查的内容应包括软件系统和硬件系统。软件系统主要是查思想、查意识、查制度、查管理、查事故处理、查隐患、查整改。硬件系统主要是查生产设备、查辅助设施、查安全设施、查作业环境。

（2）安全生产检查具体内容应本着突出重点的原则进行确定。对于危险性大、易发事故、事故危害大的生产系统、部位、装置、设备等应加强检查。

（3）除专项检查、定点检查等形式外，多数安全生产检查是一种抽样检查，因此检查部位、检查内容、检查方式等均应根据安全检查的类别、目的确定，一般宜形成检查计划和方案，包括根据检查内容抽调相关技术、管理人员参加；安全检查一般应采取不提前通知、不由被检查部门陪同的方法进行。

（4）安全检查的抽样方法、抽样比例、样本决定了检查的效果，因此抽样的要求应在检查计划和方案中予以规定。

（5）常规检查是常见的一种检查方法。通常是由安全管理人员作为检查工作的主体，到作业场所现场，通过感观或辅助一定的简单工具、仪表等，对作业人员的行为、作业场所的环境条件、生产设备设施等进行的定性检查。安全检查人员通过这一手段，及时发现现场存在的不安全隐患并采取措施予以消除，纠正员工的不安全行为。常规检查主要依靠安全检查人员的经验和能力，检查的结果直接受安全检查人员个人素质的影响。

（6）安全检查表法。为使安全检查工作更加规范，将个人的行为对检查结果的影响减少到最小，常采用安全检查表法。安全检查表一般由工作小组讨论制定。安全检查表一般包括检查项目、检查内容、检查标准、检查结果及评价等内容。

（7）仪器检查及数据分析法。若生产经营单位的设备、系统运行具有在线监视和数据记录的功能，则对设备、系统的运行状况可通过对数据的变化趋势进行分析，对不具备在线数据检测系统的机器、设备、系统，则可通过仪器进行定量化的检验与测量。

4. 安全生产检查的记录要求和组织整改

（1）安全生产检查应保存检查记录，检查记录应记录检查内容、检查发现的问题，包括现场已经整改和需组织整改的问题，并由检查人签字。

（2）经现场检查和数据分析后，检查人员应对检查情况进行综合分析，提出检查的结论和意见。一般来讲，生产经营单位自行组织的各类安全检查，应有安全管理部门会同有关部门对检查结果进行综合分析；上级主管部门或地方政府负有安全生产监督管理职责的部门组织的安全检查，经统一研究后得出检查意见或结论。

（3）针对检查发现的问题，应根据问题性质的不同，提出立即整改、限期整改等措施要求。生产经营单位自行组织的安全检查，由安全管理部门会同有关部门，共同制定整改措施计划并组织实施。上级主管部门或地方政府负有安全生产监督管理职责的部门组织的安全检查，检查组应提出书面的整改要求，生产经营单位制定整改措施计划。

（4）整改落实。对安全检查发现的问题和隐患，生产经营单位应从管理的高度，举一反三，制定整改计划并积极落实整改。对安全检查中经常、反复发现的问题，生产经营单位应从规章制度的健全和完善、从业人员的安全教育培训、设备系统的更新改造、加强现场检查和监督等环节入手，做到持续改进，不断提高安全生产管理水平，防范生产安全事故的发生。

（5）安全检查发现的事故隐患，应按隐患治理的要求执行。

（二）事故隐患排查治理

1. 事故隐患定义及分类

（1）安全生产事故隐患简称事故隐患，是指生产经营单位违反安全生产法律、法规、规章、标准、规程和安全生产管理制度的规定，或者因其他因素在生产经营活动中存在可能导致事故发生的物的危险状态、人的不安全行为和管理上的缺陷。

（2）事故隐患分为一般事故隐患和重大事故隐患。一般事故隐患，是指危害和整改难度较小，发现后能够立即整改排除的隐患；重大事故隐患，是指危害和整改难度较大，应当全部或者局部停产停业，并经过一定时间整改治理方能排除的隐患，或者因外部因素影响致使生产经营单位自身难以排除的隐患。

2. 隐患排查治理要求

《北京市安全生产条例》第三十七条要求：生产经营单位对本单位存在的生产安全事故隐患的治理负全部责任，发现事故隐患的，应当立即采取措施，予以消除；对非本单位原因造成的事故隐患，不能及时消除或者难以消除的，应当采取必要的安全措施，并及时向所在地的安全生产监督管理部门或者政府其他有关部门报告。生产经营单位的事故隐患排查治理工作，主要包括：

（1）生产经营单位应当建立健全事故隐患排查治理和建档监控等制度，内容应包括隐患的确定和分级、整改及整改效果评价要求等；确保整改到位，并对整改措施、责任、资金、时限和预案"五到位"作出具体规定。

（2）生产经营单位应当定期组织安全生产管理人员、工程技术人员和其他相关人员排查本单位的事故隐患。对排查出的事故隐患，应当按照事故隐患的等级进行登记，建立事故隐患信息档案，并按照职责分工实施监控治理。整改完成后，应形成书面整改记录，并对整改效果进行评价；保存整改和评价记录。

（3）生产经营单位应当建立事故隐患报告和举报奖励制度，鼓励、发动职工发现和排除事故隐患，鼓励社会公众举报。对发现、排除和举报事故隐患的有功人员，应当给予物质奖励和表彰。

（4）生产经营单位应当每季、每年对本单位事故隐患排查治理情况进行统计分析，并分别于下一季度 15 日前和下一年 1 月 31 日前向安全监管监察部门和有关部门报送书面统计分析表。统计分析表应当由生产经营单位主要负责人签字。

（5）对于重大事故隐患，生产经营单位除依照上述要求报送外，还应当及时向安全监管监察部门和有关部门报告。重大事故隐患报告内容应当包括：

①隐患的现状及其产生原因；

②隐患的危害程度和整改难易程度分析；

③隐患的治理方案；

④对于一般事故隐患，由生产经营单位（车间、分厂、区队等）负责人或者有关人员立即组织整改。整改完成后，应形成书面整改记录，并对整改效果进行评价；保存整改和评价记录。

（6）对于重大事故隐患，由生产经营单位主要负责人组织制定并实施事故隐患治理方案。重大事故隐患治理方案应当包括以下内容：治理的目标和任务；采取的方法和措施；经费和物资的落实；负责治理的机构和人员；治理的时限和要求；安全措施和应急预案。纠正措施和预防措施实施前，应进行评审，防止产生新的隐患，并保存评审记录。

（7）生产经营单位在事故隐患治理过程中，应当采取相应的安全防范措施，防止事故发生。事故隐患排除前或者排除过程中无法保证安全的，应当从危险区域内撤出作业人员，并疏散可能危及的其他人员，设置警戒标志，暂时停产停业或者停止使用；对暂时难以停产或者停止使用的相关生产储存装置、设施、设备，应当加强维护和保养，防止事故发生。

（8）地方人民政府或者安全监管监察部门及有关部门挂牌督办并责令全部或者局

部停产停业治理的重大事故隐患，治理工作结束后，有条件的生产经营单位应当组织本单位的技术人员和专家对重大事故隐患的治理情况进行评估；其他生产经营单位应当委托具备相应资质的安全评价机构对重大事故隐患的治理情况进行评估。

（9）经治理后符合安全生产条件的，生产经营单位应当向安全监管监察部门和有关部门提出恢复生产的书面申请，经安全监管监察部门和有关部门审查同意后，方可恢复生产经营。申请报告应当包括治理方案的内容、项目和安全评价机构出具的评价报告等。

第三节　安全生产标准化主要法规标准

- 《北京市安全生产条例》（北京市第十三届人民代表大会常务委员会公告第 16 号）
- 《企业安全生产标准化基本规范》（AQ/T 9006—2010）
- 《国务院关于进一步加强企业安全生产工作的通知》（国发〔2010〕23 号）、
- 《国务院安委会关于深入开展企业安全生产标准化建设的指导意见》（国务院安委会〔2011〕4 号）
- 《国务院安委会办公室关于深入开展全国冶金等工贸企业安全生产标准化建设的实施意见》（国务院安委办〔2011〕18 号）
- 《国家安全监管总局关于印发全国冶金等工贸企业安全生产标准化考评办法的通知》（安监总管四〔2011〕84 号）
- 《国家安全监管总局关于印发全国冶金等工贸企业安全生产标准化考评办法的通知》（安监总管四〔2011〕87 号）
- 北京市安全生产委员会《关于进一步规范本市安全生产标准化评审工作的指导意见》（京安发〔2012〕8 号）
- 《北京市人民政府办公厅关于进一步推进企业安全生产标准化建设工作的意见》（京政办发〔2013〕10 号）

一、安全生产标准化的基本概念及建设要求

（一）基本概念

1. 定义

安全生产标准化是指通过建立安全生产责任制，制定安全管理制度和操作规程，排查治理隐患和监控重大危险源，建立预防机制，规范生产行为，使各生产环节符合有关安全生产法律法规和标准规范的要求，人、机、物、环处于良好的生产状态，并持续改进，不断加强企业安全生产规范化建设。

2. 内涵

这一定义涵盖了企业安全生产工作的全局，从建章立制、改善设备设施状况、规范作业人员行为等方面提出了具体要求，是企业实现管理标准化、现场标准化、操作标准化的基本要求和衡量尺度；是企业夯实安全管理基础、提高设备本质安全程度、加强人员安全意识、落实企业安全生产主体责任、建设安全生产长效机制的有效途径；是安全生产理论创新的重要内容；是科学发展、安全发展战略的基础工作；是创新安全监管体制的重要手段。

企业安全生产标准化建设工作，是落实企业安全生产主体责任，强化企业安全生产基础工作，改善安全生产条件，提高管理水平，是预防事故的重要手段，对保障职工群众生命财产安全有着重要的作用和意义。

3．作用和意义

（1）安全生产标准化是落实企业安全生产主体责任的重要途径。国家有关安全生产法律法规政策明确要求，要严格企业安全管理，全面开展安全达标。企业是安全生产的责任主体，也是安全生产标准化建设的主体，要通过加强企业每个岗位和环节的安全生产标准化建设，不断提高安全管理水平，促进企业安全生产主体责任落实到位。

（2）安全生产标准化是强化企业安全生产基础工作的长效制度。安全生产标准化建设涵盖了增强人员安全素质、提高装备设施水平、改善作业环境、强化岗位责任落实等各个方面，是一项长期的、基础性的系统工程，有利于全面促进企业提高安全生产保障水平。

（3）安全生产标准化是政府实施安全生产分类指导、分级监管的重要依据。实施安全生产标准化建设考评，将企业划分为不同等级，能够客观真实地反映出各地区企业安全生产状况和不同安全生产水平的企业数量，为加强安全监管提供有效的基础数据。

（4）安全生产标准化是有效防范事故发生的重要手段。深入开展安全生产标准化建设，能够进一步规范从业人员的安全行为，提高机械化和信息化水平，促进现场各类隐患的排查治理，推进安全生产长效机制建设，有效防范和坚决遏制事故发生，促进全国安全生产状况持续稳定好转。

（二）发展进程及建设要求

1．发展进程

（1）2004年，国务院印发了《关于进一步加强安全生产工作决定》（国发〔2004〕2号），第一次提出了"安全质量标准化"的要求，要求制定和颁布重点行业、领域安全生产技术规范和安全生产质量工作标准，其中对安全生产技术规范的提法在我国安全工作的历史上是一个新的起点；文件明确要求在全国所有工矿商贸、交通运输、建筑施工等企业普遍开展安全质量标准化活动。

（2）2010年，为了全面规范各行业企业安全生产标准化建设工作，使企业安全生产标准化建设工作进一步规范化、系统化、科学化、标准化，做到有据可依，有章可循。在总结相关行业企业开展安全生产标准化工作的基础上，结合我国国情及企业安全生产工作的共性要求和特点，国家安全生产监督管理总局制定了安全生产行业标准《企业安全生产标准化基本规范》（AQ/T 9006—2010），对开展安全生产标准化建设的核心思想、基本内容、形式要求、考评办法等方面进行了规范，成为各行业企业制定安全生产标准化标准、实施安全生产标准化建设的基本要求和核心依据，对达标分级等考评办法进行了统一规定。这一规范的出台，使我国安全生产标准化建设工作进入了一个新的发展时期。

2．安全生产标准化建设要求

（1）2010 年，《国务院关于进一步加强企业安全生产工作的通知》（国发〔2010〕23 号）中明确提出："深入开展以岗位达标、专业达标和企业达标为内容的安全生产标准化建设，凡在规定时间内未实现达标的企业要依法暂扣生产许可证和安全生产许可证，责令停产整顿；对整改逾期未达标的，地方政府要予以关闭"。并要求"安全生产监管监察部门、负有安全生产监管职责的有关部门和行业管理部门要按职责分工，对当地企业包括中央和省属企业实行严格的安全生产监督检查和管理，组织对企业安全生产状况进行安全标准化分级考评评价"。

（2）2011 年，《国务院安委会关于深入开展企业安全生产标准化建设的指导意见》（安委〔2011〕4 号）中要求"全面推进企业安全生产标准化建设，进一步规范企业安全生产行为，改善安全生产条件，强化安全基础管理，有效防范和坚决遏制重特大事故发生"，"将安全生产标准化建设纳入企业生产经营全过程，促进安全生产标准化建设的动态化、规范化和制度化，有效提高企业本质安全水平"。文件还要求在工矿商贸和交通运输行业（领域）深入开展安全生产标准化建设，重点突出煤矿、非煤矿山、交通运输、建筑施工、危险化学品、烟花爆竹、民用爆炸物品、冶金等行业（领域）"。并提出达标时限，其中"冶金、机械等工贸行业（领域）规模以上企业要在 2013 年底前，规模以下企业要在 2015 年前实现达标"。

（3）2012 年，《国务院办公厅关于继续深入扎实开展"安全生产年"活动的通知》（国办发〔2012〕14 号）中要求："着力推进企业安全生产达标创建。加快制定和完善重点行业领域、重点企业安全生产的标准规范，以工矿商贸和交通运输行业领域为主攻方向，全面推进安全生产标准化达标工程建设。对一级企业要重点抓巩固、二级企业着力抓提升、三级企业督促抓改进，对不达标的企业要限期抓整顿，经整改仍不达标的要责令关闭退出，促进企业安全条件明显改善、管理水平明显提高。"

（三）安全生产标准化与职业健康安全管理体系的关系

1．区别和联系

职业健康安全管理体系搭建了先进的、规范的、系统的安全健康的管理架构和平台，但并未也不可能对不同类型的组织职业健康安全具体技术和管理规范、绩效评价等作出要求。职业健康安全管理体系需要企业的管理人员和从业人员具有较高的安全、管理素质，能够把体系的要求，按照国家有关法律、法规、规程、标准的要求，自行与实际工作进行衔接，才能保证体系的正常运行。而安全生产标准化根据我国有关法律法规的要求、企业生产工艺特点和中国人文社会特性，对各不同行业的生产经营单位安全基础管理和设备设施、作业活动、作业环境和现场管理提出了具体要求和评审标准，是与当前中国经济社会发展水平相适应的安全管理体系。

1）两者的共同之处

（1）企业安全生产标准化与职业健康安全管理体系都是现代化安全管理方法研究的产物。

（2）两者均强调预防为主和 PDCA 动态管理的现代安全管理理念。

（3）两者都是由要素和指标组成评定体系，都是要求动态循环和持续改进。

（4）两者均要求依据法规和强制标准，其出发点和落脚点都是现状达标。

2）两者的不同之处

（1）体系是企业的自主行为，安全生产标准化是政府对企业的强制要求。

（2）体系是适用于各国、各类组织的通用标准，因此标准仅仅是管理的框架性要求；安全生产标准化要求制定行业的专业标准，能具体对企业安全生产提供管理、技术等层面的标准。

（3）体系对组织的职业健康安全管理进行审核，采取的定性方法，确定的是否达到基本要求；安全生产标准化对企业达标的评审分为三级，并通过分值反映企业的安全达标程度。

2．安全生产标准化与职业健康安全管理体系的有机结合

（1）将安全生产标准化的操作性规范作为体系运行的具体要求，可对体系运行提供支撑，实现体系绩效提升；同样，有了体系管理架构和平台的保证，安全生产标准化的操作性规范方可得到持续执行和改进。

（2）安全生产标准化和管理体系的有机结合可使管理架构内的各种技术和管理要求具体化、数据化、考评化，使管理体系更加有骨有肉、丰满充实。

（3）企业可以将职业健康安全管理体系的各个要素要求纳入本企业的安全生产标准化之中，实现与职业健康安全管理体系的规范化有机结合，在实施安全生产标准化的同时促进企业职业健康管理体系的持续改进，实现安全生产标准化建设与职业健康安全管理体系有效融合，建立一套企业安全生产管理行之有效的方法和系统。

二、安全生产标准化主要内容和达标评审

（一）企业安全生产标准化主要内容

《企业安全生产标准化基本规范》（AQ/T 9006—2010），对开展安全生产标准化建设的核心思想、基本内容、形式要求、考评办法等方面进行了规范，是各行业企业制定安全生产标准化标准、实施安全生产标准化建设的基本要求和核心依据。标准的主要内容如下。

1．适用范围

本标准适用于工矿企业开展安全生产标准化工作以及对标准化工作的咨询、服务和评审；其他企业和生产经营单位可参照执行。

有关行业制定安全生产标准化标准应满足本标准的要求；已经制定行业安全生产标准化标准的，优先适用行业安全生产标准化标准。

2．主要架构及内容

本标准共分 5 部分：①范围；②规范性引用文件；③术语和定义；④一般要求；⑤核心要求。

1）一般要求

企业开展安全生产标准化工作，遵循"安全第一、预防为主、综合治理"的方针，以隐患排查治理为基础，提高安全生产水平，减少事故发生，保障人身安全健康，保证生产经营活动的顺利进行。

企业安全生产标准化工作采用"策划、实施、检查、改进"动态循环的模式，依据本标准的要求，结合自身特点，建立并保持安全生产标准化系统；通过自我检查、自我纠正和自我完善，建立安全绩效持续改进的安全生产长效机制。

2）核心要求

安全生产标准化应包括的 13 个核心要求：

（1）目标。

（2）组织机构和职责。

（3）安全生产投入。

（4）法律法规与管理制度包括法律法规、标准规范；规章制度；操作规程；评估：修订；文件和档案管理 6 个方面。

（5）教育培训包括教育培训管理；安全生产管理人员教育培训；操作岗位人员教育培训；其他人员教育培训；安全文化建设 5 个方面。

（6）生产设备设施包括生产设备设施建设；设备设施运行管理；新设备设施验收及旧设备拆除、报废 3 个方面。

（7）作业安全包括生产现场管理和生产过程控制；作业行为管理；警示标志；相关方管理；变更 5 个方面。

（8）隐患排查和治理包括隐患排查；排查范围与方法；隐患治理；预测预警 4 个方面。

（9）重大危险源监控包括辨识与评估；登记建档与备案；监控与管理 3 个方面。

（10）职业健康包括职业健康管理；职业危害告知和警示；职业危害申报 3 个方面。

（11）应急救援包括应急机构和队伍；应急预案；应急设施、装备、物资；应急演练；事故救援 5 个方面。

（12）事故报告、调查和处理包括事故报告；事故调查和处理 2 个方面。

（13）绩效评定和持续改进包括绩效评定；持续改进 2 个方面。

（二）安全生产标准化达标评审

《企业安全生产标准化基本规范》（AQ/T 9006—2010）对安全生产标准化评定和监督提出了基本要求：

（1）企业安全生产标准化工作实行企业自主评定、外部评审的方式。

（2）企业应当根据本标准和有关评分细则，对本企业开展安全生产标准化工作情况进行评定；自主评定后申请外部评审定级。

（3）安全生产标准化评审分为一级、二级、三级，一级为最高。

（4）安全生产监督管理部门对评审定级进行监督管理。

《国家安全监管总局关于印发全国冶金等工贸企业安全生产标准化考评办法的通知》（安监总管四〔2011〕84 号）、《国家安全监管总局关于印发全国冶金等工贸企业安全生产标准化考评办法的通知》（安监总管四〔2011〕87 号）等文件具体规定了安全生产标准化考评的流程和方法。

在上述基础上，《北京市安全生产委员会关于进一步规范本市安全生产标准化评审工作的指导意见》（京安发〔2012〕8 号），对北京市企业安全生产标准化达标评审工作做出了以下规定。

1．评审工作模式

根据国家有关规定和要求，北京市安全生产标准化评审工作实行企业自评、外部评审的方式。政府有关部门负责组织实施并进行监督。

2．评审分级

按照国家《企业安全生产标准化基本规范》要求，安全生产标准化企业评审分为一级、二级、三级，其中三级为基本达标等级。

3．评审标准

（1）评审标准是指行业管理部门依据国家有关法律、法规及国家、行业、地方等标准编制出的安全生产标准化企业的评定标准，是各行业企业开展安全生产标准化建设、自评、申请评审、外部考评以及安全监管部门监督管理的重要依据。

（2）对于国家相关行业管理部门已制定评审标准的，北京市规模以上企业应严格按照标准评审。对于国家相关行业管理部门尚未制定评审标准的行业，北京市安全监管局编制工业制造业通用二级标准化评审标准，市重点行业主管部门可以制定相关行业评审标准，也可以按照《企业安全生产标准化基本规范》及《基本规范评分细则》开展标准化达标创建工作。

（3）北京市规模以下企业和小微企业以达到基本标准和小微企业标准为基本目标。在全市范围内，推广应用顺义区 47 类行业三级评审标准作为本市企业基本达标标准，并制定全市小微企业岗位达标评审标准。各区县也可结合本地区实际，制定本区县基本达标评审标准。

4．评审组织单位

（1）评审组织单位职责是统一负责有关行业企业安全生产标准化建设评审组织工作。评审组织单位在承担安全生产标准化相关组织工作中不得收取任何费用。各行业达标评审的评审组织单位一般由行业主管部门或行业协会担任。

（2）评审组织单位由市行业管理部门和各区县结合实际情况确定，可选择行业协会、所属事业单位等，也可以由行业管理部门直接承担评审组织职能。

5．评审单位

（1）评审单位是指接受企业申请，为企业提供咨询，对照标准化评定标准为企业进行全面评审，并出具评审报告的中介服务机构。评审单位由行业管理部门确定并公告。

（2）一级标准化企业的评审单位、评审组织单位遵照国家有关规定执行。二级标准化企业的评审单位、评审组织单位由市行业管理部门确定。三级标准化企业的评审单位、评审组织单位由区县政府或其有关部门确定。

6．评审条件

申请安全生产标准化评审的企业必须具备以下条件：

（1）设定安全生产行政许可的，符合法律法规规定的有关许可条件。

（2）开展安全生产标准化建设并按规定进行自评，且自评达到基本标准。

（3）申请之日前一年内，申请单位未发生生产安全死亡或影响较大生产安全事故。

7．评审程序

（1）企业自评。企业按照评审标准进行自评并确定自评等级，形成自评报告。

（2）申请评审。企业根据自评等级，向相关评审单位提出书面评审申请。其中：申请一级标准化企业遵照国家有关规定执行；申请二级标准化企业的，向市级行业行政管理部门确定的评审单位提出评审申请；申请三级标准化企业的，向区县确定的相关评审单位提出评审申请。上一级评审单位可以评审下一级标准化企业。

（3）现场评审。评审单位收到企业的评审申请后，应按照相关评分细则的要求进行评审。评审完成后，评审单位向评审组织单位提交评审报告。

（4）审查抽查。评审组织单位对评审报告进行审查，并可以进行现场抽查，审查合格后报相应的行业管理部门。

（5）审核公告。一级标准化企业报请国家有关部门审核公告；二级标准化企业报请市级行业行政管理部门审核公告；三级标准化企业报请区县有关部门审核公告。

（6）颁发牌匾、证书。经行业管理部门公告的企业，由评审组织单位制作颁发安全生产标准化牌匾。

（7）安全生产标准化企业有效期3年。期满前3个月，企业向评审单位申请续延复审，复审得分符合相应等级规定的，相关部门审核公告。

（8）达标企业在有效期内发生生产安全死亡事故的，取消其安全生产标准化企业称号。被撤销安全生产标准化称号的企业，自撤销称号之日起一年后，方可重新进行申请。

评审单位应严格按照有关规定收费，没有规定的应与企业充分协商并签定协议或合同。严禁乱收费。

三、北京市相关安全生产标准化评定标准简介

（一）《北京市工业制造业安全生产标准化二级评审通用标准》简介

1. 适用范围

标准适用于国家相关部门尚未制定标准化评定标准的北京地区工业制造业二级标准化企业达标创建工作。工业制造业企业自主选择创建国家二级（市级）标准化企业，首先应严格按照国家相关行业部门制定的达标标准开展创建工作，国家尚未制定达标标准的工业制造业，依据本标准进行自评和评审。

2. 目的和应用

北京市有关部门可参照本标准，督促、指导工业制造业生产经营单位开展安全生产标准化建设，切实做好本行业、本地区安全生产工作。

社会中介服务机构可依照此本标准，开展安全生产标准化咨询、服务和评审，发挥其专业优势，帮助、指导工业制造业生产经营单位开展安全生产标准化建设，积极创建北京市安全生产标准化企业。

3. 标准简介

1）标准架构

标准由"资质许可"、"基础管理"、"设备设施"和"作业环境"等四个部分组成，设置53项评定项目，185条评定内容，评定满分为1000分。

2）标准的否决条款

标准"资质许可"部分，设置有"企业资质"和"行政许可"等2项评定内容，作为整体否决条款，有一项不符合要求整体无分值，不得进行评审。

（1）"企业资质"下设3项否决条款：无营业执照从事生产经营活动、生产经营活动与营业执照不符、超过营业执照有效期从事生产经营活动。

（2）"行政许可"下设2项否决条款：未取得安全生产许可证，从事危险化学品生产活动；无气瓶充装许可证或充装许可证过期，从事气瓶充装活动。

3）本标准的加分条款

本标准设置了以下4项加分条款，分别在评审表内规定了加分分值：

（1）通过 NOSA 体系五星认证、OHSMS18000 等国际或行业职业健康安全体系认证的。

（2）配备注册安全工程师从事安全生产管理工作，且配备比例达到安全生产管理

人员的 25%的。

（3）采用目视化、事故树等现代安全生产管理手段，且运用效果显著的。

（4）在评审年度市级、区级安全生产活动中获得奖项的。

4．评审内容

除"资质许可"作为否决条款外，标准共设置了 3 个部分的评定表，每部分的评审内容设置了"评定项目"、"评定内容"、"参照依据"、"查证实物和打分方法"、"打分理由"、"应得分"和"实得分"等栏目。

1）基础管理

（1）设置 19 项评定项目，46 条评定内容；占 280 分。

（2）评定项目包括："安全生产责任制"、"安全生产规章制度"、"安全行为管理"、"安全生产机构人员"、"安全生产投入"、"安全生产教育培训"、"劳动防护用品"、"事故隐患排查治理"、"危险作业安全管理"、"相关方安全管理"、"劳动合同与工伤保险"、"生产安全事故管理"、"应急救援"、"安全设施管理"、"危险源管理"、"特种设备安全管理"、"消防安全管理"、"职业卫生"和"安全绩效"等。

2）设备设施

（1）设置 27 项评定项目，117 条评定内容；占 600 分。

（2）评定项目包括："危险化学品"、"油库与储油设施"、"燃气设施"、"涂装作业场所"、"锅炉与辅机"、"压力容器"、"工业管道"、"空压站"、"工业建筑"、"工业气瓶"、"工业车辆"、"起重机械"、"电梯"、"输送机械"、"炊事机械"、"其他机械"、"变配电站"、"低压电气线路"、"临时电气线路"、"电气箱柜"、"保护接地"、"防雷装置"、"漏电保护"、"电焊机"、"手持式、移动式电气"、"照明电气"和"高压试验台站"等。

3）作业环境

（1）设置 6 项评定项目，20 条评定内容；占 120 分。

（2）评定项目包括："厂区环境"、"车间环境"、"库房环境"、"工业梯台"、"安全标志"和"职业危害防治"等。

5．评审方法

企业自主评定或外部评审时，都应按照标准中各项"评定项目"的各个"评定内容"，采取现场查证、资料核对和检查考核的方法，逐项进行。

1）取样原则

（1）企业自主评定时，要对本单位的全部设备、设施、作业场所进行评定。

（2）外部评审时，可采取随机抽样的方法进行。

2）计分方法

（1）首先应核实企业拥有的评定项目和评定总分。对照标准的 53 项评定项目，找出企业所没有的评定项目（即"空项"）及其所赋予的分值（即"空项分值"），用 1000

分扣除其分值之和，即得到企业应有的评定项目数量及应得评定总分。

例如某企业没有锅炉和炊事机械，则该企业拥有的评定项目即为51项；扣除"锅炉与辅机"和"炊事机械"两项所赋予的分值50分和15分，则该企业评定总分为935分。

（2）核实是否触及否决条款，如发现有不符合否决条款评定要求的，则终止企业自主评定或外部评审。

（3）按照标准中每个评定内容相对应的"评定方法"进行打分，得出评定得分。所有扣分只扣除该条款分值，将其应得分扣完为止，不计负分。符合加分条款的，应给予加分，但加分总数不得超过50分。

例如在评定"工业气瓶"的"气瓶状态"一项时，该评定项目满分为15分。现场查证工业气瓶的安全帽、防振圈等安全附件时，如满足该评定内容的各项要求，则可得到所赋予的分数；如发现一处不符合，则扣掉5分，则该评定项目实际得分为10分。

（4）管理类项目、单一场所、单台（套）设备、设施，按照通用标准进行评定，计算实际得分；多个场所、多台（套）设备、设施评定，应依照"竹筒原理"进行打分，即先按照标准对每一个场所、设备、设施进行评定，挑选得分最低的场所、设备、设施，为该项目的实际得分。

（5）总得分计算方法：评定总得分=（各项目评定得分之和/评定总分）×1000。

比如上述的企业拥有的51项评定项目，如评定实际得分之和为748分，其拥有的评定总分为935分，按照上述公式计算，该企业评定得分为800分。

6．定级标准

经外部评审单位按照标准进行评定，无否决条款，且安全生产标准化评定总得分不低于800分，即可定为"北京市安全生产标准化企业"。

（二）《北京市旅游业安全标准化规范》及安全标准化达标评审标准简介

1．涵盖范围

《北京市旅游业安全标准化规范》包括了《北京市旅游业安全标准化规范第1部分星级饭店》、《北京市旅游业安全标准化规范第2部分　等级景区》等部分，是各类旅游业单位安全工作的实施规范。

同时，依据《规范》编制了表格化的安全标准化达标评审标准，包括了各个评审要素的评审检查表（含评审分值），是对各旅游业单位进行安全标准化二级达标评审的依据。

2．《北京市旅游业安全标准化规范》及其评审标准的架构

《北京市旅游业安全标准化规范》主要架构："1 范围；2 规范性引用文件；3 术语和定义；4 基础管理规范要求；5 对客经营场所规范要求；6 消防和治安规范要求；7 电气安全规范要求；8 通用设备设施及作业活动规范要求。"

1）评审标准

《北京市旅游业安全标准化规范第1部分　星级饭店》评审标准、《北京市旅游业安全

标准化规范第 2 部分 等级景区》评审标准的评审总分均为 1000 分，均分为 5 个部分：

（1）基础管理规范评审标准，评审分值共 280 分。

（2）对客经营场所规范评审标准，评审分值共 260 分。

（3）消防和治安规范评审标准，评审分值共 200 分。

（4）电气安全规范评审标准，评审分值共 130 分。

（5）通用设备设施和作业活动规范评审标准，评审分值共 130 分。

2）否决项内容

确定以下项目为达标评审的否决项，发现有否决项内容不符合要求，该单位当年不得评审为达标单位：

（1）无营业执照，经营活动与营业执照不符，或超过执照有效期从事经营活动的。

（2）评审年度发生死亡及以上事故的。

（3）建设项目安全设施、消防设施不符合"三同时"基本要求，违反北京市规定的。

（4）已构成重大危险源，未上报当地安全生产监督管理部门的。

3）加分项内容

确定以下项目为达标评审的加分项，在达标评审得分的基础上直接加分：

（1）按 GB/T 28001—2011/OHSAS 18001:2007《职业健康安全管理体系 要求》通过第三方认证的，加 10 分。

（2）配备注册安全工程师从事安全管理工作的，加 10 分。

（3）评审年度获得北京市、区县安全生产活动或工作奖项的，加 10 分。

3．《北京市旅游业安全标准化规范》及其评审标准的评审内容

（1）基础管理评审共计 18 个 1 级要素，40 个 2 级要素。

（2）对客经营场所评审标准：

①星级饭店共计 5 个 1 级要素，18 个 2 级要素，包括了宾馆、餐饮、休闲娱乐、配套服务、会议和活动等主要内容。

②等级景区共计 8 个 1 级要素，22 个 2 级要素，包括了园区或景区、餐饮、配套服务、水上和冰雪活动、大型游乐设施及其他游乐场所、动物园和海洋馆、大型群众性活动、其他经营场所等主要内容。

（3）消防和治安共计评审 7 个 1 级要素，19 个 2 级要素。

（4）电气安全评审共计 3 个 1 级要素，11 个 2 级要素。

（5）通用设备设施和作业活动评审共计 7 个 1 级要素，14 个 2 级要素。

4．安全标准化达标等级

（1）安全标准化二级达标实得分应不少于 800 分。

（2）各区县旅游主管部门对相关单位的三级达标评审如使用本评审检查表，三级达标实得分不少于 700 分。

（三）《北京市人员密集经营场所二级安全生产标准化评定标准》简介

按照国家和北京市安全生产标准化建设工作的统一安排，根据安全生产相关法律法规和规章标准，北京市安全监管局会同市商务委、市文化局、市体育局、市广电局、市旅游委、市住房城乡建设委、市市政市容委、市质监局、市公安局消防局等部门联合制定了《北京市人员密集经营场所二级安全生产标准化评定标准》，北京市安全生产委员会于 2014 年 1 月 22 日发布。目录如下：

（1）北京市商场超市安全生产标准化评定标准。

（2）北京市餐饮企业安全生产标准化评定标准。

（3）北京市仓储企业安全生产标准化评定标准。

（4）北京市游泳场馆安全生产标准化评定标准。

（5）北京市体育场馆安全生产标准化评定标准。

（6）北京市歌舞娱乐场所安全生产标准化评定标准。

（7）北京市影剧院安全生产标准化评定标准。

（8）北京市综合楼宇物业管理单位安全生产标准化评定标准。

（9）北京市综合楼宇产权单位安全生产标准化评定标准。

（10）北京市集团公司总部安全生产标准化评定标准。

（四）《北京市供热行业安全生产标准化企业评定标准》简介

1. 标准总体要求

1）标准架构

标准由"资质许可"、"基础管理"、"设备设施"和"作业环境"4 个部分组成，评定满分为 1000 分。

2）标准的否决条款

标准"资质许可"部分，设置有"企业资质"和"企业备案"2 项评定内容，作为整体否决条款，有一项不符合要求整体无分值，不得进行评审。

（1）"企业资质"下设 4 项否决条款：无营业执照从事生产经营活动；生产经营活动与营业执照不符；超过营业执照有效期从事生产经营活动；单位主要负责人和安全生产管理人员具备与生产经营活动相适应的安全生产知识和管理能力。

（2）"企业备案"下设 1 项否决条款：供热企业应在所属区县完成企业备案工作。

2. 评审内容

除"资质许可"作为否决条款外，标准共设置了 3 个部分的评定表，每部分的评审内容设置了"评定项目"、"评定内容"、"参照依据"、"查证实物和打分方法"、"打分理由"、"应得分"和"实得分"等栏目。

（1）基础管理设置 19 项评定项目，46 条评定内容；占 280 分。

（2）设备设施设置 26 项评定项目，110 条评定内容；占 600 分；其中包括了供热行业的特殊设施。

（3）作业环境设置 7 项评定项目，24 条评定内容；占 120 分。

（五）北京市企业按行业可以执行的国家相关工贸企业安全生产标准化标准

（1）冶金等工贸企业安全生产标准化基本规范评分细则。

（2）机械制造企业安全质量标准化考核评级标准。

（3）冶金企业安全生产标准化评定标准（轧钢）。

（4）冶金企业安全生产标准化评定标准（焦化）。

（5）冶金企业安全生产标准化评定标准（烧结球团）。

（6）冶金企业安全生产标准化评定标准（铁合金）。

（7）水泥企业安全生产标准化评定标准。

（8）氧化铝企业安全生产标准化评定标准。

（9）电解铝（含熔铸、碳素）企业安全生产标准化评定标准。

（10）冶金企业安全生产标准化评定标准（炼钢）。

（11）冶金企业安全生产标准化评定标准（炼铁）。

（12）冶金企业安全生产标准化评定标准（煤气）。

（13）平板玻璃企业安全生产标准化评定标准。

（14）建筑卫生陶瓷企业安全生产标准化评定标准。

（15）白酒生产企业安全生产标准化评定标准。

（16）啤酒生产企业安全生产标准化评定标准。

（17）乳制品生产企业安全生产标准化评定标准。

（18）仓储物流企业安全生产标准化评定标准。

（19）商场企业安全生产标准化评定标准。

（20）食品生产企业安全生产标准化评定标准。

（21）纺织企业安全生产标准化评定标准。

（22）造纸企业安全生产标准化评定标准。

（23）有色重金属冶炼企业安全生产标准化评定标准。

（24）有色金属压力加工企业安全生产标准化评定标准。

（25）调味品生产企业安全生产标准化评定标准。

（26）服装生产企业安全生产标准化评定标准。

（27）酒店业企业安全生产标准化评定标准。

（28）酒类（葡萄酒、露酒）生产企业安全生产标准化评定标准。

（29）石膏板生产企业安全生产标准化评定标准。

（30）饮料企业安全生产标准化评定标准。

第四节 生产场所危险源辨识和重大危险源管理
主要法规标准

♦ 《企业职工伤亡事故分类标准》（GB 6441—1986）
♦ 《危险化学品重大危险源辨识》（GB 18218—2009）
♦ 《生产过程危险和危害因素分类与代码》（GB/T 13861—2009）
♦ 《职业健康安全管理体系 要求》（GB/T 28001—2011）

一、危险源的相关概念

（一）危险源及其分类

1. 危险源定义

《职业健康安全管理体系 要求》（GB/T 28001—2011）中危险源的定义是：可能导致人身伤害和（或）健康损害的根源、状态或行为，或其组合。

2. 危险源分类

（1）根据危险源在事故发生、发展中的作用，一般将危险源划分为两大类：

第一类危险源是指生产过程中存在的，可能发生意外释放的能量，包括生产过程中各种能量源、能量载体或危险物质。如带电导体、遇水自燃物质、运动的机械、运动的汽车、压力容器、悬吊物的势能、有毒品、机械噪声等。第一类危险源决定了事故后果的严重程度，它具有的能量越多，发生事故后果越严重。

第二类危险源是指导致能量或危险物质约束或限制措施破坏或失效的各种因素，广义上包括物的故障、人的失误、环境不良以及管理缺陷等因素。如违章超速驾驶导致交通事故；电气线路走线不合理，长期受挤压、磨损导致绝缘层破损造成漏电。第二类危险源决定了事故发生的可能性，它出现越频繁，发生事故的可能性越大。

在企业安全管理工作中，第一类危险源主要通过建设项目"三同时"等设计、技术环节控制，客观上已经存在并且在设计、建设时已经采取了必要的控制措施，因此，企业安全工作重点是第二类危险源的控制。

（2）根据《生产过程危险和危害因素分类与代码》（GB/T 13861—2009），将生产过程中的危险和有害因素分为四类：

人的因素：在生产活动中，来自人员自身或人为性质的危险和有害因素；

物的因素：机械、设备、设施、材料等方面存在的危险和有害因素；

环境因素：生产作业环境中的危险和有害因素；

管理因素：管理或管理责任缺失所导致的危险和有害因素。

（二）风险

1. 风险的基本概念

《职业健康安全管理体系 要求》（GB/T 28001—2011）中风险的定义是：发生危险事件或有害暴露的可能性，与随之引发的人身伤害或健康损害的严重性的组合。

2. 风险的函数表达式

风险通常与发生事故的可能性、发生事故的严重性有关，其函数表达式是：

$$R = f(F, C) \text{ 或 } R = F \times C$$

式中 R——风险；

F——发生事故的可能性；

C——发生事故的严重性。

风险示意图如图 1-11 所示。

3. 风险评价

风险评价是对危险源导致的风险进行评估、对现有控制措施的充分性加以考虑以及对风险是否可接受予以确定的过程。在风险评价过程中，不能简单地认为事故发生的可能性一定很小，很多安全生产事故的发生具有偶然性；在不能通过数据证实可能性概率的条件下，判断危险源的风险程度，应重点考虑其导致事故的严重性。

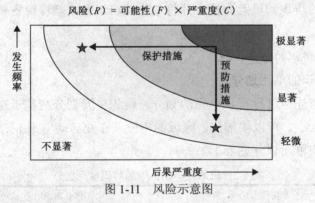

图 1-11 风险示意图

（三）事故隐患

国家安全生产监督管理总局颁布的第 16 号令《安全生产事故隐患排查治理暂行规定》中将事故隐患定义为：生产经营单位违反安全生产法律、法规、规章、标准、规程和安全生产管理制度的规定，或者因其他因素在生产经营活动中存在可导致事故发生的物的危险状态、人的不安全行为和管理上的缺陷。

事故隐患是危险源未得到有效控制的结果，可以说是潜在的危险源失去控制的状态。

二、危险源辨识和风险评价

（一）危险源辨识和风险评价的基本步骤及存档要求

1. 危险源辨识和风险评价的基本步骤

危险源辨识和风险评价的基本步骤包括划分辨识单元、辨识危险源、确定危险源和风险、评价确定重大危险源或需控制的重点危险源、制定控制措施、评审控制措施的充分性，具体如图 1-12 所示。

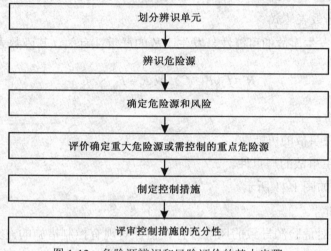

图 1-12　危险源辨识和风险评价的基本步骤

2. 危险源辨识和风险评价资料的存档要求

企业应按照危险源辨识和风险评价的基本步骤，对企业生产、经营活动中存在的危险源进行系统的辨识和风险评价，并将危险源辨识和风险评价资料进行整理，建立危险源登记档案。

（二）危险源辨识的方法

1. 危险源辨识的单元划分

危险源辨识首先应进行辨识单元的划分，辨识单元划分应基于企业的实际进行，不宜太大也不宜太小，可以按部门、区域的岗位及作业活动/工作活动进行划分，机加工车间危险源辨识单元划分见表 1-2。

表 1-2　机加工车间危险源辨识单元划分

序号	岗位	作业活动/工作活动
1	车工	设备运行
2		设备保养维修
3	电工	设备电气维修
4		登高维修电气线路
5	加工中心操作工	更换夹具、刀具
6		操作加工
7		设备保养维修
8	管理、技术人员	使用电气
9		使用电脑
10		下车间现场指导、检查工作

……

辨识危险源时应考虑以下方面：

（1）所有常规活动（如正常的生产活动）和非常规活动（如：临时性的生产、设备抢修及维护等）所带来的风险。

（2）所有进入作业场所的人员（包括供方人员和访问者）的活动，以及产品使用或由外部提供的服务中带来的风险。

（3）从事相关作业活动的人员行为、能力和其他人为因素（如员工工作过程中的状况、完成工作内容的本领等）。

（4）工作场所附近，企业控制下的工作活动产生的危险源。

（5）所有工作作业场所内的基础设施、设备和材料（无论是由本单位还是由外界所提供的）所带来的风险，同时考虑过期老化的设备等带来的职业健康安全风险。

（6）企业内明确的活动或计划的变化。

（7）企业及其活动的变更、材料的变更，或计划的变更。

（8）职业健康安全管理体系的更改包括临时性变更等，及其对运行、过程和活动的影响。

（9）所有与风险评价和实施必要控制措施相关的适用法律义务。

（10）对工作区域、过程、装置、机器和（或）设备、操作程序和工作组织的设计，包括其对人的能力的适应性。

2．危险源辨识的方法和要求

（1）辨识危险源应以岗位设备设施/场所为基本辨识单元，并涵盖主要的作业活动；可采用岗位任务分析、安全检查表、现场观察、询问、交谈、头脑风暴法、问卷调查、获取同行业危险源信息、分析企业以往的事故、与国家地方法律法规的要求相对照等方法。

（2）长期或经常在企业现场工作的相关方设备设施/场所及作业活动的危险源，应由相关方主管部门同时在本部门辨识时辨识；临时性相关方的危险源由相关方主管部门在相关方作业活动开始前组织危险源辨识。

（3）危险源辨识应结合实际辨识第一类危险源，即"存在的、可能发生意外释放的能量（能源或能量载体）或危险物质"，再从人的不安全行为、物的不安全状态、作业环境的不良因素、管理缺陷等方面进行第二类危险源辨识。

（4）对第二类危险辨识时，应考虑人的因素、物的因素、环境因素、管理因素导致的风险。

（5）在危险源辨识时，根据《企业职工伤亡事故分类标准》（GB 6441—1986），辨识可能造成的事故/伤害，包括：物体打击、触电、高空坠落、车辆伤害、机械伤害、起重伤害、灼烫、火灾、坍塌、化学性爆炸、物理性爆炸、中毒、窒息、电磁辐射、听力损伤、尘肺病等。

（6）在危险源辨识时，应辨识可能伤害的对象，包括操作者、周边人员等。

（三）风险评价的方法

风险评价的方法很多，包括各种定性和定量的方法，下面介绍常用的评价分析方法。

1. LEC 法

全称是作业条件危险性评价法，又称格雷厄姆评价法，是对具有潜在危险性作业环境中的危险源进行分析的安全评价方法，用于评价操作人员在具有潜在危险性环境中作业时的危险性、危害性。

（1）该方法用与系统风险有关的 3 种因素指标值的乘积来评价操作人员伤亡风险大小，这 3 种因素分别是：

①L（事故发生的可能性）；

②E（人员暴露于危险环境中的频繁程度）；

③C（一旦发生事故可能造成的后果）。

（2）给 3 种因素的不同等级分别确定不同的分值，再以 3 个分值的乘积 D 来评价作业条件危险性的大小，即：

$$D=L\times E\times C$$

其中 D 为风险分值。

D 值越大，说明该系统危险性大，需要增加安全措施，或改变发生事故的可能性，或减少人体暴露于危险环境中的频繁程度，或减轻事故损失，直至调整到允许范围内。

（3）对这 3 种因素分别进行客观的科学计算，得到准确的数据，是相当烦琐的过程。为了简化评价过程，采取定性计值法。即根据以往的经验和估计，分别对这 3 种因素划分不同的等级，并赋值。具体见表 1-3、表 1-4、表 1-5。

表 1-3　事故发生的可能性（L）

分 数 值	事故发生的可能性
10	完全可以预料
6	相当可能
3	可能，但不经常
1	可能性小，完全意外
0.5	很不可能，可以设想
0.2	极不可能
0.1	实际不可能

表 1-4　暴露于危险环境的频繁程度（E）

分 数 值	暴露于危险环境的频繁程度
10	连续暴露
6	每天工作时间内暴露
3	每周几次或偶然暴露
2	每月几次暴露
1	每年几次暴露
0.5	非常罕见暴露

表 1-5　发生事故产生的后果（C）

分　数　值	发生事故产生的后果
100	大灾难，许多人死亡
40	灾难，数人死亡
15	非常严重，一人死亡
7	重伤、严重危害
3	轻伤、一般危害
1	引人注目，需要救护

（4）根据风险分值 D（表 1-6），判断评价危险性的大小及控制措施的程度：

表 1-6　危险等级划分（D）

D 值	危险程度
$D \geqslant 320$	极其危险，不能继续作业
$160 \leqslant D < 320$	高度危险，需立即整改
$70 \leqslant D < 160$	显著危险，重点控制
$20 \leqslant D < 70$	一般危险，需要控制
$D < 20$	稍有危险，可以接受

①根据经验，风险分值在 20 以下被认为是危险低的，这样的危险通常比日常生活中骑自行车去上班还要安全些；

②如果风险分值到达 70 至 160 之间，那就有显著的危险性，需要加以重点控制，通常将其列为企业需重点控制的危险源；

③如果风险分值在 160 至 320 之间，那么这是一种必须立即采取措施进行整改的高度危险环境，整改后重新评价，直至降到可接受的程度；

④风险分值在 320 以上的高分值表示环境非常危险，应立即停止生产直到环境得到改善为止。

（5）值得注意的是，LEC 风险评价法的各因素取值及对危险等级的划分，一定程度上凭经验判断，应用时需要考虑其局限性，根据实际情况予以修正。

2．其他评价方法

除上述介绍的 LEC 法之外，也可采取直观评价法，经验评价法及其他评价方法。例如：访谈、观察和测量、安全检查表法、工作任务分析、危险和可操作性研究、事故树分析法（ETA）、事件树分析法（FTA）等。

三、危险源控制措施的确定

（一）危险源控制措施确定的意义

企业应在危险源辨识和风险评价的基础上，组织策划并确定危险源控制措施，尤其是评价确定的重大危险源或需控制的重点危险源，以消除或控制其中的不可接受风险，保障员工的健康和安全，实现安全生产。

（二）危险源控制措施确定的原则

危险源控制措施的确定按优先原则选择和组合，其优先顺序如下：

（1）消除。改变设计以消除危险源，如引入机械提升装置以消除手举重物的危险源。

（2）取代。用低危害材料代替或降低系统能量，如化学品或较低动力、电流、温度等。

（3）工程控制。现场对设备、工艺、检测、防护等采取的技术措施，如安装通风系统、联锁装置、机械防护罩、隔音罩等。

（4）标示、警告和（或）管理控制。如安全标识、危险区域标识、报警器、培训教育、规章制度、操作规程、应急预案、设备检查、持证上岗等。

（5）个体防护用品。口罩、手套、安全带等。

这里的基本原则是优先考虑技术工程措施，再考虑管理措施，最后考虑个体防护措施。

四、重大危险源及其申报

（一）重大危险源概念

广义上说，可能导致重大事故发生的危险源就是重大危险源。世界各国政府部门对重大危险源的定义、规定的临界量是不同的，无论是重大危险源的范围界定，还是重大危险源的临界量界定，都是为了防止重大事故发生，都是根据国家的经济实力、人们对安全与健康的承受水平和安全监督管理的需要给出的。

《危险化学品重大危险源辨识》（GB 18218—2009）中危险化学品重大危险源的定义是：长期地或临时地生产、加工、使用或存储危险化学品，且危险化学品的数量等于或超过临界量的单元。

（1）单元是指一个（套）生产装置、设施或场所，或同属一个工厂且边缘距离小于 500m 的几个（套）生产装置、设施或场所。作为举例，给出了爆炸性物质、易燃物质、活性化学物质和有毒物质等 78 种典型危险化学品属于重大危险源的临界量。

（2）当单元中有多种物质时，如果各类物质的量满足下式，就是重大危险源，即

$$\sum_{i=1}^{N} \frac{q_A}{Q_A} \geqslant 1$$

式中　q_A——单元中物质 A 的实际存在量；

　　　Q_A——物质 A 的临界量；

　　　N——单元中物质的种类数。

（二）重大危险源的辨识登记、申报或普查

防止重特大事故的第一步是以重大危险源辨识标准为依据，确认或辨识重大危险源。《中华人民共和国安全生产法》第三十七条规定：生产经营单位对重大危险源应当登记建档，进行定期检测、评估、监控，并制定应急预案，告知从业人员和相关人员在紧急情况下应当采取的应急措施。生产经营单位应当按照国家有关规定将本单位重大危险源及有关安全措施、应急措施报有关地方人民政府负责安全生产监督管理的部门和有关部门备案。

在开展重大危险源辨识登记的同时，要进行隐患排查工作，即查找和确认是否存在人的不安全行为、物的不安全状态和管理上的缺陷。如果重大危险源已产生隐患，必须立即整改或治理，并按法规标准进行评审和验收。对受技术和其他条件限制，不能立即整改治理的重大事故隐患，必须在安全评价基础上，强化安全管理、监控和应急措施等风险控制措施。

通过重大危险源和重大事故隐患辨识登记、申报或普查，建立重大危险源和重大事故隐患数据库，使企业和各级安全监管部门掌握重大危险源和重大事故隐患分布、分类及其安全状况，做到事故预防心中有数、重点突出。

（三）企业对重大危险源的监控和管理

企业在重大危险源辨识和评价基础上，应对每一个重大危险源制定严格的安全监控管理制度和措施，包括检测、监控，人员培训、安全责任制的落实等，并按以下要求进行管理：

（1）应当对本单位的重大危险源进行登记建档，填报《重大危险源申报表》，并报当地安全监管部门。

（2）每两年至少对重大危险源进行一次安全评价，并出具安全评价报告，报当地安全监管部门备案。

（3）将本单位重大危险源以及有关安全措施、应急措施报安全生产监督部门备案。

（4）有条件的企业应建立实时监控预警系统，对危险源的安全状况进行实时监控，严密监视可能使危险源的安全状态向隐患和事故状态转化的各种参数的变化趋势，及时发出预警信息，将事故消灭在萌芽状态。

第五节　职业危害管理主要法规标准

◆　《中华人民共和国职业病防治法》

◆　《工作场所职业卫生监督管理规定》（国家安全生产监督管理总局第 47 号令）

◆　《职业病危害项目申报办法》（国家安全生产监督管理总局第 48 号令）

◆　《职业病分类和目录》（国卫疾控发〔2013〕48 号）

◆　《职业健康监护技术规范》（GBZ 188—2007）

◆ 《职业卫生名词术语》（GBZ/T 224—2010）

◆ 《生产过程安全卫生要求总则》（GB 12801—2008）

一、职业病危害的基本概念

（一）基本概念

1. 职业病

职业病是指企业、事业单位和个体经济组织（以下统称用人单位）的劳动者在职业活动中，因接触粉尘、放射性物质和其他有毒、有害物质等因素而引起的疾病。

2. 职业病危害因素

职业病危害因素是指对从事职业活动的劳动者可能导致职业病的各种危害。职业病危害因素包括：职业活动中存在的各种有害的化学、物理、生物因素以及在作业过程中产生的其他职业有害因素。

3. 职业禁忌证

职业禁忌症是指劳动者从事特定职业或者接触特定职业病危害因素时，比一般职业人群更易于遭受职业病危害和罹患职业病，或者可能导致原有自身疾病病情加重，或者在从事作业过程中诱发可能导致对他人生命健康构成危险的疾病的个人特殊生理或者病理状态。

（二）职业病分类和目录

根据《中华人民共和国职业病防治法》有关规定，国家卫生计生委、国家安全监管总局、人力资源社会保障部和全国总工会联合组织对职业病的分类和目录进行了调整，2013 年 12 月 23 日，印发了新的《职业病分类和目录》，从即日起施行。2002 年 4 月 18 日原卫生部和原劳动保障部联合印发的《职业病目录》同时废止。

职业病分类和目录如下：

（1）职业性尘肺病及其他呼吸系统疾病。

①尘肺病包括矽肺等 13 类；

②其他呼吸系统疾病包括过敏性肺炎、棉尘病、哮喘等 6 类。

（2）职业性皮肤病包括接触性皮炎、光接触性皮炎、电光性皮炎等 9 类。

（3）职业性眼病包括化学性眼部灼伤、电光性眼炎等 3 类。

（4）职业性耳鼻喉口腔疾病包括噪声聋等 4 类。

（5）职业性化学中毒包括铅及其化合物中毒等各种化学物中毒共 60 类。

（6）物理因素所致职业病包括中暑等 7 类。

（7）职业性放射性疾病包括外照射急性放射病类等 11 类。

（8）职业性传染病包括炭疽等 5 类。

（9）职业性肿瘤包括石棉所致肺癌、间皮瘤等 11 类。

（10）其他职业病共 3 类。

二、职业病危害的申报

（一）职业病危害申报概述

2012 年 4 月 27 日，国家安全生产监督管理总局发布第 48 号令《职业病危害项目申报办法》，自 2012 年 6 月 1 日起施行。

《职业病危害项目申报办法》要求在中华人民共和国境内存在或者产生职业病危害的用人单位（煤矿企业除外），应当按照国家有关法律、行政法规及本办法的规定，及时、如实申报职业病危害，并接受安全生产监督管理部门的监督管理。

（二）职业病危害申报的流程和方法

1．申报工作流程

（1）登录申报系统注册。

（2）在线填写和提交《申报表》。

（3）安全监管部门审查备案。

（4）打印审查备案的《申报表》并签字盖章，按规定报送地方安全监管部门。

2．申报内容

用人单位申报职业病危害项目时，应当提交《职业病危害项目申报表》和下列文件、资料：

（1）用人单位的基本情况。

（2）工作场所职业病危害因素种类、分布情况以及接触人数。

（3）法律、法规和规章规定的其他文件、资料。

3．申报要求

用人单位有下列情形之一的，应当按照本条规定向原申报机关申报变更职业病危害项目内容：

（1）进行新建、改建、扩建、技术改造或者技术引进建设项目的，在建设项目竣工验收之日起 30 d 内进行申报。

（2）因技术、工艺、设备或者材料发生变化导致原申报的职业病危害因素及其相关内容发生重大变化的，在技术、工艺或者材料变化之日起 15 d 内进行申报。

（3）用人单位工作场所、名称、法定代表人或者主要负责人发生变化的，在发生变化之日起 15 d 内进行申报。

（4）经过职业病危害因素检测、评价，发现原申报内容发生变化的，自收到有关检测、评价结果之日起 15 d 内进行申报。

（5）用人单位终止生产经营活动的，应当在生产经营活动终止之日起 15 d 内向原申报机关报告并办理相关注销手续。

三、用人单位职业病危害管理

（一）组织机构和规章制度建设

用人单位是职业病危害预防控制的责任主体，应依据国家法律法规及标准要求开展职业病危害管理工作，用人单位的主要负责人对本单位的职业病危害防治工作全面负责。

用人单位主要负责人应承诺遵守国家有关职业病防治的法律法规；设立企业职业卫生管理机构；配备专职卫生管理人员；职业病防治工作纳入法人目标管理责任制；制定职业卫生年度计划和实施方案；在岗位操作规程中列入职业卫生相关内容；建立健全职业卫生档案；建立健全劳动者健康监护档案；建立健全职业病危害因素检测与评价制度；确保职业病防治必要的经费投入；进行职业病危害申报。

（二）前期预防管理

（1）职业病危害项目申报。

（2）建设项目职业卫生"三同时"。

（3）职业卫生安全许可证管理。

作业场所使用有毒物品的单位，应当按照有关规定向安全生产监督管理部门申请办理职业卫生安全许可证。其主要管理内容为按照法规标准要求确定的申办程序、条件以及有关延期、变更等的要求，向安全生产监督管理部门提交有关材料申办职业卫生安全许可证，并接受安全生产监督管理部门的监督管理。

（三）职业卫生培训

主要管理工作内容包括：用人单位的主要负责人、管理人员应接受职业卫生培训；对上岗前的劳动者进行职业卫生培训；定期对劳动者进行在岗期间的职业卫生培训。

（四）材料和设备管理

（1）优先采用有利于职业病防治和保护劳动者健康的新技术、新工艺和新材料。

（2）不生产、经营、进口和使用国家明令禁止使用的可能产生职业病危害的设备和材料。

（3）生产经营单位原材料供应商的活动也必须符合安全健康要求，不采用有危害的技术、工艺和材料，不隐瞒其危害。

（4）可能产生职业病危害的设备有中文说明书；使用、生产、经营可能产生职业病危害的化学品，要有中文说明书；使用放射性同位素和含有放射性物质、材料的，要有中文说明书。

（5）不将职业病危害的作业转嫁给不具备职业病防护条件的单位和个人；不接受不具备防护条件的有职业病危害的作业；有毒物品的包装有警示标识和中文警示说明。

（五）作业场所管理

（1）职业病危害因素的强度或者浓度应符合国家职业卫生标准要求；生产布局合理；有害作业与无害作业分开。

（2）现场标识和警示。产生职业病危害的用人单位，应当在醒目位置设置公告栏，公布有关职业病防治的规章制度、操作规程、职业病危害事故应急救援措施和工作场所职业病危害因素检测结果。

存在或者产生职业病危害的工作场所、作业岗位、设备、设施，应当按照《工作场所职业病危害警示标识》（GBZ 158）的规定，在醒目位置设置图形、警示线、警示语句等警示标识和中文警示说明。警示说明应当载明产生职业病危害的种类、后果、预防和应急处置措施等内容。

存在或产生高毒物品的作业岗位，应当按照《高毒物品作业岗位职业病危害告知规范》（GBZ/T 203）的规定，在醒目位置设置高毒物品告知卡，告知卡应当载明高毒物品的名称、理化特性、健康危害、防护措施及应急处理等告知内容与警示标识。

（3）在可能发生急性职业损伤的有毒、有害工作场所，用人单位应当设置报警装置，配置现场急救用品、冲洗设备、应急撤离通道和必要的泄险区。

（4）现场急救用品、冲洗设备等应当设在可能发生急性职业损伤的工作场所或者临近地点，并在醒目位置设置清晰的标识。

（5）在可能突然泄漏或者逸出大量有害物质的密闭或者半密闭工作场所，用人单位还应当安装事故通风装置以及与事故排风系统相连锁的泄漏报警装置。

（六）职业病危害因素日常监测和年度检测

（1）存在职业病危害的用人单位，应识别存在各类职业危病害因素的场所，明确各场所接触的职业病危害因素及其等级、接触人员等，一般应形成清单。

（2）存在职业病危害的用人单位，应当实施由专人负责的工作场所职业病危害因素日常监测，确保监测系统处于正常工作状态。

（3）存在职业病危害的用人单位，应当委托具有相应资质的职业卫生技术服务机构，每年至少进行一次职业病危害因素检测。

（4）职业病危害严重的用人单位，除遵守前款规定外，应当委托具有相应资质的职业卫生技术服务机构，每三年至少进行一次职业病危害现状评价。

（七）职业病防护用品

（1）用人单位应当为劳动者提供符合国家职业卫生标准的职业病防护用品，并督促、指导劳动者按照使用规则正确佩戴、使用，不得发放钱物替代发放职业病防护用品。

（2）用人单位应当对职业病防护用品进行经常性的维护、保养，确保防护用品有效，不得使用不符合国家职业卫生标准或者已经失效的职业病防护用品。

（八）履行告知义务

（1）签订劳动合同，并在合同中载明可能产生的职业病危害及其后果，载明职业病危害防护措施和待遇；在醒目位置公布操作规程，公布职业病危害事故应急救援措施。

（2）公布作业场所职业病危害因素监测和评价的结果，告知劳动者职业病健康体检结果；对于患职业病或职业禁忌证的劳动者，企业应告知本人。

（九）职业病危害事故的应急救援、报告与处理

（1）可能发生急性职业病危害的场所，应建立健全职业病危害应急救援预案，应急救援设施应完好；定期进行职业病危害事故应急救援预案的演练。

（2）发生职业病危害事故时，应当及时向所在地安全生产监督管理部门和有关部门报告，并采取有效措施，减少或者消除职业病危害因素，防止事故扩大。对遭受职业病危害的从业人员，及时组织救治，并承担所需费用。

四、职业健康监护

（一）职业健康监护的基本要求

1. 职业健康监护的意义

职业健康监护是职业病危害防治的一项主要内容。通过健康监护不仅起到保护员工健康、提高员工健康素质的作用，而且也便于早期发现疑似职业病病人，使其早期得到治疗。

2. 基本要求

职业健康监护工作的开展，必须有专职人员负责，并建立健全职业健康监护档案。职业健康监护档案包括劳动者的职业史、职业病危害接触史、职业健康检查结果和职业病诊疗等有关个人健康资料。

（二）职业健康监护的主要工作

1. 职业健康体检

（1）对从事接触职业病危害因素作业的劳动者，用人单位应当按照《用人单位职业健康监护监督管理办法》、《放射工作人员职业健康管理办法》、《职业健康监护技术规范》（GBZ 188）、《放射工作人员职业健康监护技术规范》（GBZ 235）等有关规定组织上岗前、在岗期间、离岗时的职业健康检查。

（2）检查结果书面如实告知劳动者。

（3）职业健康检查费用由用人单位承担。

2. 职业健康监护档案

（1）用人单位应当按照《用人单位职业健康监护监督管理办法》的规定，为劳动者建立职业健康监护档案，并按照规定的期限妥善保存。

（2）职业健康监护档案应当包括劳动者的职业史、职业病危害接触史、职业健康检查结果、处理结果和职业病诊疗等有关个人健康资料。

（3）劳动者离开用人单位时，有权索取本人职业健康监护档案复印件，用人单位应当如实、无偿提供，并在所提供的复印件上签章。

（三）职业健康监护的内容

《职业健康监护技术规范》（GBZ 188—2007）对接触各种职业病危害因素的作业人员职业健康体检周期与体检项目给出了具体规定。

例如，该标准关于接触游离二氧化硅粉尘人员的职业健康体检规定了以下内容：

（1）在上岗前、在岗期间和离岗前均应进行职业健康体检。

（2）目标疾病，职业禁忌证：①活动性肺结核病；②慢性阻塞性肺病；③慢性间质性肺病；④伴肺功能损害的疾病。

（3）职业健康检查内容包括基本项目（症状询问、常规检查等）、必检项目和选检项目。

①症状询问：重点询问咳嗽、咳痰、胸痛、呼吸困难，也可有喘息、咯血等症状；

②体格检查：内科常规检查，重点是呼吸系统和心血管系统；

③实验室和其他检查。

（4）在岗期间健康检查周期.

①劳动者接触二氧化硅粉尘浓度符合国家卫生标准，每两年一次；劳动者接触二氧化硅粉尘浓度超过国家卫生标准，每年一次；

②X 射线胸片表现为 0+作业人员医学观察时间为每年一次，连续观察五年，若五年内不能确诊为矽肺患者，应按一般接触人群进行检查；

③矽肺患者每年检查一次。

（四）职业病诊断与病人保障

（1）及时向卫生部门和安全生产监管部门报告职业病发病情况；及时向卫生部门报告疑似职业病患者；向当劳动保障部门报告职业病患者。

（2）积极安排劳动者进行职业病诊断和鉴定；安排疑似职业病患者进行职业病诊断。

（3）安排职业病患者进行治疗，定期检查与康复；调离并妥善安置职业病患者。

（4）如实向职工提供职业病诊断证明及鉴定所需要的资料等。

第六节　应急管理主要法规标准

◆　《中华人民共和国安全生产法》
◆　《中华人民共和国突发事件应对法》
◆　《北京市安全生产条例》
◆　《生产安全事故应急预案管理办法》（国家安全生产监督管理总局令第 17 号）
◆　《生产经营单位安全生产事故应急预案编制导则》（GB/T 29639—2013）
◆　《生产安全事故应急演练指南》（AQ/T 9007—2011）
◆　《北京市安全生产监督管理局关于加强重点生产经营单位应急物资储备的指导意见》（京安监发〔2013〕6 号）

一、应急管理总体要求

（一）事故应急救援的基本任务及特点

1．事故应急救援的基本任务

事故应急救援的总目标是通过有效的应急救援行动，尽可能地降低事故的后果，包括人员伤亡、财产损失和环境破坏等。事故应急救援的基本任务包括下述几个方面：

（1）立即组织营救受害人员，组织撤离或者采取其他措施保护危害区域内的其他人员。抢救受害人员是应急救援的首要任务。在应急救援行动中，快速、有序、有效地实施现场急救与安全转送伤员，是降低伤亡率、减少事故损失的关键。由于重大事故发生突然、扩散迅速、涉及范围广、危害大，应及时指导和组织群众采取各种措施进行自身防护，必要时迅速撤离出危险区或可能受到危害的区域。在撤离过程中，应积极组织群众开展自救和互救工作。

（2）迅速控制事态，并对事故造成的危害进行检测、监测，测定事故的危害区域、危害性质及危害程度。及时控制住造成事故的危险源是应急救援工作的重要任务。只有及时地控制住危险源，防止事故的继续扩展，才能及时有效地进行救援。特别对发生在城市或人口稠密地区的化学事故，应尽快组织工程抢险队与事故单位技术人员一起及时控制事故继续扩展。

（3）消除危害后果，做好现场恢复。针对事故对人体、动植物、土壤、空气等造成的现实危害和可能的危害，迅速采取封闭、隔离、洗消、监测等措施，防止对人的继续危害和对环境的污染。及时清理废墟和恢复基本设施，将事故现场恢复至相对稳定的状态。

（4）查清事故原因，评估危害程度。事故发生后应及时调查事故的发生原因和事故性质，评估出事故的危害范围和危险程度，查明人员伤亡情况，做好事故原因调查，并总结救援工作中的经验和教训。

2．事故应急救援的特点

（1）应急工作涉及技术事故、自然灾害、城市生命线、重大工程、公共活动场所、公共交通、公共卫生和人为突发事件等多个公共安全领域，构成一个复杂的系统，具有不确定性、突发性、复杂性和后果、影响易猝变、激化、放大的特点。

（2）为尽可能降低重大事故的后果及影响，减少重大事故所导致的损失，要求应急救援行动必须做到迅速、准确和有效。所谓迅速，就是要求建立快速的应急响应机制，能迅速准确地传递事故信息，迅速地调集所需的大规模应急力量和设备、物资等资源，迅速地建立起统一指挥与协调系统，开展救援活动。

（二）事故应急救援的相关法律法规要求

《中华人民共和国安全生产法》第五章对生产安全事故的应急救援做了规定。

2006年1月8日，国务院发布了《国家突发公共事件总体应急预案》，明确了各类突发公共事件分级分类和预案框架体系，规定了国务院应对特别重大突发公共事件的组织体系、工作机制等内容，是指导预防和处置各类突发公共事件的规范性文件。

2007 年 8 月 30 日《中华人民共和国突发事件应对法》发布。法律所称突发事件，是指突然发生，造成或者可能造成严重社会危害，需要采取应急处置措施予以应对的自然灾害、事故灾难、公共卫生事件和社会安全事件。法律提出：突发事件应对工作实行预防为主、预防与应急相结合的原则。国家建立重大突发事件风险评估体系，对可能发生的突发事件进行综合性评估，减少重大突发事件的发生，最大限度地减轻重大突发事件的影响。

（三）事故应急管理的过程

尽管重大事故的发生具有突发性和偶然性，但重大事故的应急管理不只限于事故发生后的应急救援行动。应急管理是对重大事故的全过程管理，贯穿于事故发生前、中、后的各个过程。应急管理是一个动态的过程，包括预防、准备、响应和恢复 4 个阶段。尽管在实际情况中这些阶段往往是交叉的，但每一阶段都有其明确的目标，而且每一阶段又是构筑在前一阶段的基础之上，因而预防、准备、响应和恢复的相互关联，构成了重大事故应急管理的循环过程。

1．预防

在应急管理中预防有两层含义：

（1）事故的预防工作，即通过安全管理和安全技术等手段，尽可能地防止事故的发生，实现本质安全。

（2）在假定事故必然发生的前提下，通过预先采取的预防措施，达到降低或减缓事故的影响或后果的严重程度，如加大建筑物的安全距离、工厂选址的安全规划、减少危险物品的存量、设置防护墙以及开展公众教育等。从长远看，低成本、高效率的预防措施是减少事故损失的关键。

2．准备

应急准备是应急管理过程中一个极其关键的过程。它是针对可能发生的事故，为迅速有效地开展应急行动而预先所做的各种准备，包括应急体系的建立、有关部门和人员职责的落实、预案的编制、应急队伍的建设、应急设备（施）与物资的准备和维护、预案的演练、与外部应急力量的衔接等，其目标是保持重大事故应急救援所需的应急能力。

3．响应

应急响应是在事故发生后立即采取的应急与救援行动，包括事故的报警与通报、人员的紧急疏散、急救与医疗、消防和工程抢险措施、信息收集与应急决策和外部求援等。其目标是尽可能地抢救受害人员，保护可能受威胁的人群，尽可能控制并消除事故。

4．恢复

恢复工作应在事故发生后立即进行。首先应使事故影响区域恢复到相对安全的基本状态，然后逐步恢复到正常状态。要求立即进行的恢复工作包括事故损失评估、原因调查、清理废墟等。在短期恢复工作中，应注意避免出现新的紧急情况。长期恢复包括厂区重建和受影响区域的重新规划和发展。在长期恢复工作中，应汲取事故和应急救援的经验教训，开展进一步的预防工作和减灾行动。

（四）事故应急救援响应程序

事故应急救援响应程序按过程可分为接警、响应级别确定、应急启动、救援行动、应急恢复和应急结束等过程，如图 1-13 所示。

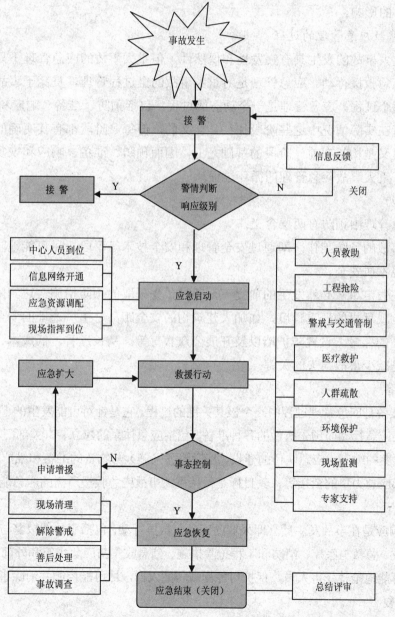

图 1-13　事故应急救援响应程序框图

74

1．接警与响应级别确定

接到事故报警后，按照工作程序，对警情做出判断，初步确定相应的响应级别。如果事故不足以启动应急救援体系的最低响应级别，响应关闭。

2．应急启动

应急响应级别确定后，按所确定的响应级别启动应急程序，如通知应急中心有关人员到位、开通信息与通信网络、通知调配救援所需的应急资源（包括应急队伍和物资、装备等）、成立现场指挥部等。

3．救援行动和事态控制

有关应急队伍进入事故现场后，迅速开展事故侦测、警戒、疏散、人员救助、工程抢险等有关应急救援工作，专家组为救援决策提供建议和技术支持。当事态超出响应级别无法得到有效控制时，向应急中心请求实施更高级别的响应。

4．应急恢复

救援行动结束后，进入临时应急恢复阶段。该阶段主要包括现场清理、人员清点和撤离、警戒解除、善后处理和事故调查等。

5．应急结束

执行应急关闭程序，由事故总指挥宣布应急结束。

二、安全生产预警

（一）安全生产预警的相关概念

1．预警

预警是指在事故征兆前进行预先警告，即对将来可能发生的危险进行实现的预报，提请相关当事人注意。

2．预警机制

预警机制是指能灵敏、准确地告示危险前兆，并能及时提供警示，使机构能采取有关措施的一种制度，其作用在于超前反馈、及时布置、防风险于未然，最大限度地降低由于事故发生对生命造成的侵害、对财产造成的损失。

（二）安全生产预警的目的和主要任务

1．目的

安全生产预警的目的是通过对生产活动和安全管理进行监测与评价，警示生产过程中所面临的危害程度。

2．主要任务

安全生产预警的主要任务是针对各种事故征兆的监测、识别、诊断与评价，及时报警，并根据预警分析的结果对事故征兆的不良趋势进行矫正、预防和控制。事故预警在完成上述任务的基础上，还要体现与其他预测工作不同的特征。

（三）安全生产预警管理

由于事故的发生和发展是由于人的不安全行为、物的不安全状态以及管理的缺陷等方面相互作用的结果，因此在事故预警管理战略上，应针对事故特点建立事故预警管理体系。

1. 安全生产预警管理应考虑的因素

（1）外部环境因素。对事故发生产生影响的外部因素，如自然环境突变，行业政策的调整、法规体系的修正和变更，技术工艺、装备等物的因素变化等。

（2）内部管理因素。如管理不良，设备维修、操作、保养等活动，人的行为活动等可能带来的事故风险。

2. 安全生产预警信号及级别

预警信号一般采用国际通用的颜色表示不同的安全状况，按照事故的严重性和紧急程度，颜色依次为蓝色、黄色、橙色和红色，分别代表一般、较重、严重和特别严重4种级别，一级为最高级别。四级预警如下所示：

Ⅰ级预警表示安全状况特别严重，用红色表示。

Ⅱ级预警表示受到事故的严重威胁，用橙色表示。

Ⅲ级预警表示处于事故的上升阶段，用黄色表示。

Ⅳ级预警表示生产活动处于正常状态，用蓝色表示。

对于生产经营单位的预警管理活动，蓝色和黄色的应用价值最大，得到了广泛的使用，并获得了良好的效果。

（四）安全生产预警的流程和方法

1. 监测

监测是预警活动的前提，监测的任务包括两个方面：一是生产中的薄弱环节和重要环节进行全方位、全过程的监测；二是对大量的监测信息进行处理（整理、分类、存储、传输）建立信息档案，进行历史的和技术的比较。

2. 识别

识别是运用评价指标对监测信息进行分析，以识别生产活动中各类事故征兆、事故诱因，以及将要发生的事故活动趋势。

3. 诊断

诊断的主要任务是从诸多致灾因素中找出危险性最高、危险程度最严重的主要因素，并对其成因进行分析，对发展过程及可能的发展趋势进行准确定量的描述。诊断的工具是企业特性和行业安全生产共性相统一的评价指标体系。

4. 评价

对已被确认的主要事故征兆进行描述性评价，以明确生产活动在这些事故征兆现象冲击下会遭受什么样的打击，判断此时生产所处状态是正常、警戒，还是危险、极度危险、危机状态，并把握其发展趋势，在必要时准确报警。

三、应急预案的编制和管理

（一）应急预案的基本概念

《生产经营单位安全生产事故应急预案编制导则》（GB/T 29639—2013）中应急预案的定义是：为有效预防和控制可能发生的事故，最大程度减少事故及其造成损害而预先制定的工作方案。

应急预案在应急系统中起着关键作用，它明确了在突发事故发生之前、发生过程中以及刚刚结束之后，谁负责做什么、何时做，以及相应的策略和资源准备等，是开展及时、有序和有效事故应急救援工作的行动指南。其重要作用主要包括：

（1）应急预案明确了应急救援的范围和体系，使应急准备和应急管理不再是无据可依、无章可循，尤其是培训和演习工作的开展。

（2）制定应急预案有利于做出及时的应急响应，降低事故的危害程度。

（3）事故应急预案成为各类突发重大事故的应急基础。通过编制基本应急预案，可保证应急预案足够灵活，对那些事先无法预料到的突发事件或事故，也可以起到基本的应急指导作用。在此基础上，可以针对特定危害编制专项应急预案，有针对性地制定应急措施、进行专项应急准备和演习。

（4）当发生超过应急能力的重大事故时，便于与上级应急部门的协调。

（二）应急预案体系

按照《生产经营单位安全生产事故应急预案编制导则》（GB/T 29639—2013），生产经营单位的应急预案体系主要由综合应急预案、专项应急预案和现场应急处置方案构成。

1. 综合应急预案

综合应急预案是生产经营单位应急预案体系的总纲，主要从总体上阐述事故的应急工作原则，包括生产经营单位的应急组织机构及职责、应急预案体系、事故分析描述、预警及信息报告、应急响应、保障措施、应急预案管理等内容。

2. 专项应急预案

专项应急预案是生产经营单位为应对某一类型或某几种类型事故，或者针对重要生产设施、重大危险源、重大活动等内容而制定的应急预案。专项应急预案主要包括事故风险分析、应急指挥机构及职责、处置程序和措施等内容。

3. 现场处置方案

现场处置方案是生产经营单位根据不同事故类别，针对具体的场所、装置或设施所制定的应急处置措施，主要包括事故风险分析、应急工作职责、应急处置和注意事项等内容。生产经营单位应根据风险评估、岗位操作规程以及维修性控制措施，组织本单位现场作业人员及安全管理等专业人员共同编制现场处置方案。

（三）应急预案的编制

1. 应急预案的编制原则

（1）生产经营单位应根据本单位组织管理体系、生产规模、危险源的性质以及可能发生的事故类型确定应急预案体系，并可根据本单位的实际情况，确定是否编制专项应急预案。风险因素单一的小微型生产经营单位可只编制现场处置方案。

（2）依据生产经营单位风险评估及应急能力评估结果，组织编制应急预案。应急预案编制应注重系统性和可操作性，做到与相关部门和单位应急预案相衔接。

2．应急预案的编制程序

应急预案的编制程序包括成立应急预案编制工作组、资料收集、风险评估、应急能力评估、编制应急预案和应急预案评审 6 个步骤。

1）成立应急预案编制工作组

生产经营单位应结合本单位部门职能和分工，成立以单位主要负责人或安全分管领导为组长、单位相关部门人员参加的应急预案编制工作组，明确工作职责和任务分工，制定工作计划，组织开展应急预案编制工作。

2）资料收集

应急预案编制工作组应收集与预案编制工作相关的法律法规、技术标准、应急预案、国内外同行业企业事故资料，同时收集本单位安全生产相关技术资料、周边环境影响、应急资源等有关资料。

3）风险评估

分析生产经营单位存在的危险因素，确定事故危险源；分析可能发生的事故类型及后果，并指出可能产生的次生、衍生事故；评估事故的危害程度和影响范围，提出风险防控措施。

4）应急能力评估

在全面调查和客观分析生产经营单位应急队伍、装备、物资等应急资源状况基础上开展应急能力评估，并依据评估结果，完善应急保障措施。

5）编制应急预案

依据生产经营单位风险评估及应急能力评估结果，组织编制应急预案。应急预案编制应注意系统性和可操作性，做到与相关部门和单位应急预案相衔接。

6）应急预案评审

应急预案编制完成后，生产经营单位应组织评审。评审分为内部评审和外部评审，内部评审由生产经营单位主要负责人组织有关部门和人员进行。外部评审由生产经营单位组织外部有关专家和人员进行评审。应急预案评审合格后，由生产经营单位主要负责人或安全分管领导签发实施，并进行备案管理。

3．应急预案的主要内容

1）综合应急预案的主要内容

（1）总则。

（2）事故风险分析。

（3）应急组织机构和职责。

（4）预警及信息报告。

（5）应急响应。

（6）信息公开。

（7）后期处置。

（8）保障措施。

（9）应急预案管理。

2）专项应急预案的主要内容

（1）事故风险分析。针对可能发生的事故风险，分析事故发生的可能性以及严重程度、影响范围等。

（2）应急指挥机构及职责。根据事故类型，明确应急指挥机构总指挥、副总指挥以及各成员单位或人员的具体职责。应急指挥机构可以设置相应的应急救援工作小组，明确各小组的工作任务及主要负责人职责。

（3）处置程序。明确事故及事故险情信息报告程序和内容、报告方式和责任人等内容。根据事故响应级别，具体描述事故接警报告和记录、应急指挥机构启动、应急指挥、资源调配、应急救援、扩大应急等应急响应程序。

（4）处置措施。针对可能发生的事故风险、事故危害程度和影响范围，制定相应的应急处置措施，明确处置原则和具体要求。

3）现场处置方案的主要内容

（1）事故风险分析，主要包括：事故类型；事故发生的区域、地点或装置的名称；事故发生的可能时间、事故的危害严重程度及其影响范围；事故前可能出现的征兆；事故可能引发的次生、衍生事故。

（2）应急工作职责。根据现场工作岗位、组织形式及人员构成，明确各岗位人员的应急工作分工和职责。

（3）应急处置，主要包括以下内容：

事故应急处置程序。根据可能发生的事故及现场情况，明确事故报警、各项应急措施启动、应急救护人员的引导、事故扩大及同生产经营单位应急预案的衔接的程序。

现场应急处置措施。针对可能发生的火灾、爆炸、危险化学品泄漏、坍塌、水患、机动车辆伤害等，从人员救护、工艺操作、事故控制、消防、现场恢复等方面制定明确的应急处置措施。

明确报警负责人以及报警电话及上级管理部门、相关应急救援单位联络方式和联系人员，事故报告基本要求和内容。

（4）注意事项，主要包括：佩戴个人防护器具方面的注意事项；使用抢险救援器材方面的注意事项；采取救援对策或措施方面的注意事项；现场自救和互救注意事项；

现场应急处置能力确认和人员安全防护等事项；应急救援结束后的注意事项；其他需要特别警示的事项。

4）应急预案的附件

（1）有关应急部门、机构或人员的联系方式。

（2）应急物资装备的名录或清单。

（3）规范化格式文本。

（4）关键的路线、标识和图纸。

（5）有关协议或备忘录。

（四）应急预案的管理

1．应急预案的管理原则和总体要求

（1）应急预案的管理遵循综合协调、分类管理、分级负责、属地为主的原则。

（2）生产经营单位应编制本单位应急管理文件，明确本单位应急主管部门，并对应急预案的制定、修改、更新、批准和发布及不同类型应急预案演练的形式、范围、频次、内容以及演练评估、总结等要求做出明确的规定。

2．应急预案的管理

（1）矿山、建筑施工单位和易燃易爆物品、危险化学品、放射性物品等危险物品的生产、经营、储存、使用单位和中型规模以上的其他生产经营单位，应当组织专家对本单位编制的应急预案进行评审。评审应当形成书面纪要并附有专家名单。前款规定以外的其他生产经营单位应对本单位编制的应急预案进行论证。

（2）生产经营单位的应急预案经评审或者论证后，由生产经营单位主要负责人签署公布。

（3）生产经营单位中涉及实行安全生产许可的，其综合应急预案和专项应急预案，按照隶属关系报所在地县级以上地方人民政府安全生产监督管理部门和有关主管部门备案；未实行安全生产许可的，其综合应急预案和专项应急预案的备案，由省、自治区、直辖市人民政府安全生产监督管理部门确定。

（4）应急预案应当至少每三年修订一次，并按照有关应急预案报备程序重新备案；有下列情形之一的，应急预案应当及时修订：

①生产经营单位因兼并、重组、转制等导致隶属关系、经营方式、法定代表人发生变化的；

②生产经营单位生产工艺和技术发生变化的；

③周围环境发生变化，形成新的重大危险源的；

④应急组织指挥体系或者职责已经调整的；

⑤依据的法律、法规、规章和标准发生变化的；

⑥应急预案演练评估报告要求修订的；

⑦应急预案管理部门要求修订的。

（5）生产经营单位应当组织开展本单位的应急预案培训活动，使有关人员了解应急预案内容，熟悉应急职责、应急程序和岗位应急处置方案。应急预案的要点和程序应当张贴在应急地点和应急指挥场所，并设有明显的标志。

（6）生产经营单位应当按照应急预案的要求配备相应的应急物资及装备，建立使用状况档案，定期检测和维护，使其处于良好状态。

四、应急预案演练

（一）应急预案演练的要求

（1）生产经营单位应当制定本单位的应急预案演练计划，根据本单位的事故预防重点，每年至少组织一次综合应急预案演练或者专项应急预案演练，每半年至少组织一次现场处置方案演练。

（2）应急预案演练结束后，应急预案演练组织单位应当对应急预案演练效果进行评估，撰写应急预案演练评估报告，分析存在的问题，并对应急预案提出修订意见。

（二）应急演练的相关概念

1. 应急演练

《生产经营单位安全生产事故应急预案编制导则》（GB/T 29639—2013）中应急演练的定义是：针对可能发生的事故情景，依据应急预案而模拟开展的应急活动。

2. 事故情景

《生产安全事故应急演练指南》（AQ/T 9007—2011）中事故情景的定义是：针对生产经营过程中存在的危险源或有害因素而预先设定的事故状况（包括事故发生的时间、地点、特征、波及范围以及变化趋势等）。

3. 综合演练

《生产安全事故应急演练指南》（AQ/T 9007—2011）中综合演练的定义是：针对应急预案中多项或全部应急响应功能开展的演练活动。

4. 单项演练

《生产安全事故应急演练指南》（AQ/T 9007—2011）中单项演练的定义是：针对应急预案中某项应急响应功能开展的演练活动。

5. 现场演练

《生产安全事故应急演练指南》（AQ/T 9007—2011）中现场演练的定义是：选择（或模拟）生产经营活动中的设备、设施、装置或场所，设定事故情景，依据应急预案而模拟开展的演练活动。

6. 桌面演练

《生产安全事故应急演练指南》（AQ/T 9007—2011）中桌面演练的定义是：针对事故情景，利用图纸、沙盘、流程图、计算机、视频等辅助手段，依据应急预案而进行交互式讨论或模拟应急状态下应急行动的演练活动。

（三）应急演练的目的、类型和内容

1．应急演练的目的

应急演练的目的主要包括下面 6 个方面：

（1）检验预案。发现应急预案中存在的问题，提高应急预案的科学性、实用性和可操作性。

（2）锻炼队伍。熟悉应急预案，提高应急人员在紧急情况下妥善处置事故的能力。

（3）磨合机制。完善应急管理相关部门、单位和人员的工作职责，提高协调配合能力。

（4）宣传教育。普及应急管理知识，提高参演和观摩人员风险防范意识和自救互救能力。

（5）完善准备。完善应急管理和应急处置技术，补充应急装备和物资，提高其适用性和可靠性。

（6）其他需要解决的问题。

2．应急演练的类型

应急演练按照演练内容分为综合演练和单项演练，按照演练形式分为现场演练和桌面演练，不同类型的演练可相互组合。无论选择何种演练方法，应急演练方案必须与辖区重大事故应急管理的需求和资源条件相适应。

3．应急演练的内容

应急演练内容如图 1-14 所示。

（四）应急演练的组织与实施

1．演练计划

企业应当制定应急预案演练计划，包括演练目的、类型（形式）、时间、地点，演练主要内容、参加单位和经费预算等。

2．演练准备

1）成立演练组织机构

综合演练通常成立演练领导小组，下设策划组、执行组、保障组、评估组等专业工作组。根据演练规模大小，其组织机构可进行调整。

（1）领导小组负责演练活动筹备和实施过程中的组织领导工作，具体负责审定演练工作方案、演练工作经费、演练评估总结以及其他需要决定的重要事项等。

（2）策划组负责编制演练工作方案、演练脚本、演练安全保障方案或应急预案、宣传报道材料、工作总结和改进计划等。

（3）执行组负责演练活动筹备及实施过程中与相关单位、工作组的联络和协调、

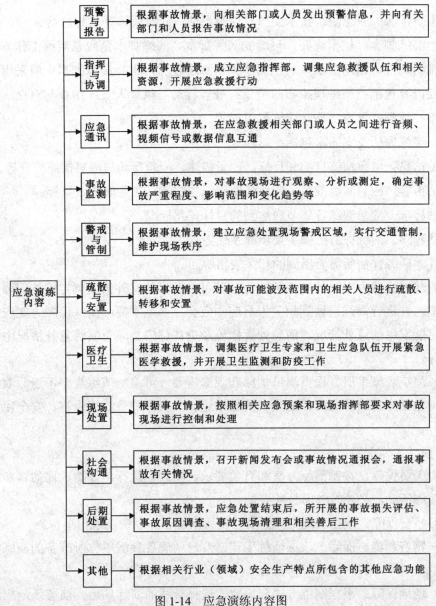

应急演练内容	预警与报告	根据事故情景，向相关部门或人员发出预警信息，并向有关部门和人员报告事故情况
	指挥与协调	根据事故情景，成立应急指挥部，调集应急救援队伍和相关资源，开展应急救援行动
	应急通讯	根据事故情景，在应急救援相关部门或人员之间进行音频、视频信号或数据信息互通
	事故监测	根据事故情景，对事故现场进行观察、分析或测定，确定事故严重程度、影响范围和变化趋势等
	警戒与管制	根据事故情景，建立应急处置现场警戒区域，实行交通管制，维护现场秩序
	疏散与安置	根据事故情景，对事故可能波及范围内的相关人员进行疏散、转移和安置
	医疗卫生	根据事故情景，调集医疗卫生专家和卫生应急队伍开展紧急医学救援，并开展卫生监测和防疫工作
	现场处置	根据事故情景，按照相关应急预案和现场指挥部要求对事故现场进行控制和处理
	社会沟通	根据事故情景，召开新闻发布会或事故情况通报会，通报事故有关情况
	后期处置	根据事故情景，应急处置结束后，所开展的事故损失评估、事故原因调查、事故现场清理和相关善后工作
	其他	根据相关行业（领域）安全生产特点所包含的其他应急功能

图 1-14 应急演练内容图

事故情景布置、参演人员调度和演练进程控制等。

（4）保障组负责演练活动工作经费和后勤服务保障，确保演练安全保障方案或应急预案落实到位。

（5）评估组负责审定演练安全保障方案或应急预案，编制演练评估方案并实施，进行演练现场点评和总结评估，撰写演练评估报告。

2）编制演练文件

（1）演练工作方案内容主要包括：应急演练目的及要求；应急演练事故情景设计；应急演练规模及时间；参演单位和人员主要任务及职责；应急演练筹备工作内容；应

急演练主要步骤；应急演练技术支撑及保障条件；应急演练评估与总结。

（2）演练脚本。根据需要，可编制演练脚本。演练脚本是应急演练工作方案具体操作实施的文件，帮助参演人员全面掌握演练进程和内容。演练脚本一般采用表格形式，主要内容包括：演练模拟事故情景；处置行动与执行人员；指令与对白、步骤及时间安排；视频背景与字幕；演练解说词等。

（3）演练评估方案通常包括：

演练信息。应急演练目的和目标、情景描述，应急行动与应对措施简介等。

评估内容。应急演练准备、应急演练组织与实施、应急演练效果等。

评估标准。应急演练各环节应达到的目标评判标准。

评估程序。演练评估工作主要步骤及任务分工。

附件。演练评估所需要用到的相关表格等。

（4）演练保障方案。针对应急演练活动可能发生的意外情况制定演练保障方案或应急预案，并进行演练，做到相关人员应知应会，熟练掌握。演练保障方案应包括应急演练可能发生的意外情况、应急处置措施及责任部门、应急演练意外情况中止条件与程序等。

（5）演练观摩手册。根据演练规模和观摩需要，可编制演练观摩手册。演练观摩手册通常包括应急演练时间、地点、情景描述、主要环节及演练内容、安全注意事项等。

3）演练工作保障

（1）人员保障。按照演练方案和有关要求，策划、执行、保障、评估、参演等人员参加演练活动，必要时考虑替补人员。

（2）经费保障。根据演练工作需要，明确演练工作经费及承担单位。

（3）物资和器材保障。根据演练工作需要，明确各参演单位所准备的演练物资和器材等。

（4）场地保障。根据演练方式和内容，选择合适的演练场地。演练场地应满足演练活动需要，避免影响企业和公众正常生产、生活。

（5）安全保障。根据演练工作需要，采取必要安全防护措施，确保参演、观摩等人员以及生产运行系统安全。

（6）通信保障。根据演练工作需要，采用多种公用或专用通信系统，保证演练通信信息通畅。

（7）其他保障。根据演练工作需要，提供的其他保障措施。

3．应急演练的实施

1）熟悉演练任务和角色

组织各参演单位和参演人员熟悉各自参演任务和角色，并按照演练方案要求组织开展相应的演练准备工作。

2）组织预演

在综合应急演练前，演练组织单位或策划人员可按照演练方案或脚本组织桌面演练或合成预演，熟悉演练实施过程的各个环节。

3）安全检查

确认演练所需的工具、设备、设施、技术资料以及参演人员到位。对应急演练安全保障方案以及设备、设施进行检查确认，确保安全保障方案可行，所有设备、设施完好。

4）应急演练

应急演练总指挥下达演练开始指令后，参演单位和人员按照设定的事故情景，实施相应的应急响应行动，直至完成全部演练工作。演练实施过程中出现特殊或意外情况，演练总指挥可决定中止演练。

5）演练记录

演练实施过程中，安排专门人员采用文字、照片和音像等手段记录演练过程。

6）评估准备

演练评估人员根据演练事故情景设计以及具体分工，在演练现场实施过程中展开演练评估工作，记录演练中发现的问题或不足，收集演练评估需要的各种信息和资料。

7）演练结束

演练总指挥宣布演练结束，参演人员按预定方案集中进行现场讲评或者有序疏散。

（五）应急演练的评估与总结

1．演练演练评估

1）现场点评

应急演练结束后，在演练现场，评估人员或评估组负责人对演练中发现的问题、不足及取得的成效进行口头点评。

2）书面评估

评估人员针对演练中观察、记录以及收集的各种信息资料，依据评估标准对应急演练活动全过程进行科学分析和客观评价，并撰写书面评估报告。

评估报告重点对演练活动的组织和实施、演练目标的实现、参演人员的表现以及演练中暴露的问题进行评估。

2．应急演练的总结

应急演练结束后，由演练组织单位根据演练记录、演练评估报告、应急预案、现场总结等材料，对演练进行全面总结，撰写应急预案演练总结报告。报告可对应急演练准备、策划等工作进行简要总结分析，并对应急预案提出修订意见。参与单位也可对本单位的演练情况进行总结。演练总结报告的内容主要包括：

（1）演练基本概要。

（2）演练发现的问题，取得的经验和教训。

（3）应急管理工作建议。

3．演练资料归档与备案

（1）应急演练活动结束后，将应急演练工作方案以及应急演练评估、总结报告等文字资料，以及记录演练实施过程的相关图片、视频、音频等资料归档保存。

（2）对主管部门要求备案的应急演练资料，演练组织部门（单位）应将相关资料报主管部门备案。

第七节　生产安全事故调查与分析主要法规标准

♦ 《生产安全事故报告和调查处理条例》（国务院第 493 号令）

♦ 《特种设备事故报告和调查处理规定》（国家质量监督检验检疫总局令第 115 号）

♦ 《生产安全事故信息报告和处置办法》（国家安全生产监督管理总局令第 21 号）

♦ 《企业职工伤亡事故分类标准》（GB 6441—1986）

♦ 《企业职工伤亡事故调查分析规则》（GB 6442—1986）

一、事故管理总体要求

（一）事故管理的法规依据

国务院 2007 年 4 月 9 日颁布的《生产安全事故报告和调查处理条例》（以下简称《条例》），适用于生产经营活动中发生的造成人身伤亡或者直接经济损失的生产安全事故的报告和调查处理，不属于生产安全事故的社会事件、自然灾害事故、医疗事故等的报告和调查处理，不适用该条例的规定。对环境污染事故、核设施事故、国防科研生产事故的报告和调查处理另有相关法规规定，这三类事故的报告和调查也不适用于该条例。

《条例》规定，事故报告应当及时、准确、完整，任何单位和个人对事故不得迟报、漏报、谎报或者瞒报。事故调查处理应当坚持实事求是、尊重科学的原则，及时、准确地查清事故经过、事故原因和事故损失，查明事故性质，认定事故责任，总结事故教训，提出整改措施，并对事故责任者依法追究责任。

事故调查处理应遵循"四不放过"原则。

（二）生产安全事故的分级

根据《条例》规定，根据生产安全事故（以下简称事故）造成的人员伤亡或者直接经济损失，事故一般分为特别重大事故、重大事故、较大事故和一般事故。

（1）特别重大事故是指造成 30 人以上死亡，或者 100 人以上重伤（包括急性工业中毒，下同），或者 1 亿元以上直接经济损失的事故。

（2）重大事故是指造成 10 人以上 30 人以下死亡，或者 50 人以上 100 人以下重伤，或者 5000 万元以上 1 亿元以下直接经济损失的事故。

（3）较大事故是指造成 3 人以上 10 人以下死亡，或者 10 人以上 50 人以下重伤，或者 1000 万元以上 5000 万元以下直接经济损失的事故。

（4）一般事故是指造成 3 人以下死亡，或者 10 人以下重伤，或者 1000 万元以下直接经济损失的事故。

国务院安全生产监督管理部门可以会同国务院有关部门，制定事故等级划分的补充性规定。本条款所称的"以上"包括本数，所称的"以下"不包括本数。

（三）事故的分类

依据国家标准《企业职工伤亡事故分类标准》，按事故类别即按致害原因进行的分类如下：

（1）物体打击指失控物体的惯性力造成的人身伤害事故，不包括爆炸引起的物体打击。

（2）车辆伤害指本企业机动车辆引起的机械伤害事故。

（3）机械伤害指机械设备或工具引起的绞、碾、碰、割、戳、切等伤害，不包括车辆、起重设备引起的伤害。

（4）起重伤害指从事各种起重作业时发生的机械伤害事故，不包括上下驾驶室时发生的坠落伤害和起重设备引起的触电以及检修时制动失灵引起的伤害。

（5）触电指由于电流流经人体导致的生理伤害。

（6）淹溺指由于水大量经口、鼻进入肺内，导致呼吸道阻塞，发生急性缺氧而窒息死亡的事故，适用于船舶、排筏、设施在航行、停泊、作业时发生的落水事故。

（7）灼烫指强酸、强碱溅到身体上引起的灼伤，或因火焰引起的烧伤，高温物体引起的烫伤，放射线引起的皮肤损伤等事故，不包括电烧伤及火灾事故引起的烧伤。

（8）火灾指造成人身伤亡的企业火灾事故，不适用于非企业原因造成的、属消防部门统计的火灾事故。

（9）高处坠落指由于危险重力势能差引起的伤害事故，适用于脚手架、平台、陡壁施工等场合发生的坠落事故，也适用于由地面踏空失足坠入洞、沟、升降口、漏斗等引起的伤害事故。

（10）坍塌指建筑物、构筑物、堆置物等倒塌以及土石塌方引起的事故，不适用于矿山冒顶片帮事故及因爆炸、爆破引起的坍塌事故。

（11）冒顶片帮指矿井工作面、巷道侧壁由于支护不当、压力过大造成的坍塌（片帮）以及顶板垮落（冒顶）事故，适用于从事矿山、地下开采、掘进及其他坑道作业时发生的坍塌事故。

（12）透水指从事矿山、地下开采或其他坑道作业时，意外水源带来的伤亡事故，不适用于地面水害事故。

（13）爆破指由于爆破作业引起的伤亡事故。

（14）火药爆炸指火药与炸药在生产、运输、贮藏过程中发生的爆炸事故。

（15）瓦斯爆炸指可燃性气体瓦斯、煤尘与空气混合形成的达到燃烧极限的混合物接触火源时引起的化学性爆炸事故。

（16）锅炉爆炸指锅炉发生的物理性爆炸事故，适用于使用工作压力大于 0.07 MPa、以水为介质的蒸汽锅炉，但不适用于铁路机车、船舶上的锅炉以及列车电站和船舶电站的锅炉。

（17）容器爆炸指压力容器破裂引起的气体爆炸（物理性爆炸）以及容器内盛装的可燃性液化气在容器破裂后立即蒸发，与周围的空气混合形成爆炸性气体混合物遇到火源时产生的化学爆炸。

（18）其他爆炸不属于上述爆炸的事故均列为其他爆炸事故，如：可燃性气体煤气、乙炔等与空气混合形成的爆炸；可燃蒸气与空气混合形成的爆炸性气体混合物（如汽油挥发）引起的爆炸；可燃性粉尘以及可燃性纤维与空气混合形成的爆炸性气体混合物引起的爆炸；间接形成的可燃气体与空气相混合，或者可燃蒸气与空气相混合遇火源而爆炸的事故；炉膛爆炸、钢水包、亚麻粉尘的爆炸等亦属"其他爆炸"。

（19）中毒和窒息指人接触有毒物质或呼吸有毒气体引起的人体急性中毒事故，或在通风不良的作业场所，由于缺氧有时会发生突然晕倒甚至窒息死亡的事故。

（20）其他伤害指上述范围之外的伤害事故，如扭伤、跌伤、冻伤、野兽咬伤等等。

（四）按伤害程度的事故分类

根据事故给受伤害者带来的伤害程度及其劳动能力丧失的程度，可将事故分为轻伤、重伤和死亡 3 种类型。

二、事故报告和应急处置

（一）事故上报的时限和权限

生产安全事故发生后，事故现场有关人员应当立即向本单位负责人报告；单位负责人接到报告后，应当于 1 h 内向事故发生地县级以上人民政府安全生产监督管理部门和负有安全生产监督管理职责的有关部门报告。

情况紧急时，事故现场有关人员可以直接向事故发生地县级以上人民政府安全生产监督管理部门和负有安全生产监督管理职责的有关部门报告。如果事故现场条件特别复杂，难以准确判定事故等级，情况十分危急，上一级部门没有足够能力开展应急救援工作，或者事故性质特殊、社会影响特别重大时，就应当允许越级上报事故。

（二）事故上报的要求

发生事故后及时向单位负责人和有关主管部门报告，对于及时采取应急救援措施，防止事故扩大，减少人员伤亡和财产损失起着至关重要的作用。安全生产监督管理部门和负有安全生产监督管理职责的有关部门接到事故报告后，应当依照下列规定上报事故情况，并通知公安机关、劳动保障行政部门、工会和人民检察院：

（1）特别重大事故、重大事故逐级上报至国务院安全生产监督管理部门和负有安全生产监督管理职责的有关部门。

（2）较大事故逐级上报至省、自治区、直辖市人民政府安全生产监督管理部门和负有安全生产监督管理职责的有关部门。

（3）一般事故上报至设区的市级人民政府安全生产监督管理部门和负有安全生产监督管理职责的有关部门。

（4）安全生产监督管理部门和负有安全生产监督管理职责的有关部门逐级上报事故情况，每级上报的时间不得超过 2 h。事故报告后出现新情况的，应当及时补报。自事故发生之日起 30 d 内，事故造成的伤亡人数发生变化的，应当及时补报。道路交通事故、火灾事故自发生之日起 7 d 内，事故造成的伤亡人数发生变化的，应当及时补报。

（三）事故报告的内容

1．事故发生单位概况

事故发生单位概况应当包括单位的全称、所处地理位置、所有制形式和隶属关系、生产经营范围和规模、持有各类证照的情况、单位负责人的基本情况以及近期的生产经营状况等。

2．事故发生的时间、地点以及事故现场情况

报告事故发生的时间应当具体，并尽量精确到分钟。报告事故发生的地点要准确，除事故发生的中心地点外，还应当报告事故所波及的区域。报告事故现场总体情况、现场的人员伤亡情况、设备设施的毁损情况以及事故发生前的现场情况。

3．事故的简要经过

事故的简要经过是对事故全过程的简要叙述。描述要前后衔接、脉络清晰、因果相连。

4．事故已经造成或者可能造成的伤亡人数（包括下落不明的人数）和初步估计的直接经济损失

对于人员伤亡情况的报告，应当遵守实事求是的原则，不作无根据的猜测，更不能隐瞒实际伤亡人数。对直接经济损失的初步估算，主要指事故所导致的建筑物的毁损、生产设备设施和仪器仪表的损坏等。由于人员伤亡情况和经济损失情况直接影响

事故等级的划分，并因此决定事故的调查处理等后续重大问题，在报告这方面情况时应当谨慎细致，力求准确。

5. 已经采取的措施

已经采取的措施主要是指事故现场有关人员、事故单位负责人、已经接到事故报告的安全生产管理部门为减少损失、防止事故扩大和便于事故调查所采取的应急救援和现场保护等具体措施。

（四）事故快报

使用电话快报，应当包括下列内容：

（1）事故发生单位的名称、地址、性质。

（2）事故发生的时间、地点。

（3）事故已经造成或者可能造成的伤亡人数（包括下落不明、涉险的人数）。

（五）事故的应急处置

（1）事故发生单位负责人接到事故报告后，应当立即启动事故应急预案，或者采取有效措施，组织抢救，防止事故扩大，减少人员伤亡和财产损失。

（2）事故发生地有关地方人民政府、安全生产监督管理部门和负有安全生产监督管理职责的有关部门接到事故报告后，其负责人应当立即赶赴事故现场，组织事故救援。

（3）事故发生后，有关单位和人员应当妥善保护事故现场以及相关证据，任何单位和个人不得破坏事故现场、毁灭相关证据。

（4）因抢救人员、防止事故扩大以及疏通交通等原因，需要移动事故现场物件的，应当做出标志，绘制现场简图并做出书面记录，妥善保存现场重要痕迹、物证。

（5）事故发生地公安机关根据事故的情况，对涉嫌犯罪的，应当依法立案侦查，采取强制措施和侦查措施。犯罪嫌疑人逃匿的，公安机关应当迅速追捕归案。

三、事故调查和原因分析

（一）生产安全事故的调查

1. 事故调查的原则

事故调查处理应当坚持实事求是、尊重科学的原则，及时、准确地查清事故经过、事故原因和事故损失，查明事故性质，认定事故责任，总结事故教训，提出整改措施，并对事故责任者依法追究责任。

2. 事故调查的权限

（1）特别重大事故由国务院或者国务院授权有关部门组织事故调查组进行调查。

（2）重大事故、较大事故、一般事故分别由事故发生地省级人民政府、设区的市级人民政府、县级人民政府负责调查。

（3）省级人民政府、设区的市级人民政府、县级人民政府可以直接组织事故调查组进行调查，也可以授权或者委托有关部门组织事故调查组进行调查。

（4）未造成人员伤亡的一般事故，县级人民政府也可以委托事故发生单位组织事故调查组进行调查。

（5）对于事故性质恶劣、社会影响较大的，同一地区连续频繁发生同类事故的，事故发生地不重视安全生产工作、不能真正吸取事故教训的，社会和群众对下级政府调查的事故反响十分强烈的，事故调查难以做到客观、公正等的事故调查工作，上级人民政府可以调查由下级人民政府负责调查的事故。

（6）自事故发生之日起 30 d 内（道路交通事故、火灾事故自发生之日起 7 d 内），因事故伤亡人数变化导致事故等级发生变化，应当由上级人民政府负责调查的，上级人民政府可以另行组织事故调查组进行调查。

（7）特别重大事故以下等级事故，事故发生地与事故发生单位不在同一个县级以上行政区域的，由事故发生地人民政府负责调查，事故发生单位所在地人民政府应当派人参加。

（8）未构成一般事故，仅造成轻伤的生产安全事故，由生产经营单位自行调查。

3．事故调查的程序

《企业职工伤亡事故调查分析规则》（GB 6442—1986）中，规定了事故调查的程序是：

（1）成立事故调查小组。

（2）事故的现场处理。

（3）物证搜集。

（4）事故事实材料的搜集。

（5）证人材料搜集。

（6）现场摄影。

（7）事故图绘制。

（8）事故原因分析。

（9）事故调查报告编写。

（10）事故调查结案归档。

4．事故调查组的组成

（1）事故调查组的组成应当遵循精简、效能的原则。根据事故的具体情况，事故调查组由有关人民政府、安全生产监督管理部门、负有安全生产监督管理职责的有关部门、监察机关、公安机关以及工会派人组成，并应当邀请人民检察院派人参加。事故调查组可以聘请有关专家参与调查。

（2）生产经营单位内部事故调查组一般由分管安全领导组织，主要负责人批准，成员应包括安全管理部门、事故发生部门及相关部门的专业技术和管理人员，并有工会代表或职工代表参加。

5. 事故调查组履行的职责

1）查明事故发生的经过

事故发生前，事故发生单位生产作业状况；事故发生的具体时间、地点；事故现场状况及事故现场保护情况；事故发生后采取的应急处置措施情况；事故报告经过；事故抢救及事故救援情况；事故的善后处理情况；其他与事故发生经过有关的情况。

2）查明事故发生的原因

事故发生的直接原因；事故发生的间接原因；事故发生的其他原因。

3）查明人员伤亡情况

事故发生前，事故发生单位生产作业人员分布情况；事故发生时人员涉险情况；事故当场人员伤亡情况及人员失踪情况；事故抢救过程中人员伤亡情况；最终伤亡情况；其他与事故发生有关的人员伤亡情况。

4）查明事故的直接经济损失

人员伤亡后所支出的费用，如医疗费用、丧葬及抚恤费用、补助及救济费用、歇工工资等；事故善后处理费用，如处理事故的事务性费用、现场抢救费用、现场清理费用、事故罚款和赔偿费用等；事故造成的财产损失费用，如固定资产损失价值、流动资产损失价值等。

5）认定事故性质和事故责任分析

通过事故调查分析，对事故的性质要有明确结论。其中对认定为自然事故（非责任事故或者不可抗拒的事故）的可不再认定或者追究事故责任人；对认定为责任事故的，要按照责任大小和承担责任的不同分别认定直接责任者、主要责任者、领导责任者。

6）对事故责任者的处理建议

通过事故调查分析，在认定事故的性质和事故责任的基础上，对责任事故者提出行政处分、纪律处分、行政处罚、追究刑事责任、追究民事责任的建议。

7）总结事故教训

通过事故调查分析，在认定事故的性质和事故责任者的基础上，要认真总结事故的教训，主要是在安全生产管理、安全生产投入，安全生产条件等方面存在的薄弱环节、漏洞和隐患，并认真对照问题查找根源、吸取教训。

8）提出防范和整改措施

防范和整改措施是在事故调查分析的基础上，针对事故发生单位在安全生产方面的薄弱环节、漏洞、隐患等提出的，要具备针对性、可操作性、普遍适用性和时效性。

9）提交事故调查报告

事故调查报告在事故调查组全面履行职责的前提下由事故调查组完成，是事故调查工作成果的集中体现。事故调查报告在事故调查组组长的主持下完成；事故调查报告应在规定的提交时限内提出。事故调查报告应当附具有关证据材料，事故调查组成员应当在事故调查报告上签名。事故调查报告应当包括以下内容：

（1）事故发生单位概况。

（2）事故发生经过和事故救援情况。

（3）事故造成的人员伤亡和直接经济损失。

（4）事故发生的原因和事故性质。

（5）事故责任的认定以及对事故责任者的处理建议。

（6）事故防范和整改措施。

6．事故调查的相关要求

（1）事故发生单位的负责人和有关人员在事故调查期间不得擅离职守，并应当随时接受事故调查组的询问，如实提供有关情况。

（2）事故调查中发现涉嫌犯罪的，事故调查组应当及时将有关材料或者其复印件移交司法机关处理。

（3）事故调查组应当自事故发生之日起 60 d 内提交事故调查报告；特殊情况下，经负责事故调查的人民政府批准，提交事故调查报告的期限可以适当延长，但延长的期限最长不超过 60 d。需要技术鉴定的，技术鉴定所需时间不计入该时限，其提交事故调查报告的时限可以顺延。

（二）生产安全事故的原因分析

1．事故原因分析的基本步骤

（1）整理和阅读调查材料。

（2）分析伤害方式。

（3）确定事故的直接原因。

（4）确定事故的间接原因。

2．事故直接原因的分析

直接原因是指直接导致事故的物的不安全状态、人的不安全行为，按《企业职工伤亡事故调查分析规则》（GB 6442—86）的规定，直接原因包括机械、物质和环境的不安全状态和人的不安全行为两方面。

1）机械、物质或环境的不安全状态

（1）防护、保险、信号等装置缺乏或有缺陷。

（2）设备、设施、工具、附件有缺陷。

（3）个人防护用品用具：防护服、手套、护目镜及面罩、呼吸器官护具、听力护具、安全带、安全帽、安全鞋等缺少或有缺陷。

（4）生产（施工）场地环境不良。

2）人的不安全行为

（1）操作错误，忽视安全，忽视警告。

（2）人为原因造成安全装置失效。

（3）使用不安全设备。

（4）手代替工具操作。

（5）物体（指成品、半成品、材料、工具、切屑和生产用品等）存放不当。

（6）冒险进入危险场所。

（7）攀、坐不安全位置（如平台护栏、汽车挡板、吊车吊钩）。

（8）在起吊物下作业、停留。

（9）机器运转时加油、修理、检查、调整、焊接、清扫等工作。

（10）有分散注意力行为。

（11）在必须使用个人防护用品用具的作业或场合中，忽视其使用。

（12）不安全装束。

（13）对易燃、易爆等危险物品处理错误。

3．事故间接原因的分析

间接原因是指与事故相关的、非直接但相关的原因，通常包括技术缺陷、管理缺陷等；按《企业职工伤亡事故调查分析规则》（GB 6442—1986）的规定，以下情况为间接原因：

（1）技术和设计上有缺陷，如工业构件、建筑物、机械设备、仪器仪表、工艺过程、操作方法、维修检验等的设计、施工和材料使用存在问题。

（2）教育培训不够，未经培训，缺乏或不懂安全操作技术知识。

（3）劳动组织不合理。

（4）对现场工作缺乏检查或指导错误。

（5）没有安全操作规程或不健全。

（6）没有或不认真实施事故防范措施；对事故隐患整改不力。

四、事故处理

（一）生产安全事故调查报告的批复和处罚

1．事故调查报告的批复

（1）事故调查组是为了调查某一特定事故而临时组成的，不管是有关人民政府直接组织的事故调查组，还是授权或者委托有关部门组织的事故调查组，其形成的事故调查报告只有经过有关人民政府批复后，才具有效力，才能被执行和落实。事故调查报告批复的主体是负责事故调查的人民政府。特别重大事故的调查报告由国务院批复；重大事故、较大事故、一般事故的事故调查报告分别由负责事故调查的有关省级人民政府、设区的市级人民政府、县级人民政府批复。

（2）重大事故、较大事故、一般事故，负责事故调查的人民政府应当自收到事故调查报告之日起 15 d 内做出批复；特别重大事故，30 d 内做出批复，特殊情况下，批复时间可以适当延长，但延长的时间最长不超过 30 d。

（3）事故调查报告不是行政文书，报告经过政府主管部门批准后，方具有行政效力。

2．处罚

（1）有关机构应当按照人民政府的批复，依照法律、行政法规规定的权限和程序，对事故发生单位和有关人员进行行政处罚，对负有事故责任的国家工作人员进行处分。

（2）事故发生单位应当按照负责事故调查的人民政府的批复，对本单位负有事故责任的人员进行处理。

（3）负有事故责任的人员涉嫌犯罪的，依法追究刑事责任。

（二）事故处理的原则和要求

1．事故处理的目的和原则

（1）事故调查处理的最终目的是预防和减少事故。事故调查组在调查事故中要查清事故经过、查明事故原因和事故性质，总结事故教训，并在事故调查报告中提出防范和整改施。事故发生单位应当认真吸取事故教训，落实防范和整改措施，防止事故再次发生。防范和整改措施的落实情况应当接受工会和职工的监督。

（2）事故处理的过程应遵循"四不放过"的原则：

①事故原因查不清不放过；

②事故责任者没有得到处理不放过；

②事故责任者和群众没有受到教育不放过；

④事故制订切实可行的整改措施没有落实不放过。

2．事故调查报告中防范和整改措施的落实及其监督

（1）发生事故的生产经营单位应按事故调查报告的要求，针对事故原因采取防范措施，并对效果进行自查验证，并公布调查和处理结果。

（2）安全生产监督管理部门和负有安全生产监督管理职责的有关部门，应当对事故发生单位负责落实防范和整改措施的情况进行监督检查。事故处理的情况由负责事故调查的人民政府或者其授权的有关部门、机构向社会公布，依法应当保密的除外。

第八节　非煤矿山安全管理

◆　《非煤矿矿山企业安全生产许可证实施办法》（国家安全生产监督管理总局令第 20 号）

◆　《非煤矿山外包工程安全管理暂行办法》（国家安全生产监督管理总局令第 62 号）

- 《尾矿库安全监督管理规定》(国家安全生产监督管理总局令第38号)
- 《金属与非金属矿产资源地质勘探安全生产监督管理暂行规定》(国家安全生产监督管理总局令第35号)
- 《小型露天采石场安全管理与监督检查规定》(国家安全生产监督管理总局令第39号)
- 《民用爆炸物品安全管理条例》

一、非煤矿山企业安全生产许可证管理

(一)概述

非煤矿矿山企业必须依照规定取得安全生产许可证。未取得安全生产许可证的,不得从事生产活动。非煤矿矿山企业安全生产许可证的颁发管理工作实行企业申请、两级发证、属地监管的原则。国家安全生产监督管理总局指导、监督全国非煤矿矿山企业安全生产许可证的颁发管理工作,负责中央管理的非煤矿矿山企业总部(包括集团公司、总公司和上市公司,下同)及其下属的跨省(自治区、直辖市)运营的石油天然气管道储运分(子)公司和海洋石油天然气企业安全生产许可证的颁发和管理。省、自治区、直辖市人民政府安全生产监督管理部门(以下简称省级安全生产许可证颁发管理机关)负责本行政区域内除上述规定以外的非煤矿矿山企业安全生产许可证的颁发和管理。

非煤矿矿山企业包括金属非金属矿山企业及其尾矿库、地质勘探单位、采掘施工企业、石油天然气企业。金属非金属矿山企业是指从事金属和非金属矿产资源开采活动的下列单位:

(1)专门从事矿产资源开采的生产单位。

(2)从事矿产资源开采、加工的联合生产企业及其矿山生产单位。

(3)其他非矿山企业中从事矿山生产的单位。

尾矿库是指筑坝拦截谷口或者围地构成的,用以贮存金属非金属矿石选别后排出尾矿的场所,包括氧化铝厂赤泥库,不包括核工业矿山尾矿库及电厂灰渣库。

地质勘探单位是指采用钻探工程、坑探工程对金属非金属矿产资源进行勘探作业的单位。

采掘施工企业是指承担金属非金属矿山采掘工程施工的单位。

石油天然气企业是指从事石油和天然气勘探、开发生产、储运的单位。

(二)安全生产条件和申请

1.非煤矿矿山企业取得安全生产许可证应当具备的安全生产条件

(1)建立健全主要负责人、分管负责人、安全生产管理人员、职能部门、岗位安全生产责任制;制定安全检查制度、职业危害预防制度、安全教育培训制度、生产安全事故管理制度、重大危险源监控和重大隐患整改制度、设备安全管理制度、安全生产档案管理制度、安全生产奖惩制度等规章制度；制定作业安全规程和各工种操作规程。

（2）安全投入符合安全生产要求，依照国家有关规定足额提取安全生产费用、缴纳并专户存储安全生产风险抵押金。

（3）设置安全生产管理机构，或者配备专职安全生产管理人员。

（4）主要负责人和安全生产管理人员经安全生产监督管理部门考核合格，取得安全资格证书。

（5）特种作业人员经有关业务主管部门考核合格，取得特种作业操作资格证书。

（6）其他从业人员依照规定接受安全生产教育和培训，并经考试合格。

（7）依法参加工伤保险，为从业人员缴纳保险费。

（8）制定防治职业危害的具体措施，并为从业人员配备符合国家标准或者行业标准的劳动防护用品。

（9）新建、改建、扩建工程项目依法进行安全评价，其安全设施经安全生产监督管理部门验收合格。

（10）危险性较大的设备、设施按照国家有关规定进行定期检测检验。

（11）制定事故应急救援预案，建立事故应急救援组织，配备必要的应急救援器材、设备；生产规模较小可以不建立事故应急救援组织的，应当指定兼职的应急救援人员，并与邻近的矿山救护队或者其他应急救援组织签订救护协议。

（12）符合有关国家标准、行业标准规定的其他条件。

中央管理的非煤矿矿山企业总部及其下属的跨省（自治区、直辖市）运营的石油天然气管道储运分（子）公司和海洋石油天然气企业申请领取安全生产许可证，向国家安全生产监督管理总局提出申请。其他非煤矿矿山企业申请领取安全生产许可证，向企业所在地省级安全生产许可证颁发管理机关或其委托的设区的市级安全生产监督管理部门提出申请。

2. 非煤矿矿山企业申请领取安全生产许可证应当提交的文件、资料

（1）安全生产许可证申请书。

（2）工商营业执照复印件。

（3）采矿许可证复印件。

（4）各种安全生产责任制复印件。

（5）安全生产规章制度和操作规程目录清单。

（6）设置安全生产管理机构或者配备专职安全生产管理人员的文件复印件。

（7）主要负责人和安全生产管理人员安全资格证书复印件。

（8）特种作业人员操作资格证书复印件。

（9）足额提取安全生产费用、缴纳并存储安全生产风险抵押金的证明材料。

（10）为从业人员缴纳工伤保险费的证明材料；因特殊情况不能办理工伤保险的，可以出具办理安全生产责任保险或者雇主责任保险的证明材料。

（11）危险性较大的设备、设施由具备相应资质的检测检验机构出具合格的检测检验报告。

（12）事故应急救援预案，设立事故应急救援组织的文件或者与矿山救护队、其他应急救援组织签订的救护协议。

（13）矿山建设项目安全设施经安全生产监督管理部门验收合格的证明材料。

（14）非煤矿矿山企业总部申请领取安全生产许可证，不需要提交上述第1、8、9、10、11、12、13项规定的文件、资料。

（15）金属非金属矿山企业从事爆破作业的，还应当提交《爆破作业单位许可证》。

（16）尾矿库申请领取安全生产许可证，不需要提交3项规定的文件、资料。

（17）地质勘探单位申请领取安全生产许可证，不需要提交上述3、9、13项规定的文件、资料，但应当提交地质勘查资质证书复印件；从事爆破作业的，还应当提交《爆破作业单位许可证》。

（18）采掘施工企业申请领取安全生产许可证，不需要提交3、9、13项规定的文件、资料，但应当提交矿山工程施工相关资质证书复印件；从事爆破作业的，还应当提交《爆破作业单位许可证》。

（19）石油天然气勘探单位申请领取安全生产许可证，不需要提交第3、13项规定的文件、资料；石油天然气管道储运单位申请领取安全生产许可证不需要第3项规定的文件、资料。

（20）非煤矿矿山企业应当对其向安全生产许可证颁发管理机关提交的文件、资料实质内容的真实性负责。从事安全评价、检测检验的中介机构应当对其出具的安全评价报告、检测检验结果负责。

（三）安全生产许可证延期和变更

1. 办理延期需提交的文件、资料

安全生产许可证的有效期为3年。安全生产许可证有效期满后需要延期的，非煤矿矿山企业应当在安全生产许可证有效期届满前3个月向原安全生产许可证颁发管理机关申请办理延期手续，并提交下列文件、资料：

（1）延期申请书。

（2）安全生产许可证正本和副本。

（3）非煤矿矿山企业申请领取安全生产许可证时提供的文件、资料。

金属非金属矿山独立生产系统和尾矿库，以及石油天然气独立生产系统和作业单位还应当提交由具备相应资质的中介服务机构出具的合格的安全现状评价报告。

金属非金属矿山独立生产系统和尾矿库在提出延期申请之前 6 个月内经考评合格达到安全标准化等级的，可以不提交安全现状评价报告，但需要提交安全标准化等级的证明材料。

2. 办理直接延期的条件

非煤矿矿山企业符合下列条件的，当安全生产许可证有效期届满申请延期时，经原安全生产许可证颁发管理机关同意，不再审查，直接办理延期手续：

（1）严格遵守有关安全生产的法律法规的。

（2）取得安全生产许可证后，加强日常安全生产管理，未降低安全生产条件，并达到安全标准化等级二级以上的。

（3）接受安全生产许可证颁发管理机关及所在地人民政府安全生产监督管理部门的监督检查的。

（4）未发生死亡事故的。

3. 有效期变更的条件

非煤矿矿山企业在安全生产许可证有效期内有下列情形之一的，应当自工商营业执照变更之日起30个工作日内向原安全生产许可证颁发管理机关申请变更安全生产许可证：

（1）变更单位名称的。

（2）变更主要负责人的。

（3）变更单位地址的。

（4）变更经济类型的。

（5）变更许可范围的。

4. 非煤矿矿山企业申请变更安全生产许可证时应当提交下列文件、资料

（1）变更申请书。

（2）安全生产许可证正本和副本。

（3）变更后的工商营业执照、采矿许可证复印件及变更说明材料。

变更主要负责人的，还应当提交变更后的主要负责人的安全资格证书复印件。

对已经受理的变更申请，安全生产许可证颁发管理机关对申请人提交的文件、资料审查无误后，应当在 10 个工作日内办理变更手续。

安全生产许可证申请书、审查书、延期申请书和变更申请书由国家安全生产监督管理总局统一格式。

非煤矿矿山企业安全生产许可证分为正本和副本，正本和副本具有同等法律效力，正本为悬挂式，副本为折页式。非煤矿矿山企业安全生产许可证由国家安全生产监督管理总局统一印制和编号。

（四）安全生产许可证的监督管理

地质勘探单位、采掘施工单位在登记注册的省、自治区、直辖市以外从事作业的，应当向作业所在地县级以上安全生产监督管理部门备案。跨省（自治区、直辖市）运营的石油天然气管道管理的单位，在其所在地安全生产许可证颁发管理机关申请领取安全生产许可证后，还应当到其所管辖管道途经的其他省（自治区、直辖市）安全生产监督管理部门登记备案。

非煤矿矿山企业不得转让、冒用、买卖、出租、出借或者使用伪造的安全生产许可证。

非煤矿矿山企业发现在安全生产许可证有效期内采矿许可证到期失效的，应当在采矿许可证到期前 15 d 内向原安全生产许可证颁发管理机关报告，并交回安全生产许可证正本和副本。采矿许可证被暂扣、撤销、吊销和注销的，非煤矿矿山企业应当在暂扣、撤销、吊销和注销后 5 d 内向原安全生产许可证颁发管理机关报告，并交回安全生产许可证正本和副本。

非煤矿矿山企业隐瞒有关情况或者提供虚假材料申请安全生产许可证的，安全生产许可证颁发管理机关不予受理，该企业在一年内不得再次申请安全生产许可证。非煤矿矿山企业以欺骗、贿赂等不正当手段取得安全生产许可证后被依法予以撤销的，该企业三年内不得再次申请安全生产许可证。

取得安全生产许可证的非煤矿矿山企业不再具备企业取得安全生产许可证时应当具备的安全生产条件之一的，应当暂扣或者吊销其安全生产许可证。

1．吊销安全生产许可证的行为

取得安全生产许可证的非煤矿矿山企业有下列行为之一的，吊销其安全生产许可证：

（1）倒卖、出租、出借或者以其他形式非法转让安全生产许可证的。

（2）暂扣安全生产许可证后未按期整改或者整改后仍不具备安全生产条件的。

2．受到处罚的行为

非煤矿矿山企业有下列行为之一的，责令停止生产，没收违法所得，并处 10 万元以上 50 万元以下的罚款：

（1）未取得安全生产许可证，擅自进行生产的。

（2）接受转让的安全生产许可证的。

（3）冒用安全生产许可证的。

（4）使用伪造的安全生产许可证的。

二、非煤矿山外包工程安全管理

（一）概述

在依法批准的矿区范围内，以外包工程的方式从事金属非金属矿山的勘探、建设、生产、闭坑等工程施工作业活动，以及石油天然气的勘探、开发、储运等工程与技术服务活动的安全管理和监督，适用本部分内容。从事非煤矿山各类房屋建筑及其附属设施的建造和安装，以及露天采矿场矿区范围以外地面交通建设的外包工程的安全管理和监督，不适用本部分内容。

非煤矿山外包工程（以下简称外包工程）的安全生产，由发包单位负主体责任，承包单位对其施工现场的安全生产负责。外包工程有多个承包单位的，发包单位应当对多个承包单位的安全生产工作实施统一协调、管理。承担外包工程的勘察单位、设计单位、监理单位、技术服务机构及其他有关单位应当依照法律、法规、规章和国家标准、行业标准的规定，履行各自的安全生产职责，承担相应的安全生产责任。非煤矿山企业应当建立外包工程安全生产的激励和约束机制，提升非煤矿山外包工程安全生产管理水平。

（二）发包单位的安全生产职责

发包单位应当依法设置安全生产管理机构或者配备专职安全生产管理人员，对外包工程的安全生产实施管理和监督，不得擅自压缩外包工程合同约定的工期，不得违章指挥或者强令承包单位及其从业人员冒险作业。

发包单位应当依法取得非煤矿山安全生产许可证。发包单位应当审查承包单位的非煤矿山安全生产许可证和相应资质，不得将外包工程发包给不具备安全生产许可证和相应资质的承包单位。

承包单位的项目部承担施工作业的，发包单位除审查承包单位的安全生产许可证和相应资质外，还应当审查项目部的安全生产管理机构、规章制度和操作规程、工程技术人员、主要设备设施、安全教育培训和负责人、安全生产管理人员、特种作业人员持证上岗等情况。

承担施工作业的项目部不符合规定的安全生产条件的，发包单位不得向该承包单位发包工程。

发包单位应当与承包单位签订安全生产管理协议，明确各自的安全生产管理职责。安全生产管理协议应当包括下列内容：

安全投入保障；

（1）安全设施和施工条件。

（2）隐患排查与治理。

（3）安全教育与培训。

（4）事故应急救援。

（5）安全检查与考评。

（6）违约责任。

发包单位是外包工程安全投入的责任主体，应当按照国家有关规定和合同约定及时、足额向承包单位提供保障施工作业安全所需的资金，明确安全投入项目和金额，并监督承包单位落实到位。对合同约定以外发生的隐患排查治理和地下矿山通风、支护、防治水等所需的费用，发包单位应当提供合同价款以外的资金，保障安全生产需要。

石油天然气总发包单位、分项发包单位以及金属非金属矿山总发包单位，应当每半年对其承包单位的施工资质、安全生产管理机构、规章制度和操作规程、施工现场安全管理和履行其他信息报告义务等情况进行一次检查；发现承包单位存在安全生产问题的，应当督促其立即整改。金属非金属矿山分项发包单位，应当将承包单位及其项目部纳入本单位的安全管理体系，实行统一管理，重点加强对地下矿山领导带班下井、地下矿山从业人员出入井统计、特种作业人员、民用爆炸物品、隐患排查与治理、职业病防护等管理，并对外包工程的作业现场实施全过程监督检查。金属非金属矿山总发包单位对地下矿山一个生产系统进行分项发包的，承包单位原则上不得超过 3 家，避免相互影响生产、作业安全。发包单位在地下矿山正常生产期间，不得将主通风、主提升、供排水、供配电、主供风系统及其设备设施的运行管理进行分项发包。

发包单位应当向承包单位进行外包工程的技术交底，按照合同约定向承包单位提供与外包工程安全生产相关的勘察、设计、风险评价、检测检验和应急救援等资料，并保证资料的真实性、完整性和有效性。

发包单位应当建立健全外包工程安全生产考核机制，对承包单位每年至少进行一次安全生产考核。

发包单位应当按照国家有关规定建立应急救援组织，编制本单位事故应急预案，并定期组织演练。

外包工程实行总发包的，发包单位应当督促总承包单位统一组织编制外包工程事故应急预案；实行分项发包的，发包单位应当将承包单位编制的外包工程现场应急处置方案纳入本单位应急预案体系，并定期组织演练。

发包单位在接到外包工程事故报告后，应当立即启动相关事故应急预案，或者采取有效措施，组织抢救，防止事故扩大，并依照《生产安全事故报告和调查处理条例》的规定，立即如实地向事故发生地县级以上人民政府安全生产监督管理部门和负有安全生产监督管理职责的有关部门报告。外包工程发生事故的，其事故数据纳入发包单位的统计范围。发包单位和承包单位应当根据事故调查报告及其批复承担相应的事故责任。

（三）承包单位的安全生产职责

承包单位应当依照有关法律、法规、规章和国家标准、行业标准的规定，以及承包合同和安全生产管理协议的约定，组织施工作业，确保安全生产，有权拒绝发包单位的违章指挥和强令冒险作业。

外包工程实行总承包的，总承包单位对施工现场的安全生产负总责；分项承包单位按照分包合同的约定对总承包单位负责。总承包单位和分项承包单位对分包工程的安全生产承担连带责任。总承包单位依法将外包工程分包给其他单位的,其外包工程的主体部分应当由总承包单位自行完成。禁止承包单位转包其承揽的外包工程。禁止分项承包单位将其承揽的外包工程再次分包。

承包单位应当依法取得非煤矿山安全生产许可证和相应等级的施工资质,并在其资质范围内承包工程。承包金属非金属矿山建设和闭坑工程的资质等级,应当符合《建筑业企业资质等级标准》的规定。

承包金属非金属矿山生产、作业工程的资质等级,应当符合下列要求:

(1)总承包大型地下矿山工程和深凹露天、高陡边坡及地质条件复杂的大型露天矿山工程的,具备矿山工程施工总承包二级以上(含本级,下同)施工资质。

(2)总承包中型、小型地下矿山工程的,具备矿山工程施工总承包三级以上施工资质。

(3)总承包其他露天矿山工程和分项承包金属非金属矿山工程的,具备矿山工程施工总承包或者相关的专业承包资质,具体规定由省级人民政府安全生产监督管理部门制定。

承包尾矿库外包工程的资质,应当符合《尾矿库安全监督管理规定》。承包金属非金属矿山地质勘探工程的资质等级,应当符合《金属与非金属矿产资源地质勘探安全生产监督管理暂行规定》。承包石油天然气勘探、开发工程的资质等级,由国家安全生产监督管理总局或者国务院有关部门按照各自的管理权限确定。

承包单位应当加强对所属项目部的安全管理,每半年至少进行一次安全生产检查,对项目部人员每年至少进行一次安全生产教育培训与考核。禁止承包单位以转让、出租、出借资质证书等方式允许他人以本单位的名义承揽工程。

承包单位及其项目部应当根据承揽工程的规模和特点,依法健全安全生产责任体系,完善安全生产管理基本制度,设置安全生产管理机构,配备专职安全生产管理人员和有关工程技术人员。承包地下矿山工程的项目部应当配备与工程施工作业相适应的专职工程技术人员,其中至少有1名注册安全工程师或者具有5年以上井下工作经验的安全生产管理人员。项目部具备初中以上文化程度的从业人员比例应当不低于50%。项目部负责人应当取得安全生产管理人员安全资格证后方可上岗。承包地下矿山工程的项目部负责人不得同时兼任其他工程的项目部负责人。

承包单位应当依照法律、法规、规章的规定以及承包合同和安全生产管理协议的约定,及时将发包单位投入的安全资金落实到位,不得挪作他用。

承包单位应当依照有关规定制定施工方案,加强现场作业安全管理,定期排查并及时治理事故隐患,落实各项规章制度和安全操作规程。

承包单位发现事故隐患后应当立即治理;不能立即治理的应当采取必要的防范措

施，并及时书面报告发包单位协商解决，消除事故隐患。

地下矿山工程承包单位及其项目部的主要负责人和领导班子其他成员应当严格依照《金属非金属地下矿山企业领导带班下井及监督检查暂行规定》执行带班下井制度。

承包单位应当接受发包单位组织的安全生产培训与指导，加强对本单位从业人员的安全生产教育和培训，保证从业人员掌握必需的安全生产知识和操作技能。

外包工程实行总承包的，总承包单位应当统一组织编制外包工程应急预案。总承包单位和分项承包单位应当按照国家有关规定和应急预案的要求，分别建立应急救援组织或者指定应急救援人员，配备救援设备设施和器材，并定期组织演练。

外包工程实行分项承包的，分项承包单位应当根据建设工程施工的特点、范围以及施工现场容易发生事故的部位和环节，编制现场应急处置方案，并配合发包单位定期进行演练。

外包工程发生事故后，事故现场有关人员应当立即向承包单位及项目部负责人报告。承包单位及项目部负责人接到事故报告后，应当立即如实地向发包单位报告，并启动相应的应急预案，采取有效措施，组织抢救，防止事故扩大。

承包单位在登记注册地以外的省、自治区、直辖市从事施工作业的，应当向作业所在地的县级人民政府安全生产监督管理部门书面报告外包工程概况和本单位资质等级、主要负责人、安全生产管理人员、特种作业人员、主要安全设施设备等情况，并接受其监督检查。

三、金属非金属矿山安全管理

（一）概述

矿山企业应遵守国家有关安全生产的法律、法规、规章、规程、标准和技术规范。矿山企业应建立健全各级领导安全生产责任制、职能机构安全生产责任制和岗位人员安全生产责任制。

矿山企业应建立健全安全活动日制度、安全目标管理制度、安全奖惩制度、安全技术审批制度、危险源监控和安全隐患排查制度、安全检查制度、安全教育培训制度、安全办公会议制度等，严格执行值班制和交接班制。

矿山企业应设置安全生产管理机构或配备专职安全生产管理人员。专职安全生产管理人员，应由不低于中等专业学校毕业（或具有同等学历）、具有必要的安全生产专业知识和安全生产工作经验、从事矿山专业工作五年以上并能适应现场工作环境的人员担任。

矿山企业应认真执行安全检查制度。企业安全生产管理人员应根据本单位的生产经营特点，对安全生产状况进行经常性检查；对检查中发现的事故隐患，应立即处理；不能立即处理的，应及时报告本单位有关负责人。检查及处理的情况应记录在案。

矿山企业应对职工进行安全生产教育和培训，保证其具备必要的安全生产知识，熟悉有关的安全生产规章制度和安全操作规程，掌握本岗位的安全操作技能。未经安全生产教育和培训合格的，不应上岗作业：

（1）矿长应具备安全专业知识，具有领导安全生产和处理矿山事故的能力，并经依法培训合格，取得安全任职资格证书。

（2）所有生产作业人员，每年至少接受 20 h 的在职安全教育。

（3）新进地下矿山的作业人员，应接受不少于 72 h 的安全教育，经考试合格后，由老工人带领工作至少 4 个月，熟悉本工种操作技术并经考核合格，方可独立工作。

（4）新进露天矿山的作业人员，应接受不少于 40 h 的安全教育，经考试合格，方可上岗作业。

（5）调换工种的人员，应进行新岗位安全操作的培训。

（6）采用新工艺、新技术、新设备、新材料时，应对有关人员进行专门培训。

（7）参加劳动、参观、实习人员，入矿前应进行安全教育，并有专人带领。

（8）特种作业人员，应按照国家有关规定，经专门的安全作业培训，取得特种作业操作资格证书，方可上岗作业。

（9）作业人员的安全教育培训情况和考核结果，应记录存档。

除下列情况外，连续 24 h 内，任何作业人员均不应在井下滞留或被强制滞留 8 h 以上（包括上、下井时间）：①因事故或突发事件导致滞留时间延长；②作业人员为负责人、水泵工、信号工或紧急维修人员。

试验涉及安全生产的新技术、新工艺、新设备、新材料，应经过论证、安全性能检验和鉴定，并制定可靠的安全措施。

矿山企业应对重大危险源登记建档，进行定期检测、评估、监控，制定应急预案，并根据实际情况对预案及时进行修改。

矿山企业应使每个职工熟悉应急预案，并且每年至少组织一次矿山救灾演习。

矿山企业的新建、改建、扩建工程，应经过安全条件论证及安全、职业危害评价。新建、改建、扩建工程的安全设施，应与主体工程同时设计、同时施工、同时投入生产和使用。安全设施投资，应纳入工程概算。

发生特别重大生产安全事故，或出现严重影响安全生产的情况，或停产 6 个月以上恢复生产的地下矿山，应进行安全条件论证和安全评价。

新建矿山企业的办公区、工业场地、生活区等地面建筑，应选在危崖、塌陷、洪水、泥石流、崩落区、尘毒、污风影响范围和爆破危险区之外。

矿山企业及其主管部门，在编制年度生产建设计划和长远发展规划的同时，应编制安全卫生工程技术措施计划和规划，并按国家规定提取和使用安全技术措施专项费用。该费用应全部用于改善矿山安全生产条件，不应挪作他用。

矿山企业应建立由专职或兼职人员组成的事故应急救援组织，配备必要的应急救援器材和设备。生产规模较小不必建立事故应急救援组织的，应指定兼职的应急救援人员，并与邻近的事故应急救援组织签订救援协议。

矿山企业发生重大生产安全事故时，企业的主要负责人应立即组织抢救，采取有效措施迅速处理，并及时分析原因，认真总结经验教训，提出防止同类事故发生的措施。事故发生后，应按国家有关规定及时、如实报告。

（二）现场安全管理

矿山企业的要害岗位、重要设备和设施及危险区域，应根据其可能出现的事故模式，设置相应的、符合 GB 14161 要求的安全警示标志。未经主管部门许可，不应任意拆除或移动安全警示标志。设备的裸露转动部分，应设防护罩或栅栏。

危险性较大的矿用产品，应根据国家有关规定取得矿用产品安全标志。

矿山企业应对安全设备、设施和器材进行经常性维护、保养，并定期检测，保证正常运转。维护、保养、检测应作好记录，并由有关人员签字。上述设备、设施和器材，不应毁坏或挪作他用，未经许可不应任意拆除。

矿山企业的地面工业建（构）筑物，应符合 GBJ 16 的规定。

凡有人通过或工作的地点，建筑物均应设置安全进出口，并保持畅通。

需离地面 2 m 以上操作设备或阀门时，应设置固定式平台。有跌落危险的平台、通道、走梯、走台等，均应设置护栏或扶手，并有足够的照明。通道、斜梯的宽度不宜小于 0.8 m，直梯宽度不宜小于 0.6 m。常用的斜梯，倾角应小于 45°；不常用的斜梯，倾角应小于 60°。

天桥、通道、斜梯踏板和平台，应采取防滑措施，或用防滑钢板、格栅板制作。

在距坠落高度基准面 2 m 以上（含 2 m）的高处作业时，应佩戴安全带或设置安全网、护栏等防护设施。

高处作业时，不应抛掷物件，不应上下垂直方向双层作业。遇有六级以上强风时，不应在露天进行起重和高处作业。

作业场所有坠入危险的钻孔、井巷、溶洞、陷坑、泥浆池和水仓等，均应加盖或设栅栏，并设置明显的标志和照明。行人和车辆通行的沟、坑、池的盖板，应固定可靠，并满足承载要求。

矿山企业应根据《中华人民共和国消防法》及其配套法规的要求，配备消防设备和设施，并与当地消防部门建立联系。通往厂房、库区和可燃材料堆场的消防通道，宽度应不小于 3.5 m，尽头式消防通道，应根据所选消防车型设置回车场或回车道。

1. 露天矿山图纸

露天矿山应保存下列图纸，并根据实际情况的变化及时更新：

（1）地形地质图。

（2）采剥工程年末图。

（3）防排水系统及排水设备布置图。

2．地下矿山图纸

地下矿山应保存下列图纸，并根据实际情况的变化及时更新：

（1）矿区地形地质和水文地质图。

（2）井上、井下对照图。

（3）中段平面图。

（4）通风系统图。

（5）提升运输系统图。

（6）风、水管网系统图。

（7）充填系统图。

（8）井下通讯系统图。

（9）井上、井下配电系统图和井下电气设备布置图。

（10）井下避灾路线图。

3．图中应正确标记的事项

（1）已掘进巷道和计划（年度）掘进巷道的位置、名称、规格、数量。

（2）采空区（包括已充填采空区）、废弃井巷和计划（年度）开采的采场（矿块）的位置、数量。

（3）矿石运输线路。

（4）主要安全、通风、防尘、防火、防水、排水等设备和设施的位置。

（5）风流方向，人员安全撤离的路线和安全出口。

（6）采空区及废弃井巷的处理进度、方式、数量及地表塌陷区的位置。

矿山企业应按照 GB 11651 和《劳动防护用品配备标准（试行）》的规定，为作业人员配备符合国家标准或行业标准要求的劳动防护用品。进入矿山作业场所的人员，应按规定佩戴防护用品。

任何人不应酒后进入矿山作业场所；受酒精或麻醉剂影响的人员不应从事露天或井下作业。不应将酒类饮料和麻醉剂带入作业场所（医疗用麻醉剂除外）。

作业前应认真检查作业地点的安全情况，发现严重危及人身安全的征兆时，应迅速撤出危险区，同时设置警戒和照明标志，禁止人员和车辆通行，并报告矿有关部门及时处理，处理结果应记录存档。

地下矿山企业应建立、健全每个作业人员和其他下井人员出入矿井的登记和检查制度。入井人员应携带照明灯具。

四、尾矿库安全管理

（一）概述

尾矿库生产经营单位（以下简称生产经营单位）应当建立健全尾矿库安全生产责

任制，建立健全安全生产规章制度和安全技术操作规程，对尾矿库实施有效的安全管理；应当保证尾矿库具备安全生产条件所必需的资金投入，建立相应的安全管理机构或者配备相应的安全管理人员、专业技术人员。单位主要负责人和安全管理人员应当依照有关规定经培训考核合格并取得安全资格证书后，方可任职。直接从事尾矿库放矿、筑坝、巡坝、排洪和排渗设施操作的作业人员必须取得特种作业操作证书，方可上岗作业。

国家安全生产监督管理总局负责对国务院或者国务院有关部门审批、核准、备案的尾矿库建设项目进行安全设施设计审查和竣工验收。其他尾矿库建设项目安全设施设计审查和竣工验收，由省级安全生产监督管理部门按照分级管理的原则作出规定。尾矿库日常安全生产监督管理工作，实行分级负责、属地监管原则，由省级安全生产监督管理部门结合本行政区域实际制定具体规定，报国家安全生产监督管理总局备案。

国家鼓励生产经营单位应用尾矿库在线监测、尾矿充填、干式排尾、尾矿综合利用等先进适用技术。一等、二等、三等尾矿库应当安装在线监测系统。鼓励生产经营单位将尾矿回采再利用后进行回填。

（二）尾矿库建设安全管理

尾矿库建设项目包括新建、改建、扩建以及回采、闭库的尾矿库建设工程。尾矿库建设项目安全设施设计审查与竣工验收应当符合有关法律、行政法规及《非煤矿矿山建设项目安全设施设计审查与竣工验收办法》的规定。

尾矿库的勘察单位应当具有矿山工程或者岩土工程类勘察资质。设计单位应当具有金属非金属矿山工程设计资质。安全评价单位应当具有尾矿库评价资质。施工单位应当具有矿山工程施工资质。施工监理单位应当具有矿山工程监理资质。

尾矿库各使用期的设计等别应根据该期的全库容和坝高分别按表 1-7 确定。当两者的等差为一等时，以高者为准；当等差大于一等时，按高者降低一等。尾矿库失事将使下游重要城镇、工矿企业或铁路干线遭受严重灾害者，其设计等别可提高一等。

表 1-7　尾矿库等别

等　别	全库容 V/万 m^3	坝高 H/m
一	二等库具备提高等别条件者	
二	$1000 \leqslant V < 10000$	$60 \leqslant H < 100$
三	$V \geqslant 10000$	$H \geqslant 100$
四	$100 \leqslant V < 1000$	$30 \leqslant H < 60$
五	$V < 100$	$H < 30$

尾矿库的勘察、设计、安全评价、施工、监理等单位除符合前款规定外，还应当按照尾矿库的等别符合下列规定：

（1）一等、二等、三等尾矿库建设项目，其勘察、设计、安全评价、监理单位具有甲级资质，施工单位具有总承包一级或者特级资质。

（2）四等、五等尾矿库建设项目，其勘察、设计、安全评价、监理单位具有乙级或者乙级以上资质，施工单位具有总承包三级或者三级以上资质，或者专业承包一级、二级资质。

尾矿库建设项目初步设计应当包括安全设施设计，并编制安全专篇。安全专篇应当对尾矿库库址及尾矿坝稳定性、尾矿库防洪能力、排洪设施和安全观测设施的可靠性进行充分论证。尾矿库库址应当由设计单位根据库容、坝高、库区地形条件、水文地质、气象、下游居民区和重要工业构筑物等情况，经科学论证后，合理确定。尾矿库建设项目应当进行安全设施设计并经安全生产监督管理部门审查批准后方可施工。无安全设施设计或者安全设施设计未经审查批准的，不得施工。严禁未经设计并审查批准擅自加高尾矿库坝体。

尾矿库施工应当执行有关法律、行政法规和国家标准、行业标准的规定，严格按照设计施工，确保工程质量，并做好施工记录。

生产经营单位应当建立尾矿库工程档案和日常管理档案，特别是隐蔽工程档案、安全检查档案和隐患排查治理档案，并长期保存。

施工中需要对设计进行局部修改的，应当经原设计单位同意；对涉及尾矿库库址、等别、排洪方式、尾矿坝坝型等重大设计变更的，应当报原审批部门批准。

尾矿库建设项目安全设施试运行应当向安全生产监督管理部门备案，试运行时间不得超过 6 个月，且尾砂排放不得超过初期坝坝顶标高。试运行结束后，应当向安全生产监督管理部门申请安全设施竣工验收。

尾矿库建设项目安全设施经安全生产监督管理部门验收合格后，生产经营单位应当及时按照《非煤矿矿山企业安全生产许可证实施办法》的有关规定，申请尾矿库安全生产许可证。未依法取得安全生产许可证的尾矿库，不得投入生产运行。

生产经营单位在申请尾矿库安全生产许可证时，对于验收申请时已提交的符合颁证条件的文件、资料可以不再提交；安全生产监督管理部门在审核颁发安全生产许可证时，可以不再审查。

（三）尾矿库运行安全管理

尾矿库运行过程中应建立健全尾矿设施安全管理制度；对从事尾矿库作业的尾矿工进行专门的作业培训，并监督其取得特种作业人员操作资格证书和持证上岗情况。编制年、季作业计划和详细运行图表，统筹安排和实施尾矿输送、分级、筑坝和排洪的管理工作。

做好日常巡检和定期观测，并进行及时、全面的记录。发现安全隐患时，应及时处理并向企业主管领导报告。

1. 应急救援预案种类

企业应编制应急救援预案，并组织演练。应急救援预案种类包括：

（1）尾矿坝垮坝。

（2）洪水漫顶。

（3）水位超警戒线。

（4）排洪设施损毁、排洪系统堵塞。

（5）坝坡深层滑动。

（6）防震抗震。

（7）其他。

2．应急救援预案内容

（1）应急机构的组成和职责。

（2）应急通讯保障。

（3）抢险救援的人员、资金、物资准备。

（4）应急行动。

（5）其他。

3．不得变更的事项

对生产运行的尾矿库，未经技术论证和安全生产监督管理部门的批准，任何单位和个人不得对下列事项进行变更：

（1）筑坝方式。

（2）排放方式。

（3）尾矿物化特性。

（4）坝型、坝外坡坡比、最终堆积标高和最终坝轴线的位置。

（5）坝体防渗、排渗及反滤层的设置。

（6）排洪系统的型式、布置及尺寸。

（7）设计以外的尾矿、废料或者废水进库等。

尾矿库应当每三年至少进行一次安全现状评价。安全现状评价应当符合国家标准或者行业标准的要求。尾矿库安全现状评价工作应当有能够进行尾矿坝稳定性验算、尾矿库水文计算、构筑物计算的专业技术人员参加。

上游式尾矿坝堆积至二分之一至三分之二最终设计坝高时，应当对坝体进行一次全面勘察，并进行稳定性专项评价。

4．对危库、险库和病库应采取的措施

尾矿库经安全现状评价或者专家论证被确定为危库、险库和病库的，生产经营单位应当分别采取下列措施：

（1）确定为危库的，应当立即停产，进行抢险，并向尾矿库所在地县级人民政府、安全生产监督管理部门和上级主管单位报告。

（2）确定为险库的，应当立即停产，在限定的时间内消除险情，并向尾矿库所在地县级人民政府、安全生产监督管理部门和上级主管单位报告。

（3）确定为病库的，应当在限定的时间内按照正常库标准进行整治，消除事故隐患。

生产经营单位应当建立健全防汛责任制，实施 24 h 监测监控和值班值守，并针对可能发生的垮坝、漫顶、排洪设施损毁等生产安全事故和影响尾矿库运行的洪水、泥石流、山体滑坡、地震等重大险情制定并及时修订应急救援预案，配备必要的应急救援器材、设备，放置在便于应急时使用的地方。

应急预案应当按照规定报相应的安全生产监督管理部门备案，并每年至少进行一次演练。

生产经营单位应当编制尾矿库年度、季度作业计划，严格按照作业计划生产运行，做好记录并长期保存。

生产经营单位应当建立尾矿库事故隐患排查治理制度，按照《尾矿库安全监督管理规定》和《尾矿库安全技术规程》的规定，定期组织尾矿库专项检查，对发现的事故隐患及时进行治理，并建立隐患排查治理档案。

5. 尾矿库重大险情

尾矿库出现下列重大险情之一的，生产经营单位应当按照安全监管权限和职责立即报告当地县级安全生产监督管理部门和人民政府，并启动应急预案，进行抢险：

（1）坝体出现严重的管涌、流土等现象的。

（2）坝体出现严重裂缝、坍塌和滑动迹象的。

（3）库内水位超过限制的最高洪水位的。

（4）在用排水井倒塌或者排水管（洞）坍塌堵塞的。

（5）其他危及尾矿库安全的重大险情。

尾矿库发生坝体坍塌、洪水漫顶等事故时，生产经营单位应当立即启动应急预案，进行抢险，防止事故扩大，避免和减少人员伤亡及财产损失，并立即报告当地县级安全生产监督管理部门和人民政府。

未经生产经营单位进行技术论证并同意，以及尾矿库建设项目安全设施设计原审批部门批准，任何单位和个人不得在库区从事爆破、采砂、地下采矿等危害尾矿库安全的作业。

（四）尾矿库回采和闭库安全管理

尾矿回采再利用工程应当进行回采勘察、安全预评价和回采设计，回采设计应当包括安全设施设计，并编制安全专篇。安全预评价报告应当向安全生产监督管理部门备案。回采安全设施设计应当报安全生产监督管理部门审查批准。

生产经营单位应当按照回采设计实施尾矿回采，并在尾矿回采期间进行日常安全管理和检查，防止尾矿回采作业对尾矿坝安全造成影响。尾矿全部回采后不再进行排尾作业的，生产经营单位应当及时报安全生产监督管理部门履行尾矿库注销手续。具体办法由省级安全生产监督管理部门制定。

尾矿库运行到设计最终标高或者不再进行排尾作业的，应当在一年内完成闭库。特殊情况不能按期完成闭库的，应当报经相应的安全生产监督管理部门同意后方可延期，但延长期限不得超过 6 个月。库容小于 10 万 m^3 且总坝高低于 10 m 的小型尾矿库闭库程序，由省级安全生产监督管理部门根据本地实际制定。

尾矿库运行到设计最终标高的前 12 个月内，生产经营单位应当进行闭库前的安全现状评价和闭库设计，闭库设计应当包括安全设施设计，并编制安全专篇。闭库安全设施设计应当经有关安全生产监督管理部门审查批准。

1. 生产经营单位申请尾矿库闭库工程安全设施验收应当具备的条件

（1）尾矿库已停止使用。

（2）闭库前的安全现状评价报告已报有关安全生产监督管理部门备案。

（3）尾矿库闭库工程安全设施设计已经有关安全生产监督管理部门审查批准。

（4）有完备的闭库工程安全设施施工记录、竣工报告、竣工图和施工监理报告等。

（5）法律、行政法规和国家标准、行业标准规定的其他条件。

2. 生产经营单位向安全生产监督管理部门提交尾矿库闭库工程安全设施验收申请报告应当包括的内容及资料

（1）尾矿库库址所在行政区域位置、占地面积及尾矿库下游村庄、居民等情况。

（2）尾矿库建设和运行时间以及在建设和运行中曾经出现过的重大问题及其处理措施。

（3）尾矿库主要技术参数，包括初期坝结构、筑坝材料、堆坝方式、坝高、总库容、尾矿坝外坡坡比、尾矿粒度、尾矿堆积量、防洪排水型式等。

（4）闭库工程安全设施设计及审批文件。

（5）闭库工程安全设施设计的主要工程措施和闭库工程施工概况。

（6）闭库工程安全验收评价报告。

（7）闭库工程安全设施竣工报告及竣工图。

（8）施工监理报告。

（9）其他相关资料。

尾矿库闭库工作及闭库后的安全管理由原生产经营单位负责。对解散或者关闭破产的生产经营单位，其已关闭或者废弃的尾矿库的管理工作，由生产经营单位出资人或其上级主管单位负责；无上级主管单位或者出资人不明确的，由安全生产监督管理部门提请县级以上人民政府指定管理单位。

五、地质勘探安全管理

地质勘探作业，是指在依法批准的勘查作业区范围内从事金属与非金属矿产资源地质勘探的活动。地质勘探单位对本单位地质勘探作业安全生产负主体责任，其主要负责人对本单位的安全生产工作全面负责。

国务院有关部门和省、自治区、直辖市人民政府所属从事矿产地质勘探及管理的企事业法人组织（以下统称地质勘探主管单位），负责对其所属地质勘探单位的安全生产工作进行监督和管理。国家安全生产监督管理总局对全国地质勘探作业的安全生产工作实施监督管理。县级以上地方各级人民政府安全生产监督管理部门对本行政区域内地质勘探作业的安全生产工作实施监督管理。

地质勘探单位应当遵守有关安全生产法律、法规、规章、国家标准以及行业标准的规定，加强安全生产管理，排查治理事故隐患，确保安全生产。

从事钻探工程、坑探工程施工的地质勘探单位应当取得安全生产许可证。

地质勘探单位从事地质勘探活动，应当持本单位地质勘查资质证书和地质勘探项目任务批准文件或者合同书，向工作区域所在地县级安全生产监督管理部门备案，并接受其监督检查。

1．地质勘探单位应当建立健全的安全生产制度和规程

（1）主要负责人、分管负责人、安全生产管理人员和职能部门、岗位的安全生产责任制度。

（2）岗位作业安全规程和工种操作规程。

（3）现场安全生产检查制度。

（4）安全生产教育培训制度。

（5）重大危险源检测监控制度。

（6）安全投入保障制度。

（7）事故隐患排查治理制度。

（8）事故信息报告、应急预案管理和演练制度。

（9）劳动防护用品、野外救生用品和野外特殊生活用品配备使用制度。

（10）安全生产考核和奖惩制度。

（11）其他必须建立的安全生产制度。

2．设置安全生产管理机构或者配备专职安全生产管理人员的规定

地质勘探单位及其主管单位应当按照下列规定设置安全生产管理机构或者配备专职安全生产管理人员：

（1）地质勘探单位从业人员超过 300 人的，应当设置安全生产管理机构，并按不低于从业人员 1%的比例配备专职安全生产管理人员；从业人员在 300 人以下的，应当配备不少于 2 名的专职安全生产管理人员。

（2）所属地质勘探单位从业人员总数在 3000 人以上的地质勘探主管单位，应当设置安全生产管理机构，并按不低于从业人员总数 1‰的比例配备专职安全生产管理人

员；从业人员总数在 3000 人以下的，应当设置安全生产管理机构或者配备不少于 1 名的专职安全生产管理人员。

专职安全生产管理人员中应当按照规定配备注册安全工程师。

地质勘探单位的主要负责人和安全生产管理人员应当具备与本单位所从事地质勘探活动相适应的安全生产知识和管理能力，并经安全生产监督管理部门考核合格后方可任职。

地质勘探单位的特种作业人员必须经专门的安全技术培训并考核合格，取得特种作业操作证后，方可上岗作业。

地质勘探单位从事坑探工程作业的人员，首次上岗作业前应当接受不少于 72 h 的安全生产教育和培训，以后每年应当接受不少于 20 h 的安全生产再培训。

地质勘探单位应当按照国家有关规定提取和使用安全生产费用。安全生产费用列入生产成本，并实行专户存储、规范使用。

地质勘探工程的设计、施工和安全管理应当符合《地质勘探安全规程》（AQ 2004—2005）的规定。

坑探工程的设计方案中应当设有安全专篇。安全专篇应当经所在地安全生产监督管理部门审查同意；未经审查同意的，有关单位不得施工。坑探工程安全专篇的具体审查办法由省、自治区、直辖市人民政府安全生产监督管理部门制定。

地质勘探单位不得将其承担的地质勘探工程项目转包给不具备安全生产条件或者相应地质勘查资质的地质勘探单位，不得允许其他单位以本单位的名义从事地质勘探活动。地质勘探单位不得以探矿名义从事非法采矿活动。

地质勘探单位应当为从业人员配备必要的劳动防护用品、野外救生用品和野外特殊生活用品。

地质勘探单位应当根据本单位实际情况制定野外作业突发事件等安全生产应急预案，建立健全应急救援组织或者与邻近的应急救援组织签订救护协议，配备必要的应急救援器材和设备，按照有关规定组织开展应急演练。应急预案应当按照有关规定报安全生产监督管理部门和地质勘探主管单位备案。

地质勘探主管单位应当按照国家有关规定，定期检查所属地质勘探单位落实安全生产责任制和安全生产费用提取使用、安全生产教育培训、事故隐患排查治理等情况，并组织实施安全生产绩效考核。

地质勘探单位发生生产安全事故后，应当按照有关规定向事故发生地县级以上安全生产监督管理部门和地质勘探主管单位报告。

六、石油天然气企业安全管理

（一）一般安全管理要求

（1）贯彻落实《中华人民共和国安全生产法》，坚持"安全第一、预防为主、综合治理"的方针。

（2）企业应依法达到安全生产条件，取得安全生产许可证；建立、健全、落实安全生产责任制，建立、健全安全生产管理机构，设置专、兼职安全生产管理人员。

（3）按相应的规定要求进行安全生产检查，对发现的问题和隐患采取纠正措施，并限期整改。

（4）进行全员安全生产教育和培训，普及安全生产法规和安全生产知识。进行专业技术、技能培训和应急培训；特种作业人员、高危险岗位、重要设备和设施的作业人员，应经过安全生产教育和技能培训，应符合《生产经营单位安全培训规定》。

（5）编制安全生产发展规划和年度安全生产计划，按规定提取、使用满足安全生产需求的安全专项费用，改善安全生产条件。

（6）新建、改建、扩建工程建设项目安全设施应与主体工程同时设计、同时施工、同时投产和使用。

（7）工程建设项目工程设计、施工和工程监理应由具有相应资质的单位承担；承担石油天然气工程建设项目安全评价、认证、检测、检验的机构应当具备国家规定的资质条件，并对其做出的安全评价、认证、检测、检验的结果负责；建设单位应对其安全生产进行监督管理。

（8）建立设备、物资采购的市场准入和验收制度，设备采购、工程监理和设备监造应符合国家建设工程监理规范的有关要求，保证本质安全。

（9）在工程建设项目投标、签约时，建设单位应对承包商的资质和安全生产业绩进行审查，明确安全生产要求，在项目实施中对承包商的安全生产进行监督管理，符合石油工程技术服务承包商健康安全环境管理的基本要求。

（10）企业应制定石油天然气钻井、开发、储运防火防爆管理制度；钻井和井下作业应配备井控装置和采取防喷措施；使用电气设备应符合防火防爆安全技术要求；配备消防设施、器材；制定防火防爆应急预案。井场布置应符合井场布置技术要求，平面布置和防火间距应符合防火设计规范的要求。

（11）发生事故后，应立即采取有效措施组织救援，防止事故扩大，避免人员伤亡和减少财产损失，按规定及时报告，并按程序进行调查和处理。

（二）职业健康和劳动保护

（1）企业应制定保护员工健康的制度和措施，对员工进行职业健康与劳动保护的培训教育。

（2）应按要求对有害作业场所进行划分和监测；对接触职业病危害因素的员工应进行定期体检，建立职业健康监护档案。

（3）不应安排年龄和健康条件不适合特定岗位能力要求的人员从事特定岗位工作。

（4）应建立员工个人防护用品、防护用具的管理和使用制度。根据作业现场职业危害情况为员工配发个人防护用品以及提供防护用具，员工应按规定正确穿戴及使用个人防护用品和防护用具。

（三）风险管理

鼓励建立、实施、保持和持续改进与生产经营单位相适应的安全生产管理体系。应对作业活动和设施运行实施风险管理，并对承包商的活动、产品和服务所带来的风险和影响进行管理。

1．风险管理应满足的要求

（1）全员参与风险管理。

（2）对生产作业活动全过程进行危险因素辨识，对识别出来的危险因素依据法律法规和标准进行评估，划分风险等级。

（3）按照风险等级采取相应的风险控制措施，风险控制的原则应符合"合理实际并尽可能低"。

（4）危险因素及风险控制措施应告知参与作业相关方及作业所有人员。

（5）风险管理活动的过程应形成文件。

2．风险管理过程的步骤

风险管理过程应包括危险因素辨识、风险评估、制定风险控制措施，其基本步骤包括：

（1）划分作业活动。

（2）辨识与作业活动有关的所有危险因素。

（3）评价风险。

（4）依据准则，确定出不可容许的风险。

（5）制定和实施风险控制措施，将风险降至可容许程度。

（6）评审。

企业应设定风险管理目标和指标，制定风险管理的方案、计划或控制措施。对关键作业活动，建立风险控制程序或制度。石油天然气生产作业中的关键设施的设计、建造、采购、运行、维护和检查应按规定程序和制度执行，并充分考虑设施完整性的要求。

（四）安全作业许可

易燃易爆、有毒有害作业等危险性较高的作业应建立安全作业许可制度，实施分级控制，明确安全作业许可的申请、批准、实施、变更及保存程序。

安全作业许可主要内容如下：

（1）作业时间段、作业地点和环境、作业内容。

（2）作业风险分析。

（3）确定安全措施、监护人和监护措施、应急措施。

（4）确认作业人员资格。

（5）作业负责人、监督人以及批准者、签发者签名。

（6）安全作业许可关闭、确认。

（7）其他。

安全作业许可只限所批准的时间段和地点有效，未经批准或超过批准期限不应进行作业，安全作业许可主要内容发生变化时应按程序变更。安全作业许可相关证明，也应得到批准，并在作业期限内有效。

（五）硫化氢防护

在含硫化氢的油气田进行施工作业和油气生产前，所有生产作业人员包括现场监督人员应接受硫化氢防护的培训，培训应包括课堂培训和现场培训，由有资质的培训机构进行，培训时间应达到相应要求。应对临时人员和其他非定期派遣人员进行硫化氢防护知识的教育。

1. 含硫化氢生产作业现场要求

含硫化氢生产作业现场应安装硫化氢监测系统，进行硫化氢监测，符合以下要求：

（1）含硫化氢作业环境应配备固定式和携带式硫化氢监测仪。

（2）重点监测区应设置醒目的标志、硫化氢监测探头、报警器。

（3）硫化氢监测仪报警值设定：阈限值为 1 级报警值；安全临界浓度为 2 级报警值；危险临界浓度为 3 级报警值。

（4）硫化氢监测仪应定期校验，并进行检定。

2. 防护装备应符合的要求

含硫化氢环境中生产作业时应配备防护装备，符合以下要求：

（1）在钻井过程，试油（气）、修井及井下作业过程，以及集输站、水处理站、天然气净化厂等含硫化氢作业环境应配备正压式空气呼吸器及与其匹配的空气压缩机。

（2）配备的硫化氢防护装置应落实人员管理，并处于备用状态。

（3）进行检修和抢险作业时，应携带硫化氢监测仪和正压式空气呼吸器。

含硫化氢环境中生产作业时，场地及设备的布置应考虑季节风向。在有可能形成硫化氢和二氧化硫聚集处应有良好的通风、明显清晰的硫化氢警示标志，使用防爆通风设备，并设置风向标、逃生通道及安全区。

在含硫化氢环境中钻井、井下作业和油气生产及气体处理作业使用的材料及设备，应与硫化氢条件相适应。

含硫化氢环境中生产作业时应制定防硫化氢应急预案，钻井、井下作业防硫化氢预案中，应确定油气井点火程序和决策人。

3. 含硫化氢油气井钻井应符合的安全要求

（1）地质及工程设计应考虑硫化氢防护的特殊要求。

（2）在含硫化氢地区的预探井、探井在打开油气层前，应进行安全评估。

（3）采取防喷措施，防喷器组及其管线闸门和附件应能满足预期的井口压力。

（4）应采取控制硫化氢着火源的措施，井场严禁烟火。

（5）应使用适合于含硫化氢地层的钻井液，监测和控制钻井液 pH 值。

（6）在含硫化氢地层取心和进行测试作业时，应落实有效的防硫化氢措施。

4. 含硫化氢油气井井下作业应符合的安全要求

（1）采取防喷措施。

（2）应采取控制硫化氢着火源的措施，井场严禁烟火。

（3）当发生修井液气侵，硫化氢气体逸出，应通过分离系统分离或采取其他处理措施。

（4）进入用于装或已装有储存液的密闭空间或限制通风区域，可能产生硫化氢气体时，应采取人身安全防护措施。

（5）对绳索作业、射孔作业、泵注等特殊作业应落实硫化氢防护的措施。

5. 含硫化氢油气生产和气体处理作业应符合的安全要求

（1）作业人员进入有泄漏的油气井站区、低凹区、污水区及其他硫化氢易于积聚的区域时，以及进入天然气净化厂的脱硫、再生、硫回收、排污放空区进行检修和抢险时，应携带正压式空气呼吸器。

（2）应对天然气处理装置的腐蚀进行监测和控制，对可能的硫化氢泄漏进行检测，制定硫化氢防护措施。

含硫化氢油气井废弃时，应考虑废弃方法和封井的条件，使用水泥封隔已知或可能产生达到硫化氢危险浓度的地层。埋地管线、地面流程管道废弃时应经过吹扫净化、封堵塞或加盖帽，容器要用清水冲洗、吹扫并排干，敞开在大气中并采取防止硫化铁燃烧的措施。

七、小型露天采石场安全管理

（一）一般安全管理

（1）年生产规模不超过 50 万 t 的山坡型露天采石作业单位统称为小型露天采石场。县级以上地方人民政府安全生产监督管理部门对小型露天采石场的安全生产实施监督管理。所辖区域内有小型露天采石场的乡（镇）应当明确负责安全生产工作的管理人员及其职责。

（2）小型露天采石场主要负责人对本单位的安全生产工作负总责，应当组织制定和落实安全生产责任制，改善劳动条件和作业环境，保证安全生产投入的有效实施。主要负责人经安全生产监督管理部门考核合格并取得安全资格证书后，方可任职。

（3）小型露天采石场应当建立健全安全生产管理制度和岗位安全操作规程，至少配备一名专职安全生产管理人员。安全生产管理人员应当按照国家有关规定取得安全资格证书后，方可任职。第六条小型露天采石场应当至少配备一名专业技术人员，或者聘用专业技术人员、注册安全工程师、委托相关技术服务机构为其提供安全生产管理服务。

（4）小型露天采石场新进矿山的作业人员应当接受不少于 40 h 的安全培训，已在岗的作业人员应当每年接受不少于 20 h 的安全再培训。特种作业人员必须按照国家有关规定经专门的安全技术培训并考核合格，取得特种作业操作证书后，方可上岗作业。

（5）小型露天采石场必须参加工伤保险，按照国家有关规定提取和使用安全生产费用。

（6）新建、改建、扩建小型露天采石场应当由具有建设主管部门认定资质的设计单位编制开采设计或者开采方案。采石场布置和开采方式发生重大变化时，应当重新编制开采设计或者开采方案，并由原审查部门审查批准。小型露天采石场新建、改建、扩建工程项目安全设施应当按照规定履行设计审查和竣工验收审批程序。对于不需要进行上部剥离作业的新建小型露天采石场，符合有关安全生产法律、法规、标准要求，经安全生产监督管理部门检查同意，可以不进行安全设施竣工验收，直接依法申请领取安全生产许可证。

（7）小型露天采石场应当依法取得非煤矿矿山企业安全生产许可证。未取得安全生产许可证的，不得从事生产活动。在安全生产许可证有效期内采矿许可证到期失效的，小型露天采石场应当在采矿许可证到期前 15 d 内向原安全生产许可证颁发管理机关报告，并交回安全生产许可证正本和副本。

（8）小型露天采石场应当制定应急救援预案，建立兼职救援队伍，明确救援人员的职责，并与邻近的矿山救护队或者其他具备救护条件的单位签订救护协议。发生生产安全事故时，应当立即组织抢救，并在 1 h 内向当地安全生产监督管理部门报告。

（9）小型露天采石场应当在每年年末测绘采石场开采现状平面图和剖面图，并归档管理。

（10）小型露天采石场应当制定完善的防洪措施。对开采境界上方汇水影响安全的，应当设置截水沟。

（11）小型露天采石场应当加强粉尘检测和防治工作，采取有效措施防治职业危害，建立职工健康档案，为从业人员提供符合国家标准或者行业标准的劳动防护用品和劳动保护设施，并指导监督其正确使用。

（二）现场安全管理

（1）相邻的采石场开采范围之间最小距离应当大于 300 m。对可能危及对方生产安全的，双方应当签订安全生产管理协议，明确各自的安全生产管理职责和应当采取的安全措施，指定专门人员进行安全检查与协调。

（2）小型露天采石场应当采用中深孔爆破，严禁采用扩壶爆破、掏底崩落、掏挖开采和不分层的"一面墙"等开采方式。不具备实施中深孔爆破条件的，由所在地安全生产监督管理部门聘请有关专家进行论证，经论证符合要求的，方可采用浅孔爆破开采。小型露天采石场实施中深孔爆破条件的审核办法，由省级安全生产监督管理部门制定。

（3）不采用爆破方式直接使用挖掘机进行采矿作业的，台阶高度不得超过挖掘机最大挖掘高度。

（4）小型露天采石场应当采用台阶式开采。不能采用台阶式开采的，应当自上而下分层顺序开采。分层开采的分层高度、最大开采高度（第一分层的坡顶线到最后一分层的坡底线的垂直距离）和最终边坡角由设计确定，实施浅孔爆破作业时，分层数不得超过 6 个，最大开采高度不得超过 30 m；实施中深孔爆破作业时，分层高度不得超过 20 m，分层数不得超过 3 个，最大开采高度不得超过 60 m。分层开采的凿岩平台宽度由设计确定，最小凿岩平台宽度不得小于 4 m。分层开采的底部装运平台宽度由设计确定，且应当满足调车作业所需的最小平台宽度要求。

（5）小型露天采石场应当遵守国家有关民用爆炸物品和爆破作业的安全规定，由具有相应资格的爆破作业人员进行爆破，设置爆破警戒范围，实行定时爆破制度。不得在爆破警戒范围内避炮。禁止在雷雨、大雾、大风等恶劣天气条件下进行爆破作业。雷电高发地区应当选用非电起爆系统。

（6）对爆破后产生的大块矿岩应当采用机械方式进行破碎，不得使用爆破方式进行二次破碎。

（7）承包爆破作业的专业服务单位应当取得爆破作业单位许可证，承包采矿和剥离作业的采掘施工单位应当持有非煤矿矿山企业安全生产许可证。采石场上部需要剥离的，剥离工作面应当超前于开采工作面 4 m 以上。

（8）小型露天采石场在作业前和作业中以及每次爆破后，应当对坡面进行安全检查。发现工作面有裂痕，或者在坡面上有浮石、危石和伞檐体可能塌落时，应当立即停止作业并撤离人员至安全地点，采取安全措施和消除隐患。采石场的入口道路及相关危险源点应当设置安全警示标志，严禁任何人员在边坡底部休息和停留。

（9）在坡面上进行排险作业时，作业人员应当系安全带，不得站在危石、浮石上及悬空作业。严禁在同一坡面上下双层或者多层同时作业。距工作台阶坡底线 50 m 范围内不得从事碎石加工作业。

（10）小型露天采石场应当采用机械铲装作业，严禁使用人工装运矿岩。同一工作面有两台铲装机械作业时，最小间距应当大于铲装机械最大回转半径的 2 倍。严禁自卸汽车运载易燃、易爆物品；严禁超载运输；装载与运输作业时，严禁在驾驶室外侧、车斗内站人。

（11）废石、废碴应当排放到废石场。废石场的设置应当符合设计要求和有关安全规定。顺山或顺沟排放废石、废碴的，应当有防止泥石流的具体措施。

（12）电气设备应当有接地、过流、漏电保护装置。变电所应当有独立的避雷系统和防火、防潮与防止小动物窜入带电部位的措施。

八、民用爆炸物安全管理

（一）概述

民用爆炸物品是指用于非军事目的、列入民用爆炸物品品名表的各类火药、炸药及其制品和雷管、导火索等点火、起爆器材。民用爆炸物品品名表，由国务院国防科技工业主管部门会同国务院公安部门制订、公布。

国家对民用爆炸物品的生产、销售、购买、运输和爆破作业实行许可证制度。未经许可，任何单位或者个人不得生产、销售、购买、运输民用爆炸物品，不得从事爆破作业。严禁转让、出借、转借、抵押、赠送、私藏或者非法持有民用爆炸物品。

国防科技工业主管部门负责民用爆炸物品生产、销售的安全监督管理。

公安机关负责民用爆炸物品公共安全管理和民用爆炸物品购买、运输、爆破作业的安全监督管理，监控民用爆炸物品流向。

安全生产监督、铁路、交通、民用航空主管部门依照法律、行政法规的规定，负责做好民用爆炸物品的有关安全监督管理工作。

国防科技工业主管部门、公安机关、工商行政管理部门按照职责分工，负责组织查处非法生产、销售、购买、储存、运输、邮寄、使用民用爆炸物品的行为。

民用爆炸物品生产、销售、购买、运输和爆破作业单位（以下称民用爆炸物品从业单位）的主要负责人是本单位民用爆炸物品安全管理责任人，对本单位的民用爆炸物品安全管理工作全面负责。

民用爆炸物品从业单位是治安保卫工作的重点单位，应当依法设置治安保卫机构或者配备治安保卫人员，设置技术防范设施，防止民用爆炸物品丢失、被盗、被抢。

民用爆炸物品从业单位应当建立安全管理制度、岗位安全责任制度，制订安全防范措施和事故应急预案，设置安全管理机构或者配备专职安全管理人员。

无民事行为能力人、限制民事行为能力人或者曾因犯罪受过刑事处罚的人，不得从事民用爆炸物品的生产、销售、购买、运输和爆破作业。

民用爆炸物品从业单位应当加强对本单位从业人员的安全教育、法制教育和岗位技术培训，从业人员经考核合格的，方可上岗作业；对有资格要求的岗位，应当配备具有相应资格的人员。

国家建立民用爆炸物品信息管理系统，对民用爆炸物品实行标识管理，监控民用爆炸物品流向。

民用爆炸物品生产企业、销售企业和爆破作业单位应当建立民用爆炸物品登记制度，如实将本单位生产、销售、购买、运输、储存、使用民用爆炸物品的品种、数量和流向信息输入计算机系统。

任何单位或者个人都有权举报违反民用爆炸物品安全管理规定的行为；接到举报的主管部门、公安机关应当立即查处，并为举报人员保密，对举报有功人员给予奖励。

国家鼓励民用爆炸物品从业单位采用提高民用爆炸物品安全性能的新技术，鼓励发展民用爆炸物品生产、配送、爆破作业一体化的经营模式。

（二）民用爆炸物购买安全管理

民用爆炸物品使用单位申请购买民用爆炸物品的，应当向所在地县级人民政府公安机关提出购买申请，并提交下列有关材料：

（1）工商营业执照或者事业单位法人证书。

（2）《爆破作业单位许可证》或者其他合法使用的证明。

（3）购买单位的名称、地址、银行账户。

（4）购买的品种、数量和用途说明。

受理申请的公安机关应当自受理申请之日起 5d 内对提交的有关材料进行审查，对符合条件的，核发《民用爆炸物品购买许可证》；对不符合条件的，不予核发《民用爆炸物品购买许可证》，书面向申请人说明理由。

《民用爆炸物品购买许可证》应当载明许可购买的品种、数量、购买单位以及许可的有效期限。民用爆炸物品使用单位凭《民用爆炸物品购买许可证》购买民用爆炸物品，还应当提供经办人的身份证明。

销售、购买民用爆炸物品，应当通过银行账户进行交易，不得使用现金或者实物进行交易。

购买民用爆炸物品的单位，应当自民用爆炸物品买卖成交之日起 3d 内，将购买的品种、数量向所在地县级人民政府公安机关备案。

（三）民用爆炸物运输安全管理

1. 运输民用爆炸物品需提交的材料

运输民用爆炸物品，收货单位应当向运达地县级人民政府公安机关提出申请，并提交包括下列内容的材料：

（1）民用爆炸物品生产企业、销售企业、使用单位以及进出口单位分别提供的《民用爆炸物品生产许可证》、《民用爆炸物品销售许可证》、《民用爆炸物品购买许可证》或者进出口批准证明。

（2）运输民用爆炸物品的品种、数量、包装材料和包装方式。

（3）运输民用爆炸物品的特性、出现险情的应急处置方法。

（4）运输时间、起始地点、运输路线、经停地点。

受理申请的公安机关应当自受理申请之日起 3d 内对提交的有关材料进行审查，对符合条件的，核发《民用爆炸物品运输许可证》；对不符合条件的，不予核发《民用爆炸物品运输许可证》，书面向申请人说明理由。

《民用爆炸物品运输许可证》应当载明收货单位、销售企业、承运人，一次性运输有效期限、起始地点、运输路线、经停地点，民用爆炸物品的品种、数量。

运输民用爆炸物品的，应当凭《民用爆炸物品运输许可证》，按照许可的品种、数量运输。

2．经由道路运输民用爆炸物品应当遵守的规定

（1）携带《民用爆炸物品运输许可证》。

（2）民用爆炸物品的装载符合国家有关标准和规范，车厢内不得载人。

（3）运输车辆安全技术状况应当符合国家有关安全技术标准的要求，并按照规定悬挂或者安装符合国家标准的易燃易爆危险物品警示标志。

（4）运输民用爆炸物品的车辆应当保持安全车速。

（5）按照规定的路线行驶，途中经停应当有专人看守，并远离建筑设施和人口稠密的地方，不得在许可以外的地点经停。

（6）按照安全操作规程装卸民用爆炸物品，并在装卸现场设置警戒，禁止无关人员进入。

（7）出现危险情况立即采取必要的应急处置措施，并报告当地公安机关。

民用爆炸物品运达目的地，收货单位应当进行验收后在《民用爆炸物品运输许可证》上签注，并在 3 d 内将《民用爆炸物品运输许可证》交回发证机关核销。

禁止携带民用爆炸物品搭乘公共交通工具或者进入公共场所。

禁止邮寄民用爆炸物品，禁止在托运的货物、行李、包裹、邮件中夹带民用爆炸物品。

（四）爆破作业安全管理

申请从事爆破作业的单位，应当具备下列条件：

（1）爆破作业属于合法的生产活动。

（2）有符合国家有关标准和规范的民用爆炸物品专用仓库。

（3）有具备相应资格的安全管理人员、仓库管理人员和具备国家规定执业资格的爆破作业人员。

（4）有健全的安全管理制度、岗位安全责任制度。

（5）有符合国家标准、行业标准的爆破作业专用设备。

（6）法律、行政法规规定的其他条件。

申请从事爆破作业的单位，应当按照国务院公安部门的规定，向有关人民政府公安机关提出申请，并提供能够证明其符合本条例第三十一条规定条件的有关材料。受理申请的公安机关应当自受理申请之日起 20 d 内进行审查，对符合条件的，核发《爆破作业单位许可证》；对不符合条件的，不予核发《爆破作业单位许可证》，书面向申请人说明理由。

营业性爆破作业单位持《爆破作业单位许可证》到工商行政管理部门办理工商登记后，方可从事营业性爆破作业活动。

爆破作业单位应当在办理工商登记后 3 d 内，向所在地县级人民政府公安机关备案。

爆破作业单位应当对本单位的爆破作业人员、安全管理人员、仓库管理人员进行专业技术培训。爆破作业人员应当经设区的市级人民政府公安机关考核合格，取得《爆破作业人员许可证》后，方可从事爆破作业。

爆破作业单位应当按照其资质等级承接爆破作业项目，爆破作业人员应当按照其资格等级从事爆破作业。爆破作业的分级管理办法由国务院公安部门规定。

在城市、风景名胜区和重要工程设施附近实施爆破作业的，应当向爆破作业所在地设区的市级人民政府公安机关提出申请，提交《爆破作业单位许可证》和具有相应资质的安全评估企业出具的爆破设计、施工方案评估报告。受理申请的公安机关应当自受理申请之日起 20d 内对提交的有关材料进行审查，对符合条件的，作出批准的决定；对不符合条件的，作出不予批准的决定，并书面向申请人说明理由。

实施前款规定的爆破作业，应当由具有相应资质的安全监理企业进行监理，由爆破作业所在地县级人民政府公安机关负责组织实施安全警戒。

爆破作业单位跨省、自治区、直辖市行政区域从事爆破作业的，应当事先将爆破作业项目的有关情况向爆破作业所在地县级人民政府公安机关报告。

爆破作业单位应当如实记载领取、发放民用爆炸物品的品种、数量、编号以及领取、发放人员姓名。领取民用爆炸物品的数量不得超过当班用量，作业后剩余的民用爆炸物品必须当班清退回库。

爆破作业单位应当将领取、发放民用爆炸物品的原始记录保存 2 a 备查。

实施爆破作业，应当遵守国家有关标准和规范，在安全距离以外设置警示标志并安排警戒人员，防止无关人员进入；爆破作业结束后应当及时检查、排除未引爆的民用爆炸物品。

爆破作业单位不再使用民用爆炸物品时，应当将剩余的民用爆炸物品登记造册，报所在地县级人民政府公安机关组织监督销毁。

发现、拣拾无主民用爆炸物品的，应当立即报告当地公安机关。

（五）民用爆炸物储存安全管理

民用爆炸物品应当储存在专用仓库内，并按照国家规定设置技术防范设施。

储存民用爆炸物品应当遵守下列规定：

（1）建立出入库检查、登记制度，收存和发放民用爆炸物品必须进行登记，做到账目清楚，账物相符。

（2）储存的民用爆炸物品数量不得超过储存设计容量，对性质相抵触的民用爆炸物品必须分库储存，严禁在库房内存放其他物品。

（3）专用仓库应当指定专人管理、看护，严禁无关人员进入仓库区内，严禁在仓库区内吸烟和用火，严禁把其他容易引起燃烧、爆炸的物品带入仓库区内，严禁在库房内住宿和进行其他活动。

（4）民用爆炸物品丢失、被盗、被抢，应当立即报告当地公安机关。

在爆破作业现场临时存放民用爆炸物品的，应当具备临时存放民用爆炸物品的条件，并设专人管理、看护，不得在不具备安全存放条件的场所存放民用爆炸物品。

民用爆炸物品变质和过期失效的，应当及时清理出库，并予以销毁。销毁前应当登记造册，提出销毁实施方案，报省、自治区、直辖市人民政府国防科技工业主管部门、所在地县级人民政府公安机关组织监督销毁。

第二章 非煤矿山安全生产技术实务

第一节 金属非金属矿山安全技术

一、露天部分安全技术

（一）基本规定

露天开采应遵循自上而下的开采顺序，分台阶开采，并坚持"采剥并举，剥离先行"的原则。设计规定保留的矿（岩）柱、挂帮矿体，在规定的期限内，未经技术论证不应开采或破坏。采剥和排土作业过程中，不应对深部开采或邻近矿山造成水害和其他潜在安全隐患。露天矿山，尤其是深凹露天矿山应设置专用的防洪、排洪设施。

靠近矿山铁路修筑建构筑物，跨越矿山铁路、横穿路基或桥涵架设电线和管道，以及临时在矿山铁路附近施工等，均应事先征得矿山运输和安全部门同意，并制定施工安全措施，经批准方可实施。在矿山铁路或道路两侧堆放物品时，应堆放稳固，且堆放物的边缘与铁路建筑接近限界的距离应不小于 0.75 m；与道路路面边缘的距离，应不小于 1 m（若道路有侧沟，距侧沟外侧距离应不小于 0.5 m）。

任何人不应擅自移动和毁坏矿山的测量基点；需要移动或报废时，应经矿山地质测量部门同意，并经主管矿长批准。

露天矿符合下列条件之一的，宜配备专用载人车辆接送作业人员上下班：

（1）从上下班人员集中的地方至露天矿（或车间）主要作业场所路程超过 3000 m。

（2）凹陷露天矿的垂直深度超过 100 m。

（3）山坡露天矿的垂直高差大于 150 m。

露天矿边界应设可靠的围栏或醒目的警示标志，防止无关人员误入。露天矿边界上 2 m 范围内，可能危及人员安全的树木及其他植物、不稳固材料和岩石等，应予清除。露天矿边界上覆盖的松散岩土层厚度超过 2 m 时，其倾角应小于自然安息角。

因遇大雾、炮烟、尘雾和照明不良而影响能见度，或因暴风雨、雪或有雷击危险不能坚持正常生产时，应立即停止作业；威胁人身安全时，人员应转移到安全地点。

设备的走台、梯子、地板以及人员通行和操作的场所，应保持整洁和通行安全。

不应在设备的顶棚存放杂物，并应及时清除上面的石块。

露天采场应有人行通道，并应有安全标志和照明。

上、下台阶之间，可设带扶手的梯子、台阶或路堑作为人行通道。梯子下部临近铁路时，应在建筑接近限界处设置安全护栏。上、下台阶间的人行通道接近铁路时，其边缘应离铁路建筑接近限界 0.5 m 以上；接近道路时，应设在道路路肩以外。

采掘、运输、排土或其他机械设备，其主开关送电、停电或启动设备时，应由操作人员呼唤应答，确认无误，方可进行操作。

使用采掘、运输、排土和其他机械设备，应遵守下列规定：

（1）设备运转时，不应对其转动部分进行检修、注油和清扫。

（2）设备移动时，不应上下人员；在可能危及人员安全的地点，不应有人停留或通行。

（3）终止作业时，应切断动力电源，关闭水、气阀门。

检修设备，应在关闭启动装置、切断动力电源和设备完全停止运转的情况下进行，并应对紧靠设备的运动部件和带电器件设置护栏。在切断电源处，电源开关应加锁或设专人监护，并应悬挂"有人作业，不准送电"的警示牌。

露天采掘设备的供电电缆应保持绝缘良好，不与金属管（线）和导电材料接触；横过道路、铁路时，应采取防护措施。

电力驱动的钻机、挖掘机和机车内，应备有完好的绝缘手套、绝缘靴、绝缘工具和器材等。停电、送电和移动电缆时，应按规定使用绝缘防护用品和工具。

采掘、运输等设备从架空电力线路下方通过时，其顶端与架空电力线路的距离，应符合下列规定：

（1）3 kV 以下，应不小于 1.5 m。

（2）3～10 kV，应不小于 2.0 m。

（3）高于 10 kV，应不小于 3.0 m。

露天开采应优先采用湿式作业。产尘点和产尘设备应采取综合防尘技术措施。

深凹露天矿的采掘设备与矿用自卸汽车的司机驾驶室应配备空气调节装置，不应开窗作业。

露天爆破作业应遵守 GB 6722 的规定。爆破作业现场应设置坚固的人员避炮设施，其设置地点、结构及拆移时间，应在采掘计划中规定，并经主管矿长批准。爆破前，应将钻机、挖掘机等移动设备开到安全地点，并切断电源。

（二）露天开采安全技术

1. 台阶构成的安全要求

（1）生产台阶高度应符合表 2-1 的规定。开采结束，并段后的台阶高度超过表 2-1 的规定时，应经过技术论证，在保证安全的前提下，由设计确定。

表 2-1　生产台阶高度的确定

矿岩性质	采掘作业方式		台阶高度/m
松软的岩土		不爆破	不大于机械的最大挖掘高度
坚硬稳固的矿岩	机械铲装	爆破	不大于机械的最大挖掘高度的 1.5 倍
砂状的矿岩	人工开采		不大于 1.8
松软的矿岩			不大于 3.0
坚硬稳固的矿岩			不大于 6.0

（2）挖掘机或装载机铲装时，爆堆高度应不大于机械最大挖掘高度的1.5倍。

（3）非工作台阶最终坡面角和最小工作平台宽度，应在设计中规定。

（4）采矿和运输设备、运输线路、供电和通信线路，应设置在工作平台的稳定范围内。

（5）爆堆边缘到准轨铁路中心线的距离应不小于2.5 m；到窄轨铁路中心线的距离应不小于2.0 m；到汽车道路边缘的距离应不小于1 m。

2．穿孔作业

（1）钻机稳车时，应与台阶坡顶线保持足够的安全距离。千斤顶中心至台阶坡顶线的最小距离：台车为1 m，牙轮钻、潜孔钻、钢绳冲击钻机为2.5 m，松软岩体为3.5 m。千斤顶下不应垫块石，并确保台阶坡面的稳定。钻机作业时，其平台上不应有人，非操作人员不应在其周围停留。钻机与下部台阶接近坡底线的电铲不应同时作业。钻机长时间停机，应切断机上电源。穿凿第一排孔时，钻机的中轴线与台阶坡顶线的夹角应不小于45°。

（2）钻机靠近台阶边缘行走时，应检查行走路线是否安全；台车外侧突出部分至台阶坡顶线的最小距离为2 m，牙轮钻、潜孔钻和钢绳冲击式钻机外侧突出部分至台阶坡顶线的最小距离为3 m。

（3）钻机移动时，机下应有人引导和监护。钻机不宜在坡度超过15°的坡面上行走；如果坡度超过15°，应放下钻架，由专人指挥，并采取防倾覆措施。行走时，司机应先鸣笛，履带前后不应有人；不应90°急转弯或在松软地面行走；通过高、低压线路时，应保持足够安全距离。钻机不应长时间在斜坡道上停留；没有充分的照明，夜间不应远距离行走。起落钻架时，非操作人员不应在危险范围内停留。

（4）移动电缆和停、切、送电源时，应严格穿戴好高压绝缘手套和绝缘鞋，使用符合安全要求的电缆钩；跨越公路的电缆，应埋设在地下。钻机发生接地故障时，应立即停机；同时任何人均不应上、下钻机。打雷、暴雨、大雪或大风天气，不应上钻架顶作业。不应双层作业。高空作业时，应系好安全带。

（5）挖掘台阶爆堆的最后一个采掘带时，相对于挖掘机作业范围内的爆堆台阶面上、相当于第一排孔位地带，不应有钻机作业或停留。

3．铲装作业

（1）挖掘机汽笛或警报器应完好。进行各种操作时，均应发出警告信号。夜间作业时，车下及前后的所有信号、照明灯应完好。

（2）挖掘机作业时，发现悬浮岩块或崩塌征兆、盲炮等情况，应立即停止作业，并将设备开到安全地带。

（3）挖掘机作业时，悬臂和铲斗下面及工作面附近，不应有人停留。

（4）运输设备不应装载过满或装载不均，也不应将巨大岩块装入车的一端，以免引起翻车事故。

（5）装车时铲斗不应压碰汽车车帮，铲斗卸矿高度应不超过 0.5 m，以免震伤司机，砸坏车辆。

（6）应用挖掘机铲斗处理粘厢车辆。

（7）两台以上的挖掘机在同一平台上作业时，挖掘机的间距：汽车运输时，应不小于其最大挖掘半径的 3 倍，且应不小于 50 m；机车运输时，应不小于两列列车的长度。

（8）上、下台阶同时作业的挖掘机，应沿台阶走向错开一定的距离；在上部台阶边缘安全带进行辅助作业的挖掘机，应超前下部台阶正常作业的挖掘机最大挖掘半径 3 倍的距离，且不小于 50 m。

（9）挖掘机工作时，其平衡装置外型的垂直投影到台阶坡底的水平距离，应不小于 1 m。操作室所处的位置应使操作人员危险性最小。

（10）挖掘机应在作业平台的稳定范围内行走。挖掘机上下坡时，驱动轴应始终处于下坡方向；铲斗应空载，并下放至与地面保持适当距离；悬臂轴线应与行进方向一致。

（11）挖掘机通过电缆、风水管、铁路道口时，应采取保护电缆、风水管及铁路道口的措施；在松软或泥泞的道路上行走时，应采取防止沉陷的措施；上下坡时应采取防滑措施。

（12）挖掘机、前装机铲装作业时，铲斗不应从车辆驾驶室上方通过。装车时，汽车司机不应停留在司机室踏板上或有落石危险的地方。

（13）挖掘机运转时，不应调整悬臂架的位置。

4．推土机作业

（1）推土机在倾斜工作面上作业时，允许的最大作业坡度，应小于其技术性能所能达到的坡度。

（2）推土机作业时，刮板不应超出平台边缘。推土机距离平台边缘小于 5 m 时，应低速运行。推土机不应后退开向平台边缘。

（3）推土机牵引车辆或其他设备时，应遵守下列规定：①被牵引的车辆或设备有制动系统并有人操纵；②推土机的行走速度不超过 5 km/h；③下坡牵引车辆或设备时，不用缆绳牵引；④有专人指挥。

（4）推土机发动时，机体下面和近旁不应有人作业或逗留。推土机行走时，人员不应站在推土机上或刮板架上。发动机运转且刮板抬起时，司机不应离开驾驶室。

（5）推土机的检修、润滑和调整应在平整的地面上进行。检查刮板时，应将其放稳在垫板上，并关闭发动机。任何人均不应在提起的刮板上停留或进行检查。

5．采场塌陷和边坡滑落的预防

（1）开采境界内和最终边坡邻近地段的废弃巷道、采空区和溶洞，应及时标在矿山平面图上，并随着采掘作业的进行，及时设置明显的警示标志。

（2）开采境界内的废弃巷道、采空区和溶洞应至少超前一个台阶进行处理。处理前应编制施工方案，并报主管矿长审批。

（3）对采场工作帮应每季度检查一次，高陡边帮应每月检查一次，不稳定区段在暴雨过后应及时检查，发现异常应立即处理。

（4）邻近最终边坡作业，应遵守下列规定：

①应采用控制爆破减震；

②应按设计确定的宽度预留安全平台、清扫平台、运输平台；

③应保持台阶的安全坡面角，不应超挖坡底；

④局部边坡发生坍塌时，应及时报告矿有关主管部门，并采取有效的处理措施；

⑤每个台阶采掘结束，均应及时清理平台上的疏松岩土和坡面上的浮石，并组织矿有关部门验收。

（5）对运输和行人的非工作帮，应定期进行安全稳定性检查（雨季应加强），发现坍塌或滑落征兆，应立即停止采剥作业，撤出人员和设备，查明原因，及时采取安全措施，并报告矿有关主管部门。

（6）遇有下列情况之一时，应事先采取有效的安全措施进行处理：

①岩层内倾于采场，且设计边坡角大于岩层倾角；

②有多组节理、裂隙空间组合结构面内倾采场；

③有较大软弱结构面切割边坡、构成不稳定的潜在滑坡体的边坡。

（7）露天采场各作业水平上、下台阶之间的超前距离，应在设计中明确规定。不应从下部不分台阶掏采。采剥工作面不应形成伞檐、空洞等。

（8）边坡浮石清除完毕之前，其下方不应生产；人员和设备不应在边坡底部停留。

（9）在境界外邻近地区堆卸废石时，应遵守设计规定，保证边坡的稳固，防止滚石、滑塌的危害。并且废石场不应成为作用于边坡的附加荷载。

（10）边坡监测系统设计应根据最终边坡的稳定类型、分区特点确定各区监测级别。对边坡应进行定点定期观测，包括坡体表面和内部位移观测、地下水位动态观测、爆破震动观测等。技术管理部门应及时整理边坡观测资料，用以指导采场安全生产。对存在不稳定因素的最终边坡应长期监测，发现问题及时处理。

（11）大、中型矿山或边坡潜在危害性大的矿山，除应建立、健全边坡管理和检查制度，对边坡重点部位和有潜在滑坡危险的地段采取有效的防治措施外，还应每 5 年由有资质的中介机构进行一次检测和稳定性分析。

6. 联合开采

（1）在地下开采的岩体移动范围内（包括 10~20 m 保护带），除非采取有效的技术措施，否则不应同时进行露天开采。

（2）露天与地下同时开采时，应遵守下列原则：

①受地下开采影响地段的露天边坡角应根据影响程度适当减小；

②露天与地下各采区间的回采顺序应在设计中予以规定，以免联合开采时相互影响。

（3）露天与井下爆破相互影响时，不应同时爆破，且爆破前应通知对方撤出危险区内的人员。进行规模较大的爆破作业时，应制定有效的安全措施，报主管矿长批准。

（4）地下开采改为露天开采时，应将全部地下巷道、采空区和矿柱的位置绘制在矿山平、剖面对照图上。地下巷道和采空区的处理方法应在设计中确定。地下开采的塌陷区范围内不应布置重要矿山工程。

（5）露天开采转地下开采时，对地下开采的上部边界，应根据所选用的采矿方法，在设计中确定境界安全顶柱的规格或岩石垫层的厚度。设计排水方案时，应考虑原露天坑的截排水能力。选择采矿方法时，应考虑边坡稳定性和产生的泥石流对地下开采的影响。

7．分期开采和陡帮开采

1）分期开采应遵守的规定

（1）安全平台宽度应不小于 15 m。

（2）采用陡帮扩帮作业时，每隔 60～90 m 高度，应布置一个宽度不小于 20 m 的接滚石平台。

2）陡帮开采应遵守的规定

（1）陡帮开采工艺的作业台阶不应采用平行台阶的排间起爆方式，宜采用横向起爆方式。

（2）爆区最后一排炮孔孔位应成直线，并控制炮孔装药量，以利于下一循环形成规整的临时非工作台阶。

（3）在爆区边缘部位形成台阶坡面处进行铲装时，应严格按计划线铲装，以保证下一循环形成规整的临时非工作台阶。

（4）爆破作业后，在陡帮开采作业区的坑线上和临时非工作台阶的运输通道上，应及时处理爆碴中的危险石块，汽车不应在未经处理的线路上运行；上部采剥区段在第一采掘带作业时，下部临时帮上运输线不应有运输设备通过。

（5）临时非工作台阶作运输通道时，其上部临时非工作平台的宽度应大于该台阶爆破的旁冲距离。

（6）临时非工作台阶不作运输通道时，其宽度应能截住上一台阶爆破的滚石。

（7）组合台阶作业区之间或组合台阶与采场下部作业区之间，应在空间上错开，两个相邻的组合台阶不应同时进行爆破；作业区超过 300 m 时，应按设计规定执行。

（三）运输安全技术

1．铁路运输

矿山铁路应按规定设置避让线和安全线；在适当地点设置制动检查所，对列车进行检查试验；设置甩挂、停放制动失灵的车辆所需的站线和设备。

设在曲线上的牵出线应有保证调车安全的良好瞭望条件。从 T 接线和调车牵出线的铁路中心线至有作业的一侧路基面边缘的距离，应不小于 3.5 m，窄轨铁路的路肩宽度应不小于 1 m。

下列地段应设双侧护轮轨：

（1）全长大于 10 m 或桥高大于 6 m 的桥梁（包括立交桥）和路堤道口铺砌的范围内。

（2）线路中心到跨线桥墩台的距离小于 3 m 的桥下线。

固定线和半固定线采用表 2-2 所列的最小曲线半径时，应在曲线内侧设单侧护轮轨。

表 2-2　最小曲线半径

线路名称	准 轨 铁 路			窄 轨 铁 路		
	机车、车辆类型			固定轴距/m		
	一类	二类	三类	<1.4	1.4～2.0	2.1～3.0
				铁路轨距/mm		
				600	762，900	762，900
最小曲线半径 m	120	120	150	30	60	80

注：准轨铁路电机车、车辆类型分类：一类为机车固定轴距≤2.6 m、全轴距<11 m，矿车固定轴距≤1.8 m、全轴距<11 m；二类为机车固定轴距≤2.6 m、全轴距<16 m，矿车固定轴距≤1.8 m、全轴距<11 m；三类为机车固定轴距 1.2×2 m，全轴距<13 m。改建矿山利用旧有机车固定轴距大于 2.6 m，小于 3 m 时，可参照二类的标准。

人流和车流的密度较大的铁路与道路的交叉口，应立体交叉。平交道口应设在瞭望条件良好、满足规定的机车与汽车司机通视距离的线路上，站内不宜设平交道口。瞭望条件较差或人（车）流密度较大的平交道口应设自动道口信号装置或设专人看守。

电气化铁路应在道口处铁路两侧设置限界架；在大桥及跨线桥跨越铁路电网的相应部位应设安全栅网；跨线桥两侧应设防止矿车落石的防护网。

繁忙道口、有人看守的较大的桥隧建构筑物和可能危及行车安全的塌方、落石地点，宜安设遮断信号机，其位置距防护地点不小于 50 m。在有暴风雨、雾、雪等不良气候条件的地区，或当遮断信号机显示距离不足 400 m 时，还应在主体信号机前方 300 m（窄轨铁路 150 m）处，设预告信号机或复示信号机。

装（卸）车线一般应设在平道或坡度不大于 2.5‰（窄轨不大于 3‰）的坡道上；对有滚动轴承的车辆，坡度应不大于 1.5‰。特殊情况下，机车不摘钩作业时，其装卸线坡度：准轨，应不大于 10‰；窄轨，应不大于 15‰。铁路线尽头应设安全车挡与警示标志。

列车运行速度由矿山具体情况确定，但应保证能在准轨铁路 300 m、窄轨铁路 150 m 的制动距离内停车。

同一调车线路，不应两端同时进行调车。采取溜放方式调车时，应有相应的安全制动措施。在运行区间内不准甩车。在站线坡度大于 2.5‰（滚动轴承车辆大于 1.5‰，窄轨大于 3‰）的坡道上进行甩车作业时，应采取防溜措施。

列车通过电气化铁路、高压输电网路或跨线桥时，人员不应攀登机车、煤水车或装载敞车的顶部。电机车升起受电弓后，人员不应登上车顶或进入侧走台工作。

铁路吊车作业时，应根据设备性能和线路坡度的需要，采取止轮或机车（列车）连挂等安全措施。

窄轨人力推车时，应遵守以下规定：

（1）线路坡度 5‰以下时，前后两车的间距应不小于 10 m；坡度大于 5‰时，间距应不小于 30 m；坡度大于 10‰时，不应人力推车。

（2）在能够自溜的线路上运行时，行车速度应不超过 3 m/s，并应有可靠的制动装置或制动措施。矿车进入弯道、道岔、站场和尽头时，应减速缓行。

（3）车辆上不应有人搭乘。

（4）双轨道上同向或逆向行驶的矿车间距应不小于 0.7 m。推车工不应在两车道中间行走。

窄轨自溜运输车辆的滑行速度应不超过 3 m/s。滑行速度 1.5 m/s 以下时，车辆间距应不小于 20 m；滑行速度超过 1.5 m/s 时，车辆间距应不小于 30 m。

自溜运输时，沿线应按需要设减速器或阻车器等安全装置。

发生故障的线路应在故障区域两端设停车信号。独头线路发生故障时，应在进车端设停车信号；故障排除和停车信号撤除之前，列车不应在故障线路区域运行。

陡坡铁路运输应遵守以下规定：

（1）线路坡度范围不应超过 50‰；列车运行速度应不低于 15 km/h，不高于 40 km/h；线路建设等级应为固定式、半固定式。

（2）线路平面的圆曲线半径应不小于 250 m；直线与圆曲线间应采用三次抛物线型缓和曲线连接；缓和曲线的长度应不小于 30 m，超高顺坡率应不大于 3‰；圆曲线或夹直线最小长度应不小于 30 m（小于列车长度时设置护轮轨）；竖曲线半径应不小于 3000 m。

（3）最大坡度应按下列规定进行坡度折减：

当曲线长度大于或等于列车长度时：

$$\Delta i_r = 600/R$$

当曲线长度小于列车长度时：

$$\Delta i_r = 10.5 \sum a / L$$

式中　Δi_r——曲线阻力所引起的坡度减缓值，‰；

　　　　R——曲线半径，m；

　　　　L——坡段长度，纵断面坡段长度应不小于 200 m，m；

　　　　$\sum a$——坡段长度内平面曲线偏角总和，°。

（4）轨道类型应为次重型以上（轨型重量不小于 50 kg/m）；混凝土轨枕、弹条扣件铺设参数应为 1760 根/km 以上；道渣厚度应不小于 350 mm。

（5）线路应采用 25 m 标准长度钢轨，钢轨接头采用对接；轨距 1435 mm，当曲线半径为 300 m≤R<350 m 时，曲线轨距应加宽 5 mm；当曲线半径为 250 m≤R<300 m 时，曲线轨距应加宽 15 mm；道床边坡坡度应不大于 1:1.75。

（6）每 25 m 应铺设 2 组防爬桩，应双向安装 8 对防爬器，应安装 14 对轨撑；

（7）150 t 电机车牵引 60 t 重矿车数量应不超过 8 辆；224 t 电机车牵引 60 t 重矿车数量应不超过 12 辆。

2．道路运输

（1）深凹露天矿运输矿（岩）石的汽车应采取尾气净化措施。

（2）不应用自卸汽车运载易燃、易爆物品；驾驶室外平台、脚踏板及车斗不应载人；不应在运行中升降车斗。

（3）双车道的路面宽度应保证会车安全。陡长坡道的尽端弯道不宜采用最小平曲线半径。弯道处的会车视距若不能满足要求，则应分设车道。急弯、陡坡、危险地段应有警示标志。

（4）雾天或烟尘弥漫影响能见度时，应打开车前黄灯与标志灯，并靠右侧减速行驶，前后车距应不小于 30 m。视距不足 20 m 时，应靠右暂停行驶，并不得熄灭车前、车后的警示灯。

（5）冰雪或多雨季节道路较滑时，应有防滑措施并减速行驶；前后车距应不小于 40 m；拖挂其他车辆时，应采取有效的安全措施，并有专人指挥。

（6）山坡填方的弯道、坡度较大的填方地段以及高堤路基路段，外侧应设置护栏、挡车墙等。

（7）正常作业条件下，同类车不应超车，前后车距离应保持适当。生产干线、坡道上不应无故停车。

（8）自卸汽车进入工作面装车，应停在挖掘机尾部回转范围 0.5 m 以外，防止挖掘机回转撞坏车辆。汽车在靠近边坡或危险路面行驶时，应谨慎通过，防止崩塌事故发生。

（9）对主要运输道路及联络道的长大坡道，应根据运行安全需要，设置汽车避让道。

（10）道路与铁路交叉的道口，宜采用正交形式，如受地形限制应斜交时，其交角应不小于45°。道口应设置警示牌。车辆通过道口之前，驾驶员应减速瞭望，确认安全方可通过。

（11）装车时，不应检查、维护车辆；驾驶员不应离开驾驶室，不应将头和手臂伸出驾驶室外。

（12）卸矿平台（包括溜井口、栈桥卸矿口等处）应有足够的调车宽度。卸矿地点应设置牢固可靠的挡车设施，并设专人指挥。挡车设施的高度应不小于该卸矿点各种运输车辆最大轮胎直径的2/5。

（13）拆卸车轮和轮胎充气之前，应先检查车轮压条和钢圈完好情况，如有缺损，应先放气后再拆卸。在举升的车斗下检修时，应采取可靠的安全措施。

（14）不应采用溜车方式发动车辆，下坡行驶不应空挡滑行。在坡道上停车时，司机不应离开；应使用停车制动，并采取安全措施。

（15）露天矿场汽车加油站，应设置在安全地点。不应在有明火或其他不安全因素的地点加油。

（16）夜间装卸车地点应有良好照明。

3．溜槽、平硐溜井运输

（1）应合理选择溜槽的结构和位置。从安全和放矿条件考虑，溜槽坡度以45°～60°为宜，应不超过65°。溜槽底部接矿平台周围应有明显警示标志，溜矿时人员不应靠近，以防滚石伤人。

（2）确定溜井位置。应依据可靠的工程地质资料确定其位置。溜井应布置在矿岩坚硬、稳定、整体性好、地下水不大的地点。溜井穿过局部不稳固地层应采取加固措施。

（3）放矿系统的操作室应设有安全通道。安全通道应高出运输平硐，并应避开放矿口。

（4）平硐溜井应采取有效的除尘措施。

（5）溜井的卸矿口应设挡墙，并设明显标志和安全护栏，且照明良好，以防人员和卸矿车辆坠入。机动车辆卸矿时应有专人指挥。

（6）运输平硐内应留有宽度不小于1 m（无轨运输时，不小于1.2 m）的人行道。进入平硐的人员，应在人行道上行走。平硐内应有良好的照明设施和联络信号。

（7）容易造成堵塞的杂物，超规定的大块物件、废旧钢材、木材、钢丝绳及含水量较大的黏性物料，不应卸入溜井。溜井不应放空，应保持经常性放矿制度。

（8）在溜井口周围进行爆破，应有专门设计。

（9）溜井上、下口作业时，无关人员不应在附近逗留。操作人员不应在溜井口对面或矿车上撬矿。溜井发生堵塞、塌落、跑矿等事故时，应待其稳定后再查明事故的地点和原因，并制定处理措施；事故处理人员不应从下部进入溜井。

（10）应加强平硐溜井系统的生产技术管理，编制管理细则，定期进行维护检修。检修计划应报主管矿长批准。

（11）雨季应加强水文地质观测，减少溜井储矿量；溜井积水时，不应卸入粉矿，并应采取安全措施，妥善处理积水，方可放矿。

4．带式输送机运输

（1）带式输送机两侧应设人行道。经常行人侧的人行道宽度应不小于 1.0 m；另一侧应不小于 0.6 m。人行道的坡度大于 7°时，应设台阶。

（2）非大倾角带式输送机运送物料的最大坡度，向上应不大于 15°，向下应不大于 12°。

（3）带式输送机的运行，应遵守下列规定：

①任何人员均不应乘坐非乘人带式输送机；

②不应运送规定物料以外的其他物料及设备和过长的材料；

③物料的最大块度应不大于 350 mm；

④堆料宽度应比胶带宽度至少小 200 mm；

⑤应及时停车清除输送带、传动轮和改向轮上的杂物，不应在运行的输送带下清矿；

⑥必须跨越输送机的地点应设置有栏杆的跨线桥；

⑦机头、减速器及其他旋转部分应设防护罩；

⑧输送机运转时，不应注油、检查和修理。

（3）带式输送机的胶带安全系数，按静载荷计算应不小于 8，按启动和制动时的动载荷计算应不小于 3；钢绳芯带式输送机的静载荷安全系数应不小于 5。

（4）钢绳芯带式输送机的卷筒直径应不小于钢丝绳直径的 150 倍，不小于钢丝直径的 1000 倍，且最小直径不应小于 400 mm。

（5）各装、卸料点应设有与输送机联锁的空仓、满仓等保护装置，并设有声光信号。

（6）带式输送机应设有防止胶带跑偏、撕裂、断带的装置，并有可靠的制动、胶带和卷筒清扫以及过速保护、过载保护、防大块冲击等装置；线路上应有信号、电气联锁和紧急停车装置；上行的输送机应设防逆转装置。

（7）更换挡板、刮泥板、托辊时应停车，切断电源，并有专人监护。

（8）胶带启动不了或打滑时，不应用脚蹬踩、手推拉或压杠子等办法处理。

5．架空索道运输

（1）架空索道运输应遵守 GB12141 的规定。

（2）索道线路经过厂区、居民区、铁路、道路时，应有安全防护措施。

（3）索道线路与电力、通信架空线路交叉时，应采取保护措施。

（4）遇有八级或八级以上大风时，应停止索道运转和线路上的一切作业。

（5）离地高度小于 2.5 m 的牵引索和站内设备的运转部分应设安全罩或防护网。高出地面 0.6 m 以上的站房，应在站口设置安全栅栏。

（6）驱动机应同时设置工作制动和紧急制动两套装置，其中任一套装置出现故障，均应停止运行。

（7）索道各站都应设有专用的电话和音响信号装置，其中任一种出现故障，均应停止运行。

6. 斜坡卷扬运输

（1）斜坡轨道与上部车场和中间车场的连接处应设置灵敏可靠的阻车器。

（2）斜坡轨道应有防止跑车装置等安全设施。

（3）斜坡卷扬运输速度不应超过下列规定：

①升降人员或用矿车运输物料的最高速度：斜坡道长度不大于 300 m 时，3.5 m/s；斜坡道长度大于 300 m 时，5 m/s；在甩车道上运行，1.5 m/s；

②用箕斗运输物料和矿石的最高速度：斜坡道长度不大于 300 m 时，5 m/s；斜坡道长度大于 300 m 时，7 m/s；

③运送人员的加速度或减速度为 0.5 m/s^2。

（4）斜坡卷扬运输的机电控制系统应有限速保护装置、主传动电动机的短路及断电保护装置、过卷保护装置、过速保护装置、过负荷及无电压保护装置、卷扬机操纵手柄与安全制动之间的联锁装置、卷扬机与信号系统之间的闭锁装置等。

（5）卷扬机紧急制动和工作制动时，所产生的力矩和实际运输最大静荷重旋转力矩之比 K，均应不小于 3。质量模数较小的绞车，保险闸的 K 值可适当降低，但应不小于 2。

调整双卷筒绞车卷筒旋转的相对位置时，制动装置在各卷筒闸轮上所产生的力矩不应小于该卷筒悬挂重量（钢丝绳重量与运输容器重量之和）所形成的旋转力矩的 1.2 倍。

计算制动力矩时，闸轮和闸瓦摩擦系数应根据实测确定，一般采用 0.30～0.35，常用闸和保险闸的力矩应分别计算。

（6）应沿斜坡道设人行台阶。斜坡轨道两侧应设堑沟或安全挡墙。

（7）斜坡轨道道床的坡度较大时，应有防止钢轨及轨梁整体下滑的措施；钢轨铺设应平整、轨距均匀。斜坡轨道中间应设地辊托住钢丝绳，并保持润滑良好。

（8）矿仓上部应设缓冲台阶、挡矿板、防冲击链等防砸设施。矿仓闸门口下部应设置接矿坑或刮板运输机，以收集和清理撒矿。

（9）卷筒直径与钢丝绳直径之比应不小于 80。卷筒直径与钢丝直径之比应不小于 1200。专门运输物料的钢丝绳的安全系数应不小于 6.5；运送人员的应不小于 9。钢丝绳在卷筒上多层缠绕时，卷筒两端凸缘应高出外层绳圈 2.5 倍钢丝绳直径的高度。钢丝绳弦长不宜超过 60m；超过 60m 时，应在绳弦中部设置支撑导轮。

（10）卷扬司机、卷扬信号工、矿仓卸矿工之间应装设声光信号联络装置。联络信号应清楚；信号中断或不清时，应停止操作，并查明原因。

（11）在斜坡轨道上，或在箕斗（矿车）、料仓里工作，应有安全措施。

（12）调整卷扬钢丝绳应空载、断电进行，并用工作制动。拉紧钢丝绳或更换操作水平时，运行速度不应超过 0.5m/s。

（13）对钢丝绳及其相关部件应定期进行检查与试验；发现下列情况之一均应更换：

①专门运输物料的钢丝绳在一个捻距内断丝数目达到钢丝总数的 10%；

②因紧急制动而被猛烈拉伸时，在拉伸区段有损坏或长度增加 0.5% 以上；

③磨损达 30%；

④有断股或直径缩小达 10%。

多层缠绕的钢丝绳，由下层转到上层的临界段应加强检查，并且每季度应将临界段串动 1/4 绳圈的位置。运输物料的钢丝绳，自悬挂之日起，隔一年做第一次试验，以后每隔 6 个月试验一次。箕斗卷扬钢丝绳的连接套拔出 5mm 以上，或出现其他异常现象时，应重新浇注连接。

（四）水力开采和挖掘船开采安全技术

1．水力开采

（1）水枪喷嘴至工作台阶坡底线的最小距离，应符合下列规定：

①逆向冲采松散的砂质黏土岩，不小于台阶高度的 0.8 倍；冲采黏土质的致密岩土，不小于台阶高度的 1.2 倍。

②远距离操纵的近冲水枪，距台阶坡底线的最小距离，应在设计中确定。

（2）冲采致密岩土并进行底部掏槽时，台阶高度应不超过 10m；超过 10m 时，应分段逆向冲采。复用尾矿时，其开采台阶高度应不超过 5m。采用水力掘沟、明槽运矿时，其堑沟宽度应不小于台阶高度的 1.5 倍。

（3）开采洗选排弃的尾矿中的泥油层，或倾角 30°以上且底板较平滑的山坡砂矿，不应逆向冲采。冲采溶洞中的沉积砂矿时，应及时处理溶洞边缘上的浮石。台阶坡面上有大块浮石时，不应正面冲采。

（4）水枪正在作业的冲采工作面，人员不应进入边坡顶部和底部的边缘。水枪停止作业时，经过检查确认安全后，方可进入冲采工作面，但不应进入坡底线附近。水枪开动时，任何人员均不应在冲采范围内进行其他工作。水枪突然停水，在关闭水源开关以前，任何人员均不应进入冲采工作面。

（5）一个台阶同时有两台水枪作业时，对向冲采时相互距离应不小于水枪有效射程的 2.5 倍；并列冲采时相互距离应不小于水枪有效射程的 1.5 倍。上、下两个台阶同时开采时，上部台阶作业面应超前下部台阶作业面 30 m 以上。

（6）矿浆池上部的砂泵应设稳固的操作平台和带扶手的梯子。平台宽度应不小于 0.7 m，上面有行人的运矿沟槽，沟槽上应设盖板或金属网。深度超过 2 m 的沟槽，应设明显标志，并禁止人员靠近。

（7）铺设有管道或渡槽的栈桥，应设宽度不小于 0.5 m 的人行通道、栏杆和梯子。

（8）供配电线路，应符合下列要求：

①固定输电线路不应设在采掘作业区内，其与作业水枪间的距离应不小于水枪射程的 2 倍；

②采场内的移动电缆不应从水枪射程范围内通过，并应保证绝缘良好；

③电气线路应有良好的防雷设施。

（9）泥浆管道至裸露输电线和通讯线路的距离应不小于电杆高度的 1.5 倍。

2．挖掘船开采

（1）非标准采、选船的设计和制造应由有相应资质的单位承担。

（2）采、选船基坑开挖的水深应大于船的吃水深度加 0.8 m 以上；采、选船的吃水深度超过设计规定的吃水深度时，应及时查找原因，排除安全隐患；采区实际水深低于船的吃水深度时，应停止作业；开采工作面水上边坡高度大于 3 m，边坡角大于矿岩自然安息角时，应用水枪及时处理边坡。

（3）采、选船上机械设备的转动部位应安装可拆卸的护栏；甲板、桥板、梯子及高于甲板 2m 以上的操作平台外侧应安装扶手；浮箱式采、选船的浮箱应设平时密封紧锁的渗水观察孔。

（4）采、选船的牵引绳应定期检查，其安全系数低于设计要求时，应及时更换。

（5）挖掘作业期间，在挖掘船的首绳和边绳的岸上设置区内，不应进行其他作业。

（6）挖掘船的安全水位和最小采幅应在设计中规定。挖掘船工作时，干舷高应不小于 0.2 m；挖掘船过河时，河面标高与采池水面标高之差应不大于 0.5 m；挖掘船过河段低于安全水位时，应筑坝提高水位，不宜采用超挖底板开拓法过河。

（7）地表建（构）筑物到采池边的距离应不小于 30 m；设备到采池边的距离应不小于 5 m；人员到采池边的距离应不小于 2 m。

（8）挖掘船作业时，在其回转半径范围内，不应有人员和船只停留或经过。

（9）在大风、大雾及洪水期间，行船和调船应有可靠的安全措施。

（10）动力电缆应保持绝缘良好；铺设在地表部分，应有警示标志；横穿道路时，应采取防护措施；水上部分应铺设在浮箱或木排上。

（11）挖掘船上应设置水位警报、照明、信号、通讯和救护设备。

（12）采场的主要进出口，应设置醒目的警示标志。距离采场边缘 30 m，应设安全防护线，其内不应堆放任何杂物。进入采场的作业人员应穿戴救生器材。

（13）挖掘船船体离采场边缘应有不小于 20 m 的安全距离。船体四周应用缆绳固定，防止漂浮摇摆，碰撞采场边坡面产生滑坡事故。

（14）采场边坡高度不应大于 10 m，边坡角水上部分应控制在 40°以下，水下部分应控制在 30°以下。应定期对边坡进行安全检查，发现有潜在滑坡危险地段，应自上而下放缓边坡。

（15）过采区应按设计要求进行回填及治理，防止滑坡、塌方和泥石流等灾害发生。

（五）饰面石材开采安全技术

石材矿山开采荒料不宜使用硐室等各种大型爆破、烈性炸药爆破，必须使用烈性炸药爆破的，应在设计中进行专门论证。

台阶参数应符合下列规定：

（1）台阶、分台阶高度，根据所选定的开拓系统确定，采用直进式道路开拓时，台阶高度不大于 20 m，分台阶高度不大于 6 m；采用桅杆式等起重设备作业时，台阶高度由设计确定。

（2）台阶、分台阶坡面角应根据矿层产状和节理裂隙倾角确定，工作台阶坡面角应小于 80°，台阶最终坡面角应小于 70°，分台阶坡面角应不超过 90°或与节理裂隙倾角一致。

（3）采场最终边坡角应满足安全生产的要求，宜小于 60°或由设计确定。

（4）最小工作平台宽度应满足荒料分离、分切、整形、吊装运输、清碴等工艺设备和安全的要求，机械化开采时最小工作平台宽度由设计确定，但应不小于 30 m；分台阶工作平台宽度应大于分台阶高度；安全和清扫平台宽度由设计确定。

石材开采的剥离、开沟等浅眼爆破和其他常规爆破，应按爆破作业的有关规定执行，控制爆破的安全距离应满足 GB 6722 的要求。

1. 挖掘机、起重机作业，应遵守的规定

（1）挖掘机的停留、挖掘作业等，严格执行挖掘机的安全操作规程。

（2）采场进行牵引、吊装作业时，与作业无关的人员不应进入作业区。

（3）6 级以上大风和大雪、大雨天气，应停止吊装作业。

（4）汽车起重机、履带起重机的停放、作业场地，应根据作业要求和环境条件，选择稳固、便于操作的地方。

（5）吊装荒料时，开车前应鸣笛；吊运中接近人员时，应发出断续笛声，吊臂下不应有人；吊装荒料不应从载重汽车驾驶室上方和人员头顶上面越过，不应碰撞车体，荒料不应冲砸车厢底板和车帮。

（6）被吊荒料离开作业面之前不应回转；起吊大块荒料回转时，不应改变动臂倾角，不应换挡。

（7）吊装荒料的重量应与起重机的起重能力相适应，不应超载起吊，重量不清的

140

荒料或与岩体未完全分离的块石不应起吊；起吊不应斜拉、拖拽。

（8）起重机司机交接班时，应对制动器、吊钩、钢丝绳和限位开关等进行检查，并做好日常保养、润滑等工作；性能不正常的情况，应在操作之前排除。

（9）汽车起重机、履带起重机行走时，其吊臂应置于行走位置，通过高、低压输电线路时，最高点与电线距离应不小于 2 m。

（10）开始起吊荒料时，如发现电流表超过额定数值，应立即停止起吊，放下荒料，查明原因，排除故障后，方可重新开始作业。

（11）桅杆吊基础的位置应符合开采工艺要求，选择在坚实稳固的地段；设备基础应根据安装地点的工程地质资料、设备吊装能力的要求，由设计确定。桅杆吊应安装可靠的防雷和接地保护装置。

（12）吊装用钢丝绳应符合 GB 6067 的规定，并按 GB/T 5972 的要求进行检验和报废，不应超限使用。

（13）制动器的零部件有裂纹、制动带摩擦片厚度磨损达到厚度的 50%、弹簧出现塑性变形、小轴或轴孔直径磨损达到原直径的 5%时，均应报废。

（14）制动轮的制动摩擦面不应有妨碍制动性能的缺陷或沾染油污；制动轮出现裂纹、轮缘厚度磨损达到原厚度的 40%时，应报废。

（15）提升、变幅、回转机构的限位开关中的接触开关，有使用时应定期检查，达到使用寿命应及时更换。

（16）吊钩不应与吊臂上端的滑轮相碰，应保留 2 m 以上的安全距离。

（17）吊钩的最低极限位置，应保证提升卷筒上最少绕有六七圈的提升钢丝绳。

2．锯石机作业应遵守的规定

（1）钢索锯石机应按照设备总装图和设计要求，安全可靠地固定在设备基础上。

（2）安装完毕，应检查单机和各部分的相互匹配情况，确认安全可靠，方可进行联动试车。

（3）钢索锯石机锯切大理石，应先开空车试运转，待钢丝绳运行速度稳定后方可推进锯割；锯割中应定期检查钢丝绳是否有裂纹及磨损情况，如有断绳迹象应及时更换；锯石机在运转中不应随意停机；停机时应先停止加沙，只加水，以冲洗锯缝中的砂浆，再将锯割钢丝绳退出 100 mm 以上，使钢丝绳脱离锯缝底部，然后停机。

（4）锯割钢丝绳的锯槽磨平时，应立即按规定更换新绳。

（5）钢索锯石机进行锯割作业时，锯割绳两侧 10 m 范围内，不应有人进入。

（6）链臂式锯石机的安装应严格按设备说明书的要求清理和平整工作面，调整校对好主机和切割刀的行走导轨，安全可靠地紧固机械；按规定加注液压油、润滑油，并定期检查，及时更换。

（7）锯割过程中应始终保持供水量，一旦发生卡链，应适当减慢推进和锯割速度，清除卡链的小石块，不应拆卸链条；当链条被卡住不能动作或有异常响声时，应切断电源停机，查明原因，清除故障，必要时将机器倒转后退20～30 mm再启动。

（8）锯割作业应做好记录，及时更换磨损的部件。

3．火焰切割机作业应遵守的规定

（1）操作工应进行技术培训，应有3～5人协同、轮换作业，正常切割时1人操作，1人观察全机动态，1人负责空压机和氧气管理。

（2）点火调试、切割时，应严格执行火焰切割操作规程，操作人员应戴好防噪声耳罩、防护眼镜和防尘口罩；喷燃器前方不应站人。

（3）遇风时，应尽量避免迎风点火。

（4）切割前应清理干净火焰切割部位的石碴、风化浮石等；操作杆与被切割岩面应成70°～75°夹角；开始时火焰方向朝外，正常切割时火苗方向朝内；喷嘴口离切割面的距离应适当，并以适当速度来回移动。

（5）切割中应避免形成凹坑，出现凹坑应尽快处理，以免旋回石碴飞出烧伤或打伤操作工。

（6）火焰切割机连续工作时间不宜超过4 h。

4．慢动卷扬机作业应遵守的规定

（1）设备安装定位后，应按要求注油、清除机内杂物，检查电路是否符合安全要求；确认无误后，进行空载试运转，半小时内无异常噪音、振动、发热，各操作手柄灵活、正常时，方可进行绕绳等作业。

（2）每班作业前应检查润滑部位是否缺油，机内有无杂物，各连接部位有无松动，钢绳是否有严重磨损或断股，电气线路是否符合安全要求；工作中发现异常，应立即断电停车处理；设备停止作业应切断电源。

（3）露天作业时，传动系统应有防雨设施；慢动卷扬机的钢丝绳应安装导向装置，卷扬机进行牵引、拖拽时，人员不应跨越钢丝绳，钢丝绳两边10 m范围内不应有人员来往和进行其他作业。

（4）设备应定期检查、维护，发现有超出允许范围的磨损件，应立即修复或更换。

使用手持式凿岩机作业时，操作工不应用身体推压凿岩机。在凿岩工作面，不应一人同时操作多台凿岩机作业。

（六）盐类矿山开采安全技术

1．盐湖开采

1）盐湖作业区应符合的规定

（1）在溶洞、气眼和淤泥较厚的地点，应设立明显标志。

（2）采坑深度超过1 m时，距采坑边缘1.5 m范围内，不应站人或停放设备。

（3）盐层松软的再生盐产区，车辆驶入之前，应查明盐层的承载能力。

2）在盐湖内进行手工开采作业应遵守的规定

（1）夏季应采取防暑措施。

（2）两人同时在同一盐槽内作业，其间距应保持在 2 m 以上。

（3）作业人员应穿戴工作服、胶靴、墨镜和凉帽。

3）采盐船应符合的规定

（1）采盐船的长宽比、型宽与型深比应符合有关船舶设计规范的规定。

（2）采盐船的初稳心高度应在 1.5～3.0 m。

（3）采盐船的液压传动系统应保证各系统均可自动调节超压泄荷，实现恒扭矩无级变速，油泵在零流量时启动，保证主机安全运行。

（4）非自发电的采盐船动力电缆应选用符合 GB 5013.1、GB 5013.2 规定的 YC、YCW 型电缆。

（5）采盐船所选用的电器设备、元件，应具有防潮性能。

（6）采盐船甲板应采取防滑措施。

采盐船绞车应符合 JB 8516 的有关规定；钢丝绳应符合 GB/T 8918 的有关规定；采坑两边的缆机桩应具有足够的抗拉强度。

4）采盐船采掘作业应遵守的规定

（1）采盐船动力电缆的铺设应规范，并留有较长余量，防止过紧拉断或被采盐船、运盐船碰挂损伤。

（2）采坑的水深应不小于采盐船设计吃水深度的 1.3 倍。

（3）绞吸式采盐船的绞刀应至少没入水中 3/4。

（4）采掘原盐层应自上而下分层进行，防止采掘量超限引起链斗出轨、断链或绞刀卡死。

（5）采掘工作中横移缆绳应松紧适宜；横移绞车的转速应根据采掘量及盐层的松软程度确定，防止缆绳过紧造成断绳。

（6）链斗运转时，应注意观察桥身振动等异常现象，发现问题立即停机处理。

（7）破碎机出现堵塞或破碎板松动时，应停止上料，并切断链斗和破碎机电源后，进行处理。

（8）每 2 h 检查一次台车油缸和定位桩油缸，发现台车行程与指不器不符，应立即停机调整。

（9）采盐船移位时，应停止链斗、破碎机或绞刀等设备的运转，并提起主、副桩。

（10）梭式输送机横移时，机上和机头伸出方向不应有人；输送机伸向运盐船船仓前，应发出警号。

（11）采盐船与运盐船的移动应协调一致，并通过鸣笛等加强联系，避免撞船。

5）采用管道输送卤盐，应遵守的规定

（1）输盐管路每隔 100～200m，应设一事故处理用的三通管。

（2）输盐管路应每年旋转一定角度。

（3）管路支座基础应定期检查和维护。

（4）水泵加盘根或维修时，应断开电源。

6）采用运盐船运输卤盐，应遵守的规定

（1）运盐船运输的航道和码头，应根据盐湖开采的总体布置，综合考虑供水、供电、维修、盐湖补水条件等，进行合理规划。

（2）行道宽度应为运盐船宽度的 5～6 倍。

（3）航道水深应不小于 1.5m。

（4）应及时清理和打捞航道中的漂浮物。

（5）码头船坞的设置应考虑运盐船的卸盐方式。

（6）港池应具有船舶调头、会船安全作业的最小水域。

（7）码头应具有良好的照明设施，并配备适当数量的探照灯，保证码头周围的湖面有足够的照度。

（8）运盐船应达到船舶技术状况分类的一类船。

（9）运盐船每年应按规定由有资质的检测检验机构检验一次。

（10）运盐船应配备足够数量的灭火器材及救生器具。

（11）运盐船使用的电气设备应有良好的防水、防潮、耐腐蚀和绝缘性能。

（12）运盐船不应超载运行，应以安全航速行驶，安全航速的确定应考虑能见度、通航密度、船舶操纵性能等。

（13）相向行驶的运盐船，会船时的最小距离应不小于 5m。

（14）运盐船进入采区，应减速行驶。

（15）运盐船空载航行时，应进行漏水检查，以免发生沉船事故。

（16）运盐船行至离港湾 200m 时，应加强瞭望，减速行驶，并用声光信号与码头指挥人员取得联系；未经指挥人员同意，不应进港。

（17）运盐船卸盐时，绞车钢丝绳和驱动齿轮旁，或卸料输送机机架上、下方，不应有人。

（18）运盐船卸盐完毕，方可提起盐门（或收回输送机），不应带料提起盐门（或收回输送机）。

采用带式（或刮板）输送机运输卤盐，应遵守带式输送机有关规定。

推土机作业时，应选择适宜的铲、推线路。清理作业现场时，应保证车辆无下陷、倾覆等危险。

推土机清除高于机体并埋于地下的物体时，应有安全防护措施。

推土机作业时，人员不应上下。夜间作业时，现场应有良好的照明。

矿堆和尾盐矿堆，应分层堆排，分层高度不大于 30 m，坡面角不超过 60°，分层排放不宜超过 2 个分层，并留有 20 m 宽的安全平台。

任何人均不应在矿堆和尾盐矿堆上或下方停留。

2. 钻井水溶开采

钻机选型应综合考虑矿层埋藏深度、钻井方式、井身结构等因素，以保证钻井施工安全。

1）井架及其基础，应符合的规定

（1）各主要部件不应有裂纹和严重锈蚀、变形、弯曲。

（2）螺栓、螺帽及弹簧垫圈应齐全。

（3）基础应满足施工安全要求，其平面误差应不大于 3 mm。

（4）底座四角高差应不大于 3 mm。

（5）绷绳数量、直径、方向，应按所选井架出厂规定考虑，用正反螺栓绷紧，与地面呈 45°；绷绳坑大小和深度应根据井架负荷及土质差异计算确定。

装、卸井架时，应有专人统一指挥。遇大风（6 级以上）、暴雨（雪）、大雾及无充足照明的夜间，不应进行井架装、卸作业。

2）电气设施应符合的规定

（1）供配电设施距井口应不小于 30 m。

（2）线路不应有裸线及漏电现象。

（3）供电线路应合理布置，生产用电与生活用电分开。

（4）架空电力线与井架绷绳应至少相距 3 m，并不应在绷绳上空交叉穿过。

（5）架线高度应保证汽车和特种车辆安全通行。

（6）井架应采用电压不高于 36 V 的低压防爆灯照明。

3）指重表应符合的规定

（1）单独装在专用仪表箱中，不应与井架接触。

（2）与传感器处于同一水平，并尽量与司机视线相平。

（3）指重表、灵敏表和自动记录仪，仪器误差应在允许范围内，三者的读数应一致，若有偏差应及时调整。

绞车卷筒、转盘面水平误差应小于 1.5 mm；链轮中心偏差应小于 2 mm；皮带轮中心偏差应小于 3 mm；井口、转盘、天车，三者中心偏差应不超过 10 mm。

4）穿钻机游动系统所用钢丝绳，应符合的规定

（1）安装前消除应力，防止大钩扭劲。

（2）直径应与钻机型号相匹配。

（3）长度应保证大钩放至转盘面时，卷筒上仍留有一层零两圈以上的钢丝绳。

（4）死绳端应在死轮上缠绕两三圈，并用相应尺寸的专用绳卡卡牢，两绳卡之间

距离应不小于钢丝绳直径的 6 倍。

（5）特殊绳头卡固，可视实际情况调整距离。

（6）按 GB/T 5972 的要求进行检验和报废。

中深井每作业两井次、深井每作业一井次，应对钻机提升系统（天车轴、游车轴、大钩、钩销、水龙头提环及其销等）至少进行一次探伤。

防碰天车、水龙带保险绳、吊钳尾绳、钢绳固定绳卡等，均应按规定装设，并经检查合格。

采用柴油机作钻井动力时，应安装消声器。

5）钻井、修井作业，应遵守的规定

（1）人员上井架作业时，应系安全带。

（2）所带工具、棍类物件应装好绑牢。

（3）处理卡钻时，不应使用吊钳进行倒扣；用转盘强行倒扣时，应把方补心连接螺栓上紧，再用绳索固定在方钻杆上；吊卡不应挂在吊环上；应绑好耳环，插好大钩锁销。

（4）防碰天车装置应定期检查，经常处于灵活状态；起下钻时，操作人员应注意游动滑车上升情况，并与井架工保持联系。

（5）检查钻机、传动部分、柴油机设备时，应停车或有专人监护离合器开关。

（6）上提解卡时，上提力应在井架提升系统允许负荷和所使用钻具允许屈服极限范围内；已磨损的钻具，应降低级别使用；上提钻具之前，应对井架、绷绳及提升系统进行全面检查。

（7）强行转动钻具时，不应超过钻杆允许扭转圈数，并控制倒转速度，防止钻具扭断或倒开；倒扣时，井口工具应绑牢，除司钻及指挥人员外，无关人员应撤离操作平台。

（8）有毒有害气体超标时，应配备相应的防护器具（防毒面具、排风扇等），并有专人监护。

（9）有易燃气体的作业场所，不应吸烟，动火作业应办理动火作业证。

（10）井口应安装防喷装置，并采取相应防喷措施。

6）水溶开采，应遵守的规定

（1）井口装置中的管汇，应采用厚壁无缝钢管，不应采用直缝管或螺旋管。

（2）管道阀门的耐压等级，应满足开采压力要求。

（3）井口装置中的各组件安装完毕，应进行耐压试验，试验压力不低于设计最大工作压力的 1.25 倍，试验合格方可投入使用。

（4）作业场所应有排水和防止液体渗漏的设施，地面应防滑。

（5）在有毒有害气体聚集的地点（井口、卤池、取样阀等）作业时，应采取防毒措施，并有专人监护。

7）采输卤作业，应遵守的规定

（1）采卤工艺管汇、输卤管道的耐压等级，应满足使用压力要求，安装完毕应进行耐压试验，试验压力不低于设计最大工作压力的1.25倍，试验合格方可投入使用。

（2）采卤工艺管汇应按输送介质的不同，涂以不同的颜色，并注明介质名称和输送方向；管汇的识别色，应符合GB7231的规定。

（3）严格按工艺、设备的技术和安全操作规程进行操作。

（4）正常生产时，应定时观测记录卤井、机电设备运行的电流、电压、电机温度、水压和流量、卤水浓度和温度等参数；特殊情况应加密观测记录次数；异常情况应及时向生产调度报告；紧急情况应立即采取相应措施并汇报。

（5）单井生产正、反循环和多井连通生产注、出水井的倒换等工艺技术的改变，应经技术负责人批准。

（6）夜间进行操作井口装置、检修管道和阀门等野外作业，应有充足的照明，且不应单人作业。

（7）井口装置、泵、工艺管汇、输卤管线等采输卤设备、设施，应及时进行维护和检修。

生产采区的建设，应根据建构筑物、交通、水体等的保护等级，留设相应的安全距离。钻井水溶开采的最小安全开采深度，应根据矿区地质、矿床条件和开采工艺确定。井组之间应按设计要求预留保安矿柱。

井盐矿山应设立地表水和地下水水质监测系统，每半年至少对矿区范围的水质（主要是含盐量）进行一次检测。

对岩层破碎、采空区很高、采深不大等易发生地表沉陷和位移的矿区，应进行地表沉陷和位移监测。在地表可能或已有沉降、位移的区域，应有明显的安全标志和应急预案。

不用的地质勘探井和生产报废井，应作彻底封井处理。

（七）排土场安全技术

矿山排土场应由有资质的中介机构进行设计。

1．排土场（包括水力排土场）位置的选择应遵守的原则。

（1）保证排弃土岩时不致因滚石、滑坡、塌方等威胁采矿场、工业场地（厂区）、居民点、铁路、道路、输电网线和通讯干线、耕种区、水域、隧道涵洞、旅游景区、固定标志及永久性建筑等的安全；其安全距离在设计中规定。

（2）依据的工程地质资料可靠；不宜设在工程地质或水文地质条件不良的地带；若因地基不良而影响安全，应采取有效措施。

（3）依山而建的排土场，坡度大于1:5且山坡有植被或第四系软弱层时，最终境界 100m 内的植被或第四系软弱层应全部清除,将地基削成阶梯状。

(4)避免排土场成为矿山泥石流重大危险源,必要时,采取有效控制措施。

(5)排土场位置要符合相应的环保要求;排土场场址不应设在居民区或工业建筑主导风向的上风侧和生活水源的上游,含有污染物的废石要按照 GB 18599 要求进行堆放、处置。

排土场位置选定后,应进行专门的地质勘探工作。

排土场设计,应进行排土场土岩流失量估算,设计拦挡设施。

内部排土场不应影响矿山正常开采和边坡稳定,排土场坡脚与开采作业点之间应有一定的安全距离。必要时应设置滚石或泥石流拦挡设施。

排土场排土工艺、排土顺序、排土场的阶段高度、总堆置高度、安全平台宽度、总边坡角、废石滚落可能的最大距离,及相邻阶段同时作业的超前堆置距离等参数,均应在设计中明确规定。

排土场进行排弃作业时,应圈定危险范围,并设立警戒标志,无关人员不应进入危险范围内。任何人均不应在排土场作业区或排土场危险区内从事捡矿石、捡石材和其他活动。未经设计或技术论证,任何单位不应在排土场内回采低品位矿石和石材。

排土场最终境界 20 m 内,应排弃大块岩石。

高台阶排土场,应有专人负责观测和管理;发现危险征兆,应采取有效措施,及时处理。

在矿山建设过程中,修建道路和工业场地的废石,应选择适当地点集中排放,不应排弃在道路边和工业场地边,以避免形成泥石流。

2.铁路移动线路的卸车地段应遵守的规定

(1)路基面向排土场内侧形成反坡。

(2)线路一般为直线,困难条件下,其最小曲线半径不小于表 2-3 的规定,并根据翻卸作业的安全要求设置外轨超高。

表 2-3 线路平曲线半径规定

卸车方向	准轨铁路	窄 轨 铁 路		
		机车车辆固定轴距≤2.0 m		机车车辆固定轨距 2.0～3.0 m,轨距 762.900 mm
		轨距 600 mm	轨距 762.900 mm	
向曲线外侧/m	150	30	60	80
向曲线内侧/m	250	50	80	100

(3)线路尽头前的一个列车长度内,有不小于 2.5‰～5‰的上升坡度。

（4）卸车线钢轨轨顶外侧至台阶坡顶线的距离，应不小于表 2-4 的规定。

表 2-4　轨顶外侧至台阶坡顶线的距离　　　　　　　　　　　　　mm

准轨	窄　　轨		
路基稳固	轨距 900	轨距 762	轨距 600
750	450	430	370

（5）牵引网路符合 GB 50070 的规定；网路始端，设电源开关，以便于先停电后移动网路；红色夜光示警牌；独头线的起点和终点，设置铁路障碍指示器。

3．道路运输的卸排作业应遵守的规定

（1）汽车排土作业时，设专人指挥；非作业人员不应进入排土作业区进入作业区内的工作人员、车辆、工程机械，应服从指挥人员的指挥。

（2）排土场平台平整；排土线整体均衡推进，坡顶线呈直线形或弧形，排土工作面向坡顶线方向有 2%～5% 的反坡。

（3）排土卸载平台边缘，有固定的挡车设施，其高度不小于轮胎直径的 1/2，车挡顶宽和底宽分别不小于轮胎直径的 1/4 和 3/4；设置移动车挡设施的，对不同类型移动车挡制定相应的安全作业要求，并按要求作业。

（4）按规定顺序排弃土岩；在同一地段进行卸车和推土作业时，设备之间保持足够的安全距离。

（5）卸土时，汽车垂直于排土工作线；汽车倒车速度小于 5 km/h，不应高速倒车，以免冲撞安全车挡。

（6）在排土场边缘，推土机不应沿平行坡顶线方向推土。

（7）排土安全车挡或反坡不符合规定、坡顶线内侧 30 m 范围内有大面积裂缝（缝宽 0.1～0.25 m）或不正常下沉（0.1～0.2 m）时，汽车不应进入该危险作业区，应查明原因及时处理，方可恢复排土作业。

（8）排土场作业区内烟雾、粉尘、照明等因素导致驾驶员视距小于 30 m，或遇暴雨、大雪、大风等恶劣天气时，停止推土作业。

（9）汽车进入排土场内应限速行驶，距排土工作面 50～200 m 时速度低于 16 km/h，50 m 范围内低于 8 km/h；排土作业区设置一定数量的限速牌等安全标志牌。

（10）排土作业区照明系统完好，照明角度符合要求，夜间无照明不应排土；灯塔与排土车挡距离 d 按以下公式计算：

$$d \geqslant 车辆视觉盲区距离 + 10 \text{ m}$$

（11）排土作业区配备质量合格、适合相应载重汽车突发事故救援使用的钢丝绳（多于 4 根）、大卸扣（多于 4 个）等应急工具。

（12）排土作业区，应配备指挥工作间和通信工具。

4．列车在卸车线上运行和卸载时，应遵守的规定

（1）列车进入排土线后，由排土人员指挥列车运行。

（2）机械排土线的列车运行速度，准轨不超过 10 km/h；窄轨不超过 8 km/h；接近路端时不超过 5 km/h。

（3）运行中不应卸载（曲轨侧卸式和底卸式除外）。

（4）卸车顺序从尾部向机车方向依次进行；必要时，机车以推送方式进入。

（5）列车推送时，有调车员在前引导指挥。

（6）列车在新移设的线路上首次运行时，不应牵引进入。

（7）翻车时由两人操作，且操作人员不应位于卸载侧。

（8）清扫自卸车宜采用机械化作业；人工清扫时应有安全措施。

（9）卸车完毕，排土人员发出出车信号后，列车方可驶出排土线。

采用排土机排土，应在设计中进行不均匀沉降计算，并提出反坡坡度。排土机排土时，排土机距眉线应留安全距离，安全距离应在设计中明确规定。

5．排土犁推排作业应遵守的规定

（1）推排作业线上、排土犁犁板和支出机构上，不应站人。

（2）排土犁推排岩土的行走速度，不超过 5 km/h。

单斗挖掘机排土时，受土坑的坡面角不应大于 60°，不应超挖卸车线路基。

人工排土时，人员不应站在车架上卸载或在卸载侧处理粘车。

6．排土机卸排作业应遵守的规定

（1）排土机在稳定的平盘上作业，外侧履带与台阶坡顶线之间保持一定的安全距离。

（2）工作场地和行走道路的坡度，应符合排土机的技术要求。

（3）排土机长距离行走时，受料臂、排料臂应与行走方向成一直线，并将其吊起、固定；配重小车靠近回转中心的前端，到位后用销子规定；上坡不应转弯。

7．排土场防洪应遵守的规定

（1）山坡排土场周围，修筑可靠的截洪和排水设施拦截山坡汇水。

（2）排土场内平台设置 2%～5% 的反坡，并在排土场平台上修筑排水沟，以拦截平台表面及坡面汇水。

（3）当排土场范围内有出水点时，应在排土之前采取措施将水疏出；排土场底层排弃大块岩石，以便形成渗流通道。

（4）汛期前，疏浚排土场内外截洪沟，详细检查排洪系统的安全情况，备足抗洪抢险所需物资，落实应急救援措施。

（5）汛期及时了解和掌握水情和气象预报情况，并对排土场，下游泥石流拦挡坝，通讯、供电及照明线路进行巡视，发现问题应及时修复。

（6）洪水过后，对坝体和排洪构筑物进行全面认真的检查与清理。

8．排土场防震应遵守的规定

（1）处于地震烈度高于 6 度地区的排土场，应制定相应的防震和抗震的应急预案。

（2）排土场泥石流拦挡坝，按现行抗震标准进行校核，低于现行标准时，进行加固处理。

（3）地震后，对排土场及下游泥石流拦挡坝进行巡查和检测，及时修复和加固破坏部分，确保排土场及其设施的运行安全。

9．排土场关闭应遵守的规定

（1）矿山企业在排土场服务年限结束时，整理排土场资料，编制排土场关闭报告。

（2）排土场资料包括：排土场设计资料、排土场最终平面图、排土场工程地质与水文地质资料、排土场安全稳定性评价资料及排土场复垦规划资料等。

（3）排土场关闭报告包括：结束时的排土场平面图、结束时的排土场安全稳定性评价报告、结束时的排土场周围状况及排土场复垦规划等。

（4）排土场关闭前，由中介服务机构进行安全稳定性评价；不符合安全条件的，评价单位应提出治理措施；企业应按措施要求进行治理，并报省级以上安全生产监督管理部门审查。

（5）排土场关闭后，安全管理工作由原企业负责；破产企业关闭后的排土场，由当地政府落实负责管理的单位或企业。

（6）关闭后的排土场重新启用或改作他用时，应经过可行性设计论证，并报安全生产监督管理部门审查批准。

10．排土场复垦应遵守的规定

（1）制定切实可行的复垦规划，达到最终境界的台阶先行复垦。

（2）复垦规划包括场地的整平、表土的采集与铺垫、覆土厚度、适宜生长植物的选择等。

（3）关闭后的排土场未完全复垦或未复垦的，矿山企业应留有足够的复垦资金。

矿山企业应建立排土场监测系统，定期进行排土场监测。排土场发生滑坡时，应加强监测工作。发生泥石流的矿山，应建立泥石流观测站和专门的气象站。泥石流沟谷应定期进行剖面测量，统计泥沙淤积量，为排土场泥石流防治提供资料。

11．排土参数检查应遵守的规定

（1）测量排土场台阶高度、排土线长度。

（2）测量排土场的反坡坡度，每 100 m 不少于两条剖面。

（3）测量道路运输排土场安全车挡的底宽、顶宽和高度。

（4）测量铁路运输排土场线路坡度和曲率半径。

（5）测量排土机排土外侧履带与台阶坡顶线之间的距离，测量误差不大于 10 mm。

（6）排土场出现不均匀沉降、裂缝时，应查明沉降量和裂缝的长度、宽度、走向等，并判断危害程度。

（7）排土场地面出现隆起、裂缝时，应查明范围和隆起高度等，判断危害程度。

12. 排土场安全分级

排土场安全度分为危险级、病级和正常级。

1）有下列现象之一的为危险级

（1）在坡度大于 1:5 的地基上顺坡排土，或在软地基上排土，未采取安全措施，经常发生滑坡的。

（2）易发生泥石流的山坡排土场，下游有采矿场、工业场地（厂区）、居民点、铁路、道路、输电网线和通讯干线、耕种区、水域、隧道涵洞、旅游景区、固定标志及永久性建筑等设施，未采取切实有效的防治措施的。

（3）排土场存在重大危险源（如道路运输排土场未建安全车挡，铁路运输排土场铁路线顺坡和曲率半径小于规程最小值等），极易发生车毁人亡事故的。

（4）山坡汇水面积大而未修筑排水沟或排水沟被严重堵塞。

（5）经验算，用余推力法计算的安全系数小于 1.0 的。

2）有下列现象之一的为病级

（1）排土场地基条件不好，对排土场的安全影响不大的。

（2）易发生泥石流的山坡排土场，下游有山地、沙漠或农田，未采取切实有效的防治措施的。

（3）未按排土场作业管理要求的参数或规定进行施工的。

（4）经验算，用余推力法计算的安全系数大于 1.0 而小于设计规范规定值的。

3）同时满足下列条件的为正常级

（1）排土场基础较好或不良地基经过有效处理的。

（2）排土场各项参数符合设计要求和排土场作业管理要求，用余推力法计算的安全系数大于 1.15，生产正常的。

（3）排水沟及泥石流拦挡设施符合设计要求的。

13. 危险级排土场，应停产整治，并采取的措施

（1）处理不良地基或调整排土参数。

（2）采取措施防止泥石流发生，建立泥石流拦挡设施。

（3）处理排土场重大危险源。

（4）疏通、加固或修复排水沟。

14. 病级排土场限期消除隐患应采取的措施

（1）采取措施控制不良地基的影响。

（2）将各排土参数修复到排土场作业管理要求的参数或规定的范围内。

排土场应由有资质条件的中介机构，每 5 年进行一次检测和稳定性分析。

（八）电气安全技术

1．一般规定

（1）矿山电力装置，应符合 GB 50070 和 DL 408 的要求。

（2）电气工作人员，应按规定考核合格方准上岗，上岗应穿戴和使用防护用品、用具进行操作。维修电气设备和线路，应由电气工作人员进行。

（3）电气工作人员，应熟练掌握触电急救方法。

（4）在输电线路上带电作业，应采取可靠的安全措施，并经主管矿长批准。

（5）电气设备可能被人触及的裸露带电部分，应设置保护罩或遮栏及警示标志。

（6）供电设备和线路的停电和送电，应严格执行工作票制度。

（7）在电源线路上断电作业时，该线路的电源开关把手，应加锁或设专人看护，并悬挂"有人作业，不准送电"的警示牌。

（8）两个以上单位共同使用和检修输电网路时，应共同制定安全措施，指定专人负责，统一指挥。

（9）在带电的导线、设备、变压器、油开关附近，不应有任何易燃易爆物品。

（10）在带电设备周围，不应使用钢卷尺和带金属丝的线尺。

（11）熔断器、熔丝、熔片、热继电器等保险装置，使用前应进行核对，不应任意更换或代用。

（12）采场的每台设备，应设有专用的受电开关；停电或送电应有工作牌。

（13）矿山电气设备、线路，应设有可靠的防雷、接地装置，并定期进行全面检查和监测，不合格的应及时更换或修复。

2．线路

（1）移动式电气设备，应使用矿用橡套电缆。

（2）绝缘损坏的橡套电缆，应经修理、试验合格，方准使用。在长度 150m 范围内，橡套电缆接头应不超过 10 个，否则应予以报废。

（3）在停电线路上工作时，应先采取验电和挂接地线等安全措施。工作完毕，应及时将地线拆除后再通电。

（4）在同杆共架的多回路线中，只有部分线路停电检修时，操作人员及其所携带的工具、材料与带电体之间的安全距离：10 kV 及以下，不应小于 1.0 m；35（20～44）kV，不应小于 2.5 m。

（5）从变电所至采场边界以及采场内爆破安全地带的供电线路，应使用固定线路。

（6）露天开采的矿山企业，架空线路的设计、敷设应符合 GB 50061 的规定。

3．变电所

（1）变电所应有独立的防雷系统和防火、防潮及防止小动物窜入带电部位的措施。

（2）变电所的门应向外开，窗户应有金属网栅，四周应有围墙或栅栏，并应有通往变电所的道路。

（3）倒闸应该一人操作、一人监护，发现异常情况，应向值班调度报告，查明情况再进行操作。

（4）线路跳闸后，不应强行送电，应立即报告调度，并与用户联系，查明原因，排除故障后，方可送电。

（5）联系和办理停送电时，应执行使用录音电话和工作票制度。

（6）停电作业时，应进行验电、挂接地线、加锁和挂警示牌，并将工作牌交给作业人员。

（7）送电时，工作票应经矿山调度签字，并用录音电话与调度联系。作业人员交还工作牌后，方可送电。

4．照明

（1）夜间工作时，所有作业点及危险点，均应有足够的照明。

（2）夜间工作的采矿场和排土场，在下列地点应设照明装置：

①凿岩机、移动式或固定式空气压缩机和水泵的工作地点；

②运输机道、斜坡卷扬机道、人行梯和人行道；

③汽车运输的装卸车处、人工装卸车地点的排土场卸车线；

④调车站、会让站。

（3）挖掘机和穿孔机工作地点的照明，宜利用设备附设的灯具。

（4）露天矿照明使用电压，应为 220 V。行灯或移动式电灯的电压，应不高于 36 V。在金属容器和潮湿地点作业，安全电压应不超过 12 V。

（5）12 V、36 V、120 V 和 220 V 的插座，应有区别标志。

（6）380/220 V 的照明网络，熔断器或开关应安装在火线上，不应装在中性线上。

（7）露天矿的照度标准，应符合 GB 50034 的规定。

5．保护接地

（1）电气设备和装置的金属框架或外壳、电缆和金属包皮、互感器的二次绕组，应按有关规定进行保护接地。

（2）接地线应采用并联方式，不应将各电气设备的接地线串联接地。

（3）接地电阻应每年测定一次，测定工作宜在该地区地下水位最低、最干燥的季节进行。

（4）1 kV 以下的中性线接地电网，应采用接零系统。架空线的终端，宜重复接地，无分支的线路，每隔 1~2 km 接地一次。

（5）直流线路零线的重复接地，应用人工接地体，不应与地下管网有金属联系。

6．露天矿供配电安全

（1）露天矿采矿场和排土场的高压电力网配电电压，应采取 6 kV 或 10 kV。当有大型采矿设备或采用连续开采工艺并经技术经济比较合理时，可采用其他等级的电压。

（2）当采用连续开采工艺时，移动式胶带输送机的配电，宜采用移动式变电站或可移动的户外组合式配电装置。

（3）连续开采工艺和非连续开采工艺的配电线路，宜分别架设。

（4）采矿场的供电线路不宜少于两回路。两班生产的采矿场或小型采矿场可采用一回路。排土场的供电线路可采用一回路。两回路供电的线路，每回路的供电能力不应小于全部负荷的 70%。当采用三回路供电线路时，每回路的供电能力不应小于全部负荷的 50%。

（5）有淹没危险的采矿场，主排水泵的供电线路应不少于两回路。当任一回路停电时，其余线路的供电能力应能承担最大排水负荷。

（6）采矿场的供电线路，宜采用沿采矿场边缘架设的环形或半环形的固定式、干线式或放射式供电线路。排土场可采用干线式供电线路。固定式供电线路与采矿场最终边界线之间的距离，宜大于 10m；当采矿场宽度较大且开采时间较长，供电线路架设在最终边界线以外不合理时，可架设在最终边界线以内。

（7）采矿场内的高压电力设备和移动式变电站，宜采用横跨线或纵架线（统称分支线）供电。分支线应为移动式或半固定式线路，移动式线路应采用轻型电杆架设。横跨线的间距宜采用 250～300 m。

（8）在采矿场和排土场的架空供电线路上设置开关设备时，应符合下列规定：

①在环形或半环形线路的出口和需联络处，应设置分段开关，且宜采用隔离开关；

②在分支线与环形线、半环形线或其他地面固定干线连接处，应设置开关，且宜采用户外高压真空断路器或其他断器器；

③高压电力设备或移动式变电站与分支线连接处，宜设置带短路保护的开关设备；

④移动式高压电力设备的供电线路，应设置具有单相接地保护的开关设备。

（9）采矿场内的架空线路宜采用钢芯铝绞线，其截面积应不小于 35 mm²。排土场的架空线路宜采用铝绞线。由分支线向移动式设备供电，应采用矿用橡套软电缆。移动式电力设备的拖曳电缆长度，应符合表 2-5 的规定。

表 2-5　露天采矿场移动式电力设备拖曳电缆长度　　　　　　　　　　m

设备名称	架线方式	
	横跨线	纵架线
挖掘机	200～250	150～200
移动变电站	100	50
低压设备	150	150

注：连续开采工艺的移动式电力设备拖曳电缆长度和有专用收、放电缆装置的移动式电力设备拖曳电缆长度，均不包括在表内。

（10）固定式架空照明线路宜采用铝绞线；移动式架空照明线路宜采用绝缘导线；

移动式非架空照明线路应采用橡套软电缆。

（11）向低压移动设备供电的变压器，其中性点宜采用非直接接地方式；向固定式设备供电的变压器，应采用中性点直接接地方式。

（12）与变压器中性点非直接接地电力网相连的高、低压电气设备，应设保护接地，并应在变压器低压侧各回路设置能自动断开电源的漏电保护装置。变压器中性点直接接地的低压电力网，宜采用保护线与中性线分开系统（TN-S）或保护线与中性线部分分开系统（TN-C-S）。

（13）采矿场和排土场低压电力网的配电电压，宜采用 380 V 或 380/220 V。手持式电气设备的电压，应不高于 220 V。

（14）主接地极的设置，应符合下列规定：

①采矿场的主接地极应不少于 2 组；排土场主接地极可设 1 组；

②主接地极宜设在供电线路附近，或其他土壤电阻率低的地方；

③有 2 组及以上主接地极时，当任一组主接地极断开后，在架空接地线上任一点所测得的对地电阻值应不大于 4 Ω，移动式设备与架空接地线之间的接地电阻值，应不大于 1 Ω。

（15）高土壤电阻率的矿山，可采用长效化学接地电阻降阻剂，使接地电阻值符合有关规定。

（16）接地线和设备金属外壳的接触电压，应不高于 50 V。

（17）户外高压电力设备在 2.6 m 以下的裸露带电部分，应设置围栏。

（18）采矿场的架空供电线路，下列地点应装设防雷装置：

①采矿场配电线路与分支线的连接处；

②多雷地区的矿山、高压电力设备与分支线的连接处；

③排土场高压电力设备与架空线的连接处。

（19）接地装置应符合下列规定：

①架空接地线应采用截面积不小于 35 mm^2 的钢绞线或钢芯铝绞线，并应架设在配电线路最下层导线的下方，与导线任一点的垂直距离应不小于 0.5 m；

②移动式电力设备，应采用矿用橡套软电缆的专用接地芯线接地或接零。

（20）电力牵引供电，应遵守 GB 50070 之规定。

（九）防排水和防灭火技术

1. 防排水

（1）露天矿山应设置防、排水机构。大、中型露天矿应设专职水文地质人员，建立水文地质资料档案。每年应制定防排水措施，并定期检查措施执行情况。

（2）露天采场的总出入沟口、平硐口、排水井口和工业场地，均应采取妥善的防洪措施。

156

（3）矿山应按设计要求建立排水系统。上方应设截水沟；有滑坡可能的矿山，应加强防排水措施；应防止地表、地下水渗漏到采场。

（4）露天矿应按设计要求设置排水泵站。遇超过设计防洪频率的洪水时，允许最低一个台阶临时淹没，淹没前应撤出一切人员和重要设备。

（5）矿床疏干过程中出现陷坑、裂缝以及可能出现的地表陷落范围，应及时圈定、设立标志，并采取必要的安全措施。

（6）各排水设备，应保持良好的工作状态。

（7）矿山所有排水设施及其机电设备的保护装置，未经主管部门批准，不应任意拆除。

（8）邻近采场境界外堆卸废石，应避免排土场蓄水软化边坡岩体。

（9）应采取措施防止地表水渗入边坡岩体的软弱结构面或直接冲刷边坡。边坡岩体存在含水层并影响边坡稳定时，应采取疏干降水措施。

（10）露天开采转为地下开采的防、排水设计，应考虑地下最大涌水量和因集中降雨引起的短时最大静流量。

（11）有条件的排土场，底部应排放易透水的大块岩石，控制排土场正常渗流。

水力排土场应有足够的调、蓄洪能力，并设置防汛设施，备足防汛器材；较大容量的水力排土场，应设值班室，配置通讯设施和必要的水位观测、坝体沉降与位移观测、坝体浸润线观测等设施，并有专人负责，按要求整理。

2. 防火和灭火

（1）矿山的建（构）筑物和重要设备，应按 GBJ 16 和国家发布的其他有关防火规定，以及当地消防部门的要求，建立消防隔离设施，设置消防设备和器材。消防通道上不应堆放杂物。

（2）重要采掘设备，应配备灭火器材。设备加注燃油时，不应吸烟或采用明火照明。不应在采掘设备上存放汽油和其他易燃易爆材料，不应用汽油擦洗设备。易燃易爆器材，不应放在电缆接头、轨道接头或接地极附近。废弃的油、棉纱、布头、纸和油毡等易燃品，应妥善管理。

（3）应结合生活供水管设计地面消防水管系统，水池容积和管道规格应考虑两者的需要。

（4）矿山企业应规定专门的火灾信号，并应做到发生火灾时，能通知作业地点的所有人员及时撤离危险区。安装在人员集中地点的信号，应声光兼备。任何人员发现火灾，应立即报告调度室组织灭火，并迅速采取一切可能的方法直接扑灭初期火灾。

（5）木材场、防护用品仓库、炸药库、氢和乙炔瓶库、石油液化气站和油库等场所，应建立防火制度，采取防火措施，备足消防器材。

二、地下部分安全技术

（一）矿山井巷

1．一般规定

（1）矿山井巷工程施工及验收，应遵守 GBJ 213 的规定。

（2）井巷工程的施工组织设计，基建期应由施工单位编制，生产期由矿山企业自行编制。

①井底车场矿车摘挂钩处，应设两条人行道，每条净宽不小于 1.0 m；

②带式输送机运输的巷道，不小于 1.0 m。

（3）每个矿井至少应有两个独立的直达地面的安全出口，安全出口的间距应不小于 30 m。大型矿井，矿床地质条件复杂，走向长度一翼超过 1000 m 的，应在矿体端部的下盘增设安全出口。每个生产水平（中段），均应至少有两个便于行人的安全出口，并应同通往地面的安全出口相通。井巷的分道口应有路标，注明其所在地点及通往地面出口的方向。所有井下作业人员，均应熟悉安全出口。

（4）装有两部在动力上互不依赖的罐笼设备、且提升机均为双回路供电的竖井，可作为安全出口而不必设梯子间。其他竖井作为安全出口时，应有装备完好的梯子间。

（5）井下存在跑矿危险的作业点，应设置确保人员安全撤离的通道。

（6）竖井梯子间的设置，应符合下列规定：

①梯子的倾角，不大于 80°；

②上下相邻两个梯子平台的垂直距离，不大于 8 m；

③上下相邻平台的梯子孔错开布置，平台梯子孔的长和宽，分别不小于 0.7 m 和 0.6m；

④梯子上端高出平台 1 m，下端距井壁不小于 0.6 m；

⑤梯子宽度不小于 0.4 m，梯蹬间距不大于 0.3 m；

⑥梯子间与提升间应完全隔开。

（7）行人的运输斜井应设人行道。人行道应符合下列要求：

①有效宽度，不小于 1.0 m；

②有效净高，不小于 1.9 m；

③斜井坡度为 10°~15°时，设人行踏步；15°～35°时，设踏步及扶手；大于 35°时，设梯子；

④有轨运输的斜井，车道与人行道之间宜设坚固的隔离设施；未设隔离设施的，提升时不应有人员通行。

（8）行人的水平运输巷道应设人行道，其有效净高应不小于 1.9 m，有效宽度应符合下列规定：

①人力运输的巷道，不小于 0.7 m；

②机车运输的巷道，不小于 0.8 m；

③调车场及人员乘车场，两侧均不小于 1.0 m；

④井底车场矿车摘挂钩处，应设两条人行道，每条净宽不小于 1.0 m；

⑤带式输送机运输的巷道，不小于 1.0 m。

（9）无轨运输的斜坡道，应设人行道或躲避硐室。行人的无轨运输水平巷道应设人行道。人行道的有效净高应不小于 1.9 m，有效宽度不小于 1.2 m。躲避硐室的间距在曲线段不超过 15 m，在直线段不超过 30 m。躲避硐室的高度不小于 1.9 m，深度和宽度均不小于 1.0 m。躲避硐室应有明显的标志，并保持干净、无障碍物。

（10）在水平巷道和斜井中，有轨运输设备之间以及运输设备与支护之间的间隙，应不小于 0.3 m；带式输送机与其他设备突出部分之间的间隙，应不小于 0.4 m；无轨运输设备与支护之间的间隙，应不小于 0.6 m。

2．竖井掘进

（1）在表土层掘进，应遵守下列规定：

①井内应设梯子，不应用简易提升设施升降人员；

②在含水表土层施工时，应及时架设、加固井圈，加固密集背板并采取降低水位措施，防止井壁砂土流失导致空帮；

③在流砂、淤泥、砂砾等不稳固的含水层中施工时，应有专门的安全技术措施。

（2）竖井施工时，应采取防止物件下坠的措施。井口应设置临时封口盘，封口盘上设井盖门。井盖门两端应安装栅栏。封口盘和井盖门的结构应坚固严密。卸碴设施应严密，不允许向井下漏碴、漏水。井内作业人员携带的工具、材料，应拴绑牢固或置于工具袋内。不应向（或在）井筒内投掷物料或工具。

（3）竖井施工应采用双层吊盘作业。升降吊盘之前，应严格检查绞车、悬吊钢丝绳及信号装置，同时撤出吊盘下的所有作业人员。移动吊盘，应有专人指挥，移动完毕应加以固定，将吊盘与井壁之间的空隙盖严，并经检查确认可靠，方准作业。

（4）下列情况，作业人员应佩带安全带，安全带的一端应正确拴在牢固的构件上：

①拆除保护岩柱或保护台；

②在井筒内或井架上安装、维修或拆除设备；

③在井筒内处理悬吊设备、管、缆，或在吊盘上进行作业；

④乘坐吊桶；

⑤爆破后到井圈上清理浮石；

⑥井筒施工时的吊泵作业；

⑦在暂告结束的中段井口进行支护、锁口作业。

（5）用吊桶提升，应遵守下列规定：

①关闭井盖门之前，不应装卸吊桶或往钩头上系扎工具或材料；

②吊桶上方应设坚固的保护伞；

③井盖门应有自动启闭装置，以便吊桶通过时能及时打开和关闭；

④井架上应有防止吊桶过卷的装置，悬挂吊桶的钢丝绳应设稳绳装置；

⑤吊桶内的岩碴，应低于桶口边缘 0.1 m，装入桶内的长物件应牢固绑在吊桶梁上；

⑥吊桶上的关键部件，每班应检查一次；

⑦吊桶运行通道的井筒周围，不应有未固定的悬吊物件；

⑧吊桶应沿导向钢丝绳升降；竖井开凿初期无导向绳时，或吊盘下面无导向绳部分，其升降距离不应超过 40 m；

⑨乘坐吊桶人数应不超过规定人数，乘桶人员应面向桶外，不应坐在或站在吊桶边缘；装有物料的吊桶，不应乘人；

⑩不应用自动翻转式或底开式吊桶升降人员（抢救伤员时例外）；

⑪吊桶提升人员到井口时，待出车平台的井盖门关闭、吊桶停稳后，人员方可进出吊桶；

⑫井口、吊盘和井底工作面之间，应设置良好的联系信号。

（6）用抓岩机出碴，应遵守下列规定：

①作业前详细检查抓岩机各部件和悬吊的钢丝绳；

②爆破后，工作面应经过通风、洒水、处理浮石、清扫井圈和处理盲炮，才准进行抓岩作业；

③不应抓取超过抓岩机能力的大块岩石；

④抓岩机卸岩时，人员不得站在吊桶附近；

⑤不应用手从抓岩机叶片下取岩块；

⑥升降抓岩机，应有专人指挥；

⑦抓岩机临时停用时，应用绞车提升到安全高度，井底有人作业时，不应只用气缸上举抓岩机。

（7）竖井施工时，应设悬挂式金属安全梯。安全梯的电动绞车能力应不小于 5t，并应设有手动绞车，以备断电时提升井下人员。若采用具备电动和手动两种性能的安全绞车悬吊安全梯，则不必设手动绞车。

（8）井筒内每个作业地点，均应设有独立的声、光信号系统和通讯装置通达井口。掘进与砌壁平行作业时，从吊盘和掘进工作面发出的信号，应有明显区别，并指定专人负责。应设井口信号工，整个信号系统，应由井口信号工与卷扬机房和井筒工作面联系。

（9）井筒延深时，应用坚固的保护盘或在井底水窝下留保安岩柱，将井筒的延深部分与上部作业中段隔开。采出岩柱或撤出保护盘，应进行专门的施工设计，并经主管矿长批准方可施工。

3. 斜井、平巷掘进

160

（1）斜井、平巷地表部分开口的施工应严格按照设计进行，及时进行支护和砌筑挡墙。

（2）用装岩机、耙斗装岩机、铲运机、装运机或人工出碴之前，应检查和处理工作面顶、帮的浮石。在斜井中移动耙斗装岩机时，下方不应有人。

（3）斜井施工，应遵守下列规定：

①井口应设与卷扬机联动的阻车器；

②井颈及掘进工作面上方应分别设保险杠，并有专人（信号工）看管，工作面上方的保险杠应随工作面的推进而经常移动；

③斜井内人行道一侧，每隔 30～50 m 设一躲避硐；

④井下设电话和声光兼备的提升信号。

（4）井下无轨移动设备作业，应保证刹车系统、灯光系统、警报系统齐全有效。

4. 天井、溜井掘进

1）采用普通法掘进天井、溜井，应遵守的规定

（1）架设的工作台，应牢固可靠。

（2）及时设置安全可靠的支护棚，并使其至工作面的距离不大于 6 m。

（3）掘进高度超过 7 m 时，应有装备完好的梯子间和溜碴间等设施，梯子间和溜碴间用隔板隔开；上部有护棚的梯子可视作梯子间。

（4）天井、溜井应尽快与其上部平巷贯通，贯通前宜不开或少开其他工程；需要增开其他工程时，应加强局部通风措施。

（5）天井掘进到距上部巷道约 7 m 时，测量人员应给出贯通位置，并在上部巷道设置警戒标志和围栏。

（6）溜碴间应保留不少于一茬炮爆下的矿岩量，不应放空。

2）用吊罐法掘进天井应遵守的规定

（1）上罐前，检查吊罐各部件的连接装置、保护盖板、钢丝绳、风水管接头，以及声光信号系统和通讯设施等是否完善、牢固，如有损坏或故障，经处理后方准作业。

（2）吊罐提升用的钢丝绳的安全系数不小于 13，任何一个捻距内的断丝数不超过钢丝总数的 5%，磨损不超过原直径的 10%。

（3）吊罐应装设由罐内人员控制的升、降、停的信号操纵装置。

（4）信号通讯、电源控制线路，不应和吊罐钢丝绳共设在一个吊罐孔内。

（5）升降吊罐时，应认真处理卡帮和浮石；作业人员应系好安全带，并站在保护盖板内，头部不应接触罐盖和罐壁；升降完毕，立即切断吊罐稳车电源，绑紧制动装置。

（6）不应从吊罐上往下投掷工具或材料。

（7）天井中心孔偏斜率应不大于 0.5%。

161

（8）吊罐绞车应锁在短轨上，并与巷道钢轨断开。

（9）检修吊罐应在安全地点进行。

（10）天井与上部巷道贯通时，应加强上部巷道的通风和警戒。

3）用爬罐法掘进天井应遵守的规定

（1）爬罐运行时，人员应站在罐内，遇卡帮或浮石，应停罐处理。

（2）爬罐行至导轨顶端时，应使保护伞接近工作面，工作台接近导轨顶端。

（3）正常情况下，不应利用自重下降。

（4）运送导轨应用装配销固定；安装导轨时，应站在保护伞下将浮石处理干净，再将导轨固定牢靠。

（5）及时擦净制动闸上的油污。

5．井巷支护

在不稳固的岩层中掘进井巷，应进行支护。在松软或流砂岩层中掘进，永久性支护至掘进工作面之间，应架设临时支护或特殊支护。

需要支护的井巷，支护方法、支护与工作面间的距离，应在施工设计中规定；中途停止掘进时，支护应及时跟至工作面。

1）架设木支架时，应遵守的规定

（1）不应使用腐朽、蛀孔、软杂木和劈裂的坑木。永久支护坑木，应进行防腐处理。

（2）支架架设后，应在接榫附近用木楔将梁、柱与顶、帮之间楔紧。顶、两帮的空隙应塞紧，梁、柱接榫处应用扒钉固定。

（3）斜井支架应有下撑和拉杆；坡度大于30°的斜井，永久性棚架之间应架设撑柱。

（4）柱窝应打在稳定的岩石上。

（5）爆破前，靠近工作面的支架，应加固。

（6）发现棚腿歪斜、压裂、顶梁折断或坑木腐烂等，应及时更换、修复。

2）井巷砌碹支模，应遵守的规定

（1）砌碹前拆除原有支架时，应及时清理顶、帮浮石，并采取临时护顶措施；砌碹后应将顶、帮空隙填实。

（2）木碹胎间距超过1 m、金属碹胎间距超过2 m，应进行中间加固。

（3）跨度大于4 m的巷道架设碹胎，金属碹胎各节点应用螺栓连结，木碹胎的各节点应牢固可靠。

（4）碹胎的强度，应具有不小于3倍支撑重量的安全系数。

（5）碹胎的下弦，不应支撑工作台。

3）竖井砌碹工作，应遵守的规定

（1）竖井的永久性支护与掘进工作面之间，应安设临时井圈，井圈及背板应用楔子塞紧；永久性支护架及临时井圈与掘进工作面的距离，应在施工组织设计中规定。

（2）用普通凿井法穿过表土层、松软岩层或流砂层时，临时井圈应紧靠工作面，并应加固；圈后背板要严密，并及时砌碹；砌碹前，每班要有专人检查地表和井圈后的表土、岩层、流砂的移动及流失情况，发现险兆，应立即停止作业，撤出人员，进行处理。

（3）竖井的砌碹，应保持碹壁平整、接口严密；岩帮与碹壁之间的空隙，应用碎石填满，并用砂浆灌实；碹外有涌水时应用导管引出，砌碹完毕，应进行封水。

4）喷锚支护工作，应遵守的规定

（1）锚杆、喷射混凝土支护的设计和施工，应遵守 GB 50086 的规定。

（2）采用锚杆、喷浆或喷射混凝土支护，应有专门设计；喷锚工作面与掘进工作面的距离，锚杆形式、角度，喷体厚度、强度等，应在设计中规定。

（3）砂浆锚杆的眼孔应清洗干净，灌满灌实。

（4）锚杆应做拉力试验，喷体应做厚度和强度检查；在井下进行锚固力试验，应有安全措施。

（5）锚杆的托板应紧贴巷壁，并用螺母拧紧。

（6）处理喷射管路堵塞时，应将喷枪口朝下，不应朝向人员。

（7）在松软破碎的岩层中进行喷锚作业，应打超前锚杆，进行预先护顶；在动压巷道，应采用喷锚与金属网联合支护方式；在有淋水的井巷中喷锚，应预先做好防水工作。

（8）喷锚作业，应佩戴个体防护用品和配备良好的照明。

胶结充填体中的二次掘进，应待胶结充填体达到规定的养护期和强度后方准进行，同时应架设可靠的支护。

6. 井巷维护和报废

对所有支护的井巷，均应进行定期检查。井下安全出口和升降人员的井筒，每月至少检查一次；地压较大的井巷和人员活动频繁的采矿巷道，应每班进行检查。检查发现的问题，应及时处理，并作好记录。

维修主要提升井筒、运输大巷和大型硐室，应有经主管矿长批准的安全技术措施。

1）维修斜井和平巷应遵守的规定

（1）平巷修理或扩大断面，应首先加固工作地点附近的支架，然后拆除工作地点的支架，并做好临时支护工作的准备。

（2）每次拆除的支架数应根据具体情况确定，密集支架的拆除，一次应不超过两架。

（3）撤换松软地点的支架，或维修巷道交叉处、严重冒顶片帮区，应在支架之间加拉杆支撑或架设临时支架。

（4）清理浮石时，应在安全地点操纵工具。

（5）维修斜井时，应停止车辆运行，并设警戒和明显标志。

（6）撤换独头巷道支架时，里边不应有人。

2）维修竖井，应编制施工组织设计，并遵守的规定

（1）应在坚固的平台上作业，平台上应有保护设施和联络信号，工作平台与中段平巷之间应有可靠的通讯联络方式。

（2）作业人员应系好安全带。

（3）作业前，应将各中段马头门及井框上的浮石清理干净。

（4）各中段的马头门应设专人看管。

报废的井巷和硐室的入口，应及时封闭。封闭之前，入口处应设有明显标志，禁止人员入内。报废的竖井、斜井和平巷，地面入口周围还应设有高度不低于 1.5m 的栅栏，并标明原来井巷的名称。

废竖井和倾角 30°以上的废斜井，其支护材料不应回收，如必须回收，应有经主管矿长批准的安全技术措施。倾角 30°以下的废斜井或废平巷的支护材料回收，应由里向外进行。

修复废旧井巷，应首先了解井巷本身的稳定情况及周围构筑物、井巷、采空区等的分布情况，废旧井巷内的空气成分，确认安全方司施工。

修复被水淹没的井巷时，对陆续露出的部分，应及时检查支护，并采取措施防止有害气体和积水突然涌出。

7．防坠

（1）竖井与各中段的连接处，应有足够的照明和设置高度不小于 1.5m 的栅栏或金属网，并应设置阻车器，进出口设栅栏门。栅栏门只准在通过人员或车辆时打开。井筒与水平大巷连接处，应设绕道，人员不得通过提升间。

（2）天井、溜井、地井和漏斗口，应设有标志、照明、护栏或格筛、盖板。

（3）在竖井、天井、溜井和漏斗口上方作业，以及在相对于坠落基准面 2m 及以上的其他地点作业，作业人员应系安全带，或者在作业点下方设防坠保护平台或安全网。作业时，应设专人监护。

（二）地下开采

1．一般规定

（1）地下采矿，应按设计要求进行。

（2）每个采区（盘区、矿块），均应有两个便于行人的安全出口。

（3）矿柱回采和采空区处理方案，应在回采设计中同时提出；中段矿房回采结束，应及时回采矿柱，矿柱回采速度应与矿房回采速度相适应；矿柱回采应采取后退式回采方式，并制定专门的安全措施。

（4）应严格保持矿柱（含顶柱、底柱和间柱等）的尺寸、形状和直立度，应有专人检查和管理，以保证其在整个利用期间的稳性。

（5）溜矿井不应放空。不合格的大块矿石、废旧钢材、木材和钢丝绳等杂物，不应放入井内，以防堵塞。溜井口不准有水流入；人员不应直接站在溜井、漏斗的矿石上或进入溜井与漏斗内处理堵塞。采用特殊方法处理堵塞，应经主管矿长批准。

（6）采场放矿作业出现悬拱或立槽时，人员不应进入悬拱，立槽下方危险区进行处理。

（7）围岩松软不稳固的回采工作面、采准和切割巷道，应采取支护措施；因爆破或其他原因而受破坏的支护，应及时修复，确认安全后方准作业。

回采作业，应事先处理顶板和两帮的浮石，确认安全方准进行。不应在同一采场同时凿岩和处理浮石。作业中发现冒顶预兆应停止作业进行处理；面积冒顶危险征兆，应立即通知作业人员撤离现场，并及时上报。在井下处理浮石时，应停止其他妨碍处理浮石的作业。

井下潜在或已发生危及作业人员健康或安全的危险状态，而当班作业结束前来不及消除时，应由当班负责人作好书面记录，内容包括危险状况和所采取处理措施。下一班负责人在本班作业人员开始位于危险区的作业前，应确认上一班的记载内容，并对可能受其影响的作业人员提醒危险状况、已采取的处理措施、为消除危险状态应做的工作。

（8）应建立顶板分级管理制度。对顶板不稳固的采场，应有监控手段和处理措施。

（9）工程地质复杂、有严重地压活动的矿山，应遵守下列规定：

①设立专门机构或专职人员负责地压管理，及时进行现场监测，做好预测、预报工作；

②发现大面积地压活动预兆，应立即停止作业，将人员撤至安全地点；

③地表塌陷区应设明显标志和栅栏，通往塌陷区的井巷应封闭，人员不应进入塌陷区和采空区。

（10）采用留矿法、空场法采矿的矿山，应采取充填、隔离或强制崩落围岩的措施，及时处理采空区；较小、较薄和孤立的采空区，是否需要及时处理，由主管矿长决定。

（11）矿井停电时，应立即采取应急措施，井下不应爆破，内燃设备应停止作业。

（12）井下爆破，应遵守 GB 6722 的规定。

2．采矿方法

（1）采用全面采矿法、房柱采矿法采矿，回采过程中应认真;检查顶板，处理浮石，并根据顶板稳定情况，留出合适的矿柱。

（2）采用横撑支柱法采矿，横撑支护材料应有足够的强度，一端应紧紧插入底板柱窝；搭好平台方准进行凿岩；人员不应在横撑上行走；采幅宽度应不超过 3 m。

（3）采用分段法采矿，应遵守下列规定：

①除作为回采、运输、充填和通风的巷道外，不得在采场碉柱内开掘其他巷道；

②上下中段的矿房和矿柱宜相对应，规格也宜相同。

（4）采用浅孔留矿法采矿，应遵守下列规定：

①开采第一分层之前，应将下部漏斗和喇叭口扩完，并充满矿石；

②每个漏斗应均匀放矿，发现悬空应停止其上部作业，并经妥善处理，方准继续作业；

③放矿人员和采场内的人员应密切联系，在放矿影响范围内不应上下同时作业；

④每一回采分层的放矿量，应控制在保证凿岩工作面安全操作所需高度，作业高度不宜超过 2 m。

（5）采用壁式崩落法回采，应遵守下列规定：

①顶、控顶、放顶距离和放顶的安全措施，应在设计中规定；

②放顶前应进行全面检查，以确保出口畅通、照明良好和设备安全；

③放顶时，人员不应在放顶区附近的巷道中停留；

④在密集支柱中，每隔 3～5 m 应有一个宽度不小于 0.8 m 的安全出口，密集支柱受压过大时，应及时采取加固措施；

⑤放顶若未达到预期效果，应作出周密设计，方可进行二次放顶；

⑥放顶后，应及时封闭落顶区，禁止人员入内；

⑦多层矿体分层回采时，应待上层顶板岩石崩落并稳定后，才准回采下部矿层；

⑧相邻两个中段同时回采时，上中段回采工作面应比下中段工作面超前一个工作面斜长的距离，且应不小于 20 m；

⑨撤柱后不能自行冒落的顶板，应在密集支柱外 0.5 m 处，向放顶区重新凿岩爆破，强制崩落；

⑩机械撤柱及人工撤柱，应自下而上、由远而近进行；矿体倾角小于 10°的，撤柱顺序不限。

（6）采用有底柱分段崩落法和阶段崩落法回采，应遵守下列规定：

①采场电耙道应有独立的进、回风道；电耙的耙运方向，应与风流方向相反；

②电耙道间的联络道，应设在入风侧，并在电耙绞车的侧翼或后方；

③电耙道放矿溜井口旁，应有宽度不小于 0.8 m 的人行道；

④未经修复的电耙道，不准出矿；

⑤采用挤压爆破时，应对补偿空间和放矿量进行控制，以免造成悬拱；

⑥拉底空间应形成厚度不小于 3～4 m 的松散垫层；

⑦采场顶部应有厚度不小于崩落层高度的覆盖岩层，若采场顶板不能自行冒落，应及时强制崩落，或用充填料予以充填。

（7）采用无底柱分段崩落法回采，应遵守下列规定：

①回采工作面的上方，应有大于分段高度的覆盖岩层，以保证回采工作的安全；若上盘不能自行冒落或冒落的岩石量达不到所规定的厚度，应及时进行强制放顶，使覆盖岩层厚度达到分段高度的二倍左右；

②上下两个分段同时回采时，上分段应超前于下分段，超前距离应使上分段位于下分段回采工作面的错动范围之外，且应不小于 20 m；

③分段联络道应有足够的新鲜风流；

④各分段回采完毕，应及时封闭本分段的溜井口。

（8）采用分层崩落法回采，应遵守下列规定：

①每个分层进路宽度应不超过 3 m，分层高度应不超过 3.5 m；

②上下分层同时回采时，应保持上分层（在水平方向上）超前相邻下分层 15 m 以上；

③崩落人工顶时，人员不应在相邻的进路内停留；

④人工顶降落受阻时，不应继续开采分层；顶板降落产生空硐时，不应在相邻进路或下部分层巷道内作业；

⑤崩落顶板时，不得用砍伐法撤出支柱；开采第一分层时，不得撤出支柱；

⑥顶板不能及时自然崩落的缓倾斜矿体，应进行强制放顶；

⑦凿岩、装药、出矿等作业，应在支护区域内进行；

⑧采区采完后，应在天井口铺设加强人工顶；

⑨采矿应从矿块一侧向天井方向进行，以免形成通风不良的独头工作面；当采掘接近天井时，分层沿脉（穿脉）应在分层内与另一天井相通；

⑩清理工作面，应从出口开始向崩落区进行。

（9）采用自然崩落法回采，应遵守下列规定：

①应编制放矿计划，严格进行控制放矿；应使崩落面与崩落下的松散物料面之间的空间高度适当，防止产生空气冲击波伤害人员和破坏设施；

②雨季出矿应采取相应的安全措施，防止暴雨产生泥石流伤人；

③尽量少用裸露药包进行二次破碎。

（10）采用充填法回采，应遵守下列规定：

①采场应有良好的照明；顺路行人井、溜矿井、泄水井（水砂充填用）和通风井，均应保持畅通；

②采用上向分层充填法采矿，应预先进行充填井及其联络道施工，然后进行底部结构及拉底巷道施工，以便创造良好的通风条件；当采用脉内布置溜矿井和顺路行人井时，不应整个分层一次爆破落矿；

③每一分层回采完毕后应及时充填，上向充填法最后一个分层回采完毕后应严密

接顶；下向充填法每一分层均应接顶密实；

④在非管道输送充填料的充填井下方，人员不得停留和通行；充填时，各工序之间应有通讯联络；

⑤顺路行人井、放矿井，应有可靠的防止充填料泄漏的背垫材料，以防堵塞及形成悬空；采场下部巷道及水沟堆积的充填料，应及时清理；

⑥充填料应无毒无害；

⑦采用下向胶结充填法采矿，采场两帮底角的矿石应清理干净；

⑧用组合式钢筒作顺路天井（行人、滤水、放矿）时，钢筒组装作业前应在井口悬挂安全网；

⑨采用人工间柱上向分层充填法采矿，相邻采场应超前一定距离；

⑩矿柱回采应与矿房回采同时设计。

（11）回采矿柱，应遵守下列规定：

①回采顶柱和间柱，应预先检查运输巷道的稳定情况，必要时应采取加固措施；

②采用胶结充填采矿法时，应待胶结充填体达到要求强度，方可进行矿柱回采；

③回采未充填的相邻两个矿房的间柱时，不得在矿柱内开凿巷道；

④所有顶柱和间柱的回采准备工作，应在矿房回采结束前做好（嗣后胶结充填采空区除外）；

⑤除装药和爆破工作人员外，无关人员不得进入未充填的矿房顶柱内的巷道和矿柱回采区；

⑥大量崩落矿柱时，在爆破冲击波和地震波影响半径范围内的巷道、设备及设施，均应采取安全措施；未达到预期崩落效果的，应进行补充崩落设计。

（12）地下原地浸出采矿，应保持抽液量与注液量基本平衡，加强对监测井的观测，防止酸性溶液渗到溶浸区以外，污染地下水。污染严重的，应停止其溶浸作业，并做好后续的处理工作。

（13）地下原地爆破浸出，应遵守下列规定：

①布液系统应防止跑、冒、滴、漏，避免酸液伤人；

②采场拉底空间形成后，应在底部铺设不小于 0.5m 厚的混凝土隔层，并向集液巷形成一定的斜坡，混凝土隔层上应铺一层防水防酸隔离层；

③井下浸出液收集及输送应密闭，宜采用管道输送；

④采场矿堆溶浸结束并滤干后，应及时进行清水洗堆和中和处理，直至流出液 pH 值达到 7～8；

⑤浸出结束，应严密封堵通往采场的通道。

3. 采矿机械

1）采用电耙绞车出矿应遵守的规定

168

（1）应有良好照明。

（2）绞车前部应有防断绳回甩的防护设施。

（3）电耙运行时，耙道内或尾部不应有人。

（4）绞车开动前，司机应发出信号。

（5）电耙运行时，人员不应跨越钢丝绳。

（6）电耙停止运行时，应使钢丝绳处于松弛状态。

2）采用无轨装运设备应遵守的规定

（1）出矿巷道中运行的车辆遇到人员，应停车让人通过。

（2）运输巷道的底板应平整、无大块，巷道的坡度应小于设备的爬坡能力，弯道的曲线半径应符合设备的要求。

（3）不应用铲斗或站在铲斗内处理浮石，不得用铲斗破大块。

（4）人员不应从升举的铲斗下方通过或停留。

（5）溜矿井应设安全车挡。

（6）车厢装载不应过满，作业人员操作位置上方应设防护网或板。

（7）每台设备应配备灭火装置。

（三）运输和提升

1. 水平巷道运输

采用电机车运输的矿井，由井底车场或平硐口到作业地点所经平巷长度超过 1500 m 时，应设专用人车运送人员。专用人车应有金属顶棚，从顶棚到车厢和车架应作好电气连接，确保通过钢轨接地。

1）专用人车运送人员应遵守的规定

（1）每班发车前，应有专人检查车辆结构、连接装置、轮轴和车闸，确认合格方可运送人员。

（2）人员上下车的地点，应有良好的照明和发车电铃；如有两个以上的开往地点，应设列车去向灯光指示牌；架线式电机车的滑触线应设分段开关，人员上下车时，应切断电源。

（3）调车场应设区间闭锁装置；人员上下车时，其他车辆不应进入乘车线。

（4）列车行驶速度应不超过 3 m/s。

（5）不应同时运送爆炸性、易燃性和腐蚀性物品或附挂处理事故以外的材料车。

2）乘车人员应严格遵守的规定

（1）服从司机指挥。

（2）携带的工具和零件，不应露出车外。

（3）列车行驶时和停稳前，不应上下车或将头部和身体探出车外。

（4）不应超员乘车，列车行驶时应挂好安全门链。

（5）不应扒车、跳车和坐在车辆连接处或机车头部平台上。

（6）不应搭乘除人车、抢救伤员和处理事故的车辆以外的其他车辆。

列车运输时，矿车应采用不能自行脱钩的连接装置。不能自动摘挂钩的车辆，其两端的碰头或缓冲器的伸出长度，应不小于 100 mm。停放在能自动滑行的坡道上的车辆，应用制动装置或木楔可靠地稳住。

3）人力推车应遵守的规定

（1）推车人员应携带矿灯。

（2）在照明不良的区段，不应人力推车。

（3）每人只允许推一辆车。

（4）同方向行驶的车辆，轨道坡度不大于 5‰的，车辆间距不小于 10 m，坡度大于 5‰的，不小于 30 m；坡度大于 10‰的，不应采用人力推车。

（5）在能够自动滑行的线路上运行，应有可靠的制动装置；行车速度应不超过 3 m/s；推车人员不应骑跨车辆滑行或放飞车。

（6）矿车通过道岔、巷道口、风门、弯道和坡度较大的区段，以及出现两车相遇、前面有人或障碍物、脱轨、停车等情况时，推车人应及时发出警号。

在运输巷道内，人员应沿人行道行走。双轨巷道有列车错车时，人员不应在两轨道之间停留。在调车场内，人员不应横跨列车。

永久性轨道应及时敷设。永久性轨道路基应铺以碎石或砾石道砟，轨枕下面的道砟厚度应不小于 90 mm，轨枕埋入道砟的深度应不小于轨枕厚度的 2/3。

4）轨道的曲线半径应符合的规定

（1）行驶速度 1.5 m/s 以下时，不小于车辆最大轴距的 7 倍。

（2）行驶速度大于 1.5 m/s 时，不小于车辆最大轴距的 10 倍。

（3）轨道转弯角度大于 90°时，不小于车辆最大轴距的 10 倍。

（4）对于带转向架的大型车辆（如梭车、底卸式矿车等），应不小于车辆技术文件的要求。

曲线段轨道加宽和外轨超高，应符合运输技术条件的要求。直线段轨道的轨距误差应不超过+5 mm 和−2 mm，平面误差应不大于 5 mm，钢轨接头间隙宜不大于 5 mm。

维修线路时，应在工作地点前后不少于 80 m 处设置临时信号，维修结束应予撤除。

5）使用电机车运输应遵守的规定

（1）有爆炸性气体的回风巷道，不应使用架线式电机车。

（2）高硫和有自燃发火危险的矿井，应使用防爆型蓄电池电机车。

（3）每班应检查电机车的闸、灯、警铃、连接器和过电流保护装置，任何一项不正常，均不应使用。

（4）电机车司机不应擅离工作岗位；司机离开机车时，应切断电动机电源，拉下控制器把手，取下车钥匙，扳紧车闸将机车刹住。

6）电机车运行应遵守的规定

（1）司机不应将头或身体探出车外。

（2）列车制动距离：运送人员应不超过20 m，运送物料应不超过40 m；14 t以上的大型机车（或双机）牵引运输，应根据运输条件予以确定，但应不超过80 m。

（3）采用电机车运输的主要运输道上，非机动车辆应经调度人员同意方可行驶。

（4）单机牵引列车正常行车时，机车应在列车的前端牵引（调车或处理事故时不在此限）。

（5）双机牵引列车允许1台机车在前端牵引，1台机车在后端推动。

（6）列车通过风门、巷道口、弯道、道岔和坡度较大的区段，以及前方有车辆或视线有障碍时，应减速并发出警告信号。

（7）在列车运行前方，任何人发现有碍列车行进的情况时，应以矿灯、声响或其他方式向司机发出紧急停车信号；司机发现运行前方有异常情况或信号时，应立即停车检查，排除故障。

（8）电机车停稳之前，不应摘挂钩。

（9）不应无连接装置顶车和长距离顶车倒退行驶；若需短距离倒行，应减速慢行，且有专人在倒行前方观察监护。

7）架线式电机车运输的滑触线悬挂高度（由轨面算起）应符合的规定

（1）主要运输巷道：线路电压低于500V时，不低于1.8 m；线路电压高于500 V时，不低于2.0 m。

（2）井下调车场、架线式电机车道与人行道交叉点：线路电压低于500 V时，不低于2.0 m；线路电压高于500 V时，不低于2.2 m。

（3）井底车场（至运送人员车站），不低于2.2 m。

8）电机车运输的滑触线架设应符合的规定

（1）滑触线悬挂点的间距，在直线段内应不超过5 m；在曲线段内应不超过3 m。

（2）滑触线线夹两侧的横拉线，应用瓷瓶绝缘；线夹与瓷瓶的距离不超过0.2 m。线夹与巷道顶板或支架横梁间的距离，不小于0.2 m。

（3）滑触线与管线外缘的距离不小于0.2 m。

（4）滑触线与金属管线交叉处，应用绝缘物隔开。

电机车运输的滑触线应设分段开关，分段距离应不超过500 m。每一条支线也应设分段开关。上下班时间，距井筒50 m以内的滑触线应切断电源。架线式电机车运输工作中断时间超过一个班时，非工作地区内的电机车线路电源应切断。修整电机车线路，应先切断电源，并将线路接地，接地点应设在工作地段的可见部位。

9）使用带式输送机应遵守的规定

（1）带式输送机运输物料的最大坡度，向上（块矿）应不大于 15°，向下应不大于 12°；带式输送机最高点与顶板的距离，应不小于 0.6 m；物料的最大外形尺寸应不大于 350 mm。

（2）人员不得搭乘非载人带式输送机。

（3）不应用带式输送机运送过长的材料和设备。

（4）输送带的最小宽度，应不小于物料最大尺寸的 2 倍加 200 mm。

（5）带式输送机胶带的安全系数，按静荷载计算应不小于 8，按启动和制动时的动荷载计算应不小于 3；钢绳芯带式输送机的静荷载安全系数应不小于 5～8。

（6）钢绳芯带式输送机的滚筒直径，应不小于钢绳芯直径的 150 倍，不小于钢丝直径的 1000 倍，且最小直径应不小于 400 mm。

（7）装料点和卸料点，应设空仓、满仓等保护装置，并有声光信号及与输送机联锁。

（8）带式输送机应设有防胶带撕裂、断带、跑偏等保护装置，并有可靠的制动、胶带清扫以及防止过速、过载、打滑、大块冲击等保护装置；线路上应有信号、电气联锁和停车装置；上行的带式输送机，应设防逆转装置。

（9）在倾斜巷道中采用带式输送机运输，输送机的一侧应平行敷设一条检修道，需要利用检修道作辅助提升时，带式输送机最突出部分与提升容器的间距应不小于 300 mm，且辅助提升速度不应超过 1.5 m/s。

10）井下使用无轨运输设备应遵守的规定

（1）内燃设备，应使用低污染的柴油发动机，每台设备应有废气净化装置，净化后的废气中有害物质的浓度应符合 GBZ 1、GBZ 2 的有关规定。

（2）运输设备应定期进行维护保养。

（3）采用汽车运输时，汽车顶部至巷道顶板的距离应不小于 0.6 m。

（4）斜坡道长度每隔 300～400 m，应设坡度不大于 3%、长度不小于 20 m 并能满足错车要求的缓坡段；主要斜坡道应有良好的混凝土、沥青或级配均匀的碎石路面。

（5）不应熄火下滑。

（6）在斜坡上停车时，应采取可靠的挡车措施。

（7）每台设备应配备灭火装置。

2. 斜井运输

（1）供人员上、下的斜井，垂直深度超过 50 m 的，应设专用人车运送人员。斜井用矿车组提升时，不应人货混合串车提升。

（2）专用人车应有顶棚，并装有可靠的断绳保险器。列车每节车厢的断绳保险器应相互连结，并能在断绳时起作用。断绳保险器应既能自动，也能手动。运送人员的列车，应有随车安全员。随车安全员应坐在装有断绳保险器操纵杆的第一节车内。运送人员的专用列车的各节车厢之间，除连接装置外，还应附挂保险链。连接装置和保险链，应经常检查，定期更换。

（3）采用专用人车运送人员的斜井，应装设符合下列规定的声、光信号装置：

①每节车厢均能在行车途中向提升司机发出紧急停车信号；

②多水平运送时，各水平发出的信号应有区别，以便提升司机辨认；

③所有收发信号的地点，均应悬挂明显的信号牌。

（4）斜井运输，应有专人负责管理。乘车人员应听从随车安全员指挥，按指定地点上下车，上车后应关好车门，挂好车链。斜井运输时，不应蹬钩；人员不应在运输道上行走。

（5）倾角大于 10°的斜井，应设置轨道防滑装置，轨枕下面的道砟厚度应不小于50 mm。

（6）提升矿车的斜井，应设常闭式防跑车装置，并经常保持完好。斜井上部和中间车场，应设阻车器或挡车栏。阻车器或挡车栏在车辆通过时打开，车辆通过后关闭。斜井下部车场应设躲避硐室。

（7）斜井运输的最高速度，不应超过下列规定：

①运送人员或用矿车运输物料，斜井长度不大于 300 m 时，3.5 m/s；斜井长度大于 300 m 时，5 m/s；

②用箕斗运送物料，斜井长度不大于 300 m 时，5 m/s；斜井长度大于 300 m 时，7 m/s；

③斜井运送人员的加速度或减速度，应不超过 0.5 m/s^2。

3．竖井提升

（1）垂直深度超过 50 m 的竖井用作人员出入口时，应采用罐笼或电梯升降人员。

（2）用于升降人员和物料的罐笼，应符合 GB 16542 的规定。

（3）建井期间临时升降人员的罐笼，若无防坠器，应制定切实可行的安全措施，并报主管矿长批准。

（4）同一层罐笼不应同时升降人员和物料。升降爆破器材时，负责运输的爆破作业人员应通知中段（水平）信号工和提升机司机，并跟罐监护。

（5）无隔离设施的混合井，在升降人员的时间内，箕斗提升系统应中止运行。

（6）罐笼的最大载重量和最大载人数量，应在井口公布，不应超载运行。

（7）竖井提升应符合下列规定：

①提升容器和平衡锤，应沿罐道运行。

②提升容器的罐道，应采用木罐道、型钢罐道或钢丝绳罐道。

③竖井内用带平衡锤的单罐笼升降人员或物料时，平衡垂的质量应符合设计要求，平衡锤和罐笼用的钢丝绳规格应相同，并应做同样的检查和试验。

（8）提升容器的导向槽（器）与罐道之间的间隙，应符合下列规定：

①木罐道，每侧应不超过 10 mm；

②钢丝绳罐道，导向器内径应比罐道绳直径大 2～5 mm；

③型钢罐道不采用滚轮罐耳时，滑动导向槽每侧间隙不应超过 5 mm；

④型钢罐道采用滚轮罐耳时，滑动导向槽每侧间隙应保持 10～15 mm。

（9）导向槽（器）和罐道，其间磨损达到下列程度，均应予以更换：

①木罐道的一侧磨损超过 15 mm；

②导向槽的一侧磨损超过 8 mm；

③钢罐道和容器导向槽同一侧总磨损量达到 10 mm；

④钢丝绳罐道表面钢丝在一个捻距内断丝超过 15%；封闭钢丝绳的表面钢丝磨损超过 50%；导向器磨损超过 8 mm；

⑤型钢罐道任一侧壁厚磨损超过原厚度的 50%。

（10）竖井内提升容器之间、提升容器与井壁或罐道梁之间的最小间隙，应符合表 2-6 规定。

表 2-6　竖井内提升容器之间以及提升容器最突出部分和井壁、罐道梁、井梁之间的最小间隙　mm

罐道和井梁布置		容器与容器之间	容器与井壁之间	容器与罐道梁之间	容器与井梁之间	备注
罐道布置在容器一侧		200	150	40	150	罐道与导向槽之间为 20
罐道布置在容器两侧	木罐道	—	200	50	200	有卸载滑轮的容器，滑轮和罐道梁间隙增加 25
	钢罐道	—	150	40	150	
罐道布置在容器正门	木罐道	200	200	50	200	
	钢罐道	200	150	40	150	
钢丝绳罐道		450	350		350	设防撞绳时，容器之间最小间隙为 200

罐道钢丝绳的直径应不小于 28 mm；防撞钢丝绳的直径应不小于 40 mm。凿井时，两个提升容器的钢丝绳罐道之间的间隙，应不小于 250+H/3（H 为以米为单位的井筒深度的数值）mm，且应不小于 300 mm。

（11）钢丝绳罐道，应优先选用密封式钢丝绳。每根罐道绳的最小刚性系数应不小于 500 N/m。各罐道绳张紧力应相差 5%～10%，内侧张紧力大，外侧张紧力小。

井底应设罐道钢丝绳的定位装置。拉紧重锤的最低位置到井底水窝最高水面的距离，应不小于 1.5 m。应有清理井底粉矿及泥浆的专用斜井、联络道或其他形式的清理设施。

采用多绳摩擦提升机时，粉矿仓应设在尾绳之下，粉矿仓顶面距离尾绳最低位置应不小于 5 m。穿过粉矿仓底的罐道钢丝绳，应用隔离套筒予以保护。

从井底车场轨面至井底固定托罐梁面的垂高应不小于过卷高度，在此范围内不应有积水。

（12）罐道钢丝绳应有 20～30 m 备用长度；罐道的固定装置和拉紧装置应定期检查，及时串动和转动罐道钢丝绳。

（13）天轮到提升机卷筒的钢丝绳最大偏角，应不超过 1°30'。天轮轮槽剖面的中心线，应与轮轴中心线垂直。不应有轮缘变形、轮辐弯曲和活动等现象。

（14）采用扭转钢丝绳作多绳摩擦提升机的首绳时，应按左右捻相间的顺序悬挂，悬挂前，钢丝绳应除油。腐蚀性严重的矿井，钢丝绳除油后应涂增摩脂。若用扭转钢丝绳作尾绳，提升容器底部应设尾绳旋转装置，挂绳前，尾绳应破劲。井筒内最低装矿点的下面，应设尾绳隔离装置。

（15）运转中的多绳摩擦提升机，应每周检查一次首绳的张力，若各绳张力反弹波时间差超过 10%，应进行调绳。对主导轮和导向轮的摩擦衬垫，应视其磨损情况及时车削绳槽。绳槽直径差应不大于 0.8 mm。衬垫磨损达 2/3，应及时更换。

（16）采用钢丝绳罐道的罐笼提升系统，中间各中段应设稳罐装置。

（17）采用钢丝绳罐道的单绳提升系统，两根主提升钢丝绳应采用不旋转钢丝绳。

（18）不应用普通箕斗升降人员。遇特殊情况需要使用普通箕斗或急救罐升降人员时，应采取经主管矿长批准的安全措施。

（19）人员站在空提升容器的顶盖上检修、检查井筒时，应有下列安全防护措施：

①应在保护伞下作业；

②应佩戴安全带，安全带应牢固地绑在提升钢丝绳上；

③检查井筒时，升降速度应不超过 0.3 m/s；

④容器上应设专用信号联系装置；

⑤井口及各中段马头门，应设专人警戒，不应下坠任何物品。

（20）竖井罐笼提升系统的各中段马头门，应根据需要使用摇台。除井口和井底允许设置托台外，特殊情况下也允许在中段马头门设置自动托台。摇台、托台应与提升机闭锁。

（21）竖井提升系统应设过卷保护装置，过卷高度应符合下列规定：

①提升速度低于 3 m/s 时，不小于 4 m；

②提升速度为 3～6 m/s 时，不小于 6 m；

③提升速度高于 6 m/s、低于或等于 10 m/s 时，不小于最高提升速度下运行 1s 的提升高度；

④提升速度高于 10 m/s 时，不小于 10 m；

⑤凿井期间用吊桶提升时，不小于 4 m。

（22）提升井架（塔）内应设置过卷挡梁和楔形罐道。楔形罐道的楔形部分的斜度为 1%，其长度（包括较宽部分的直线段）应不小于过卷高度的 2/3，楔形罐道顶部需设封头挡梁。多绳摩擦提升时，井底楔形罐道的安装位置，应使下行容器比上提容器提前接触楔形罐道，提前距离应不小于 1 m。单绳缠绕式提升时，井底应设简易缓冲式防过卷装置，有条件的可设楔形罐道。

（23）提升系统的各部分，包括提升容器、连接装置、防坠器、罐耳、罐道、阻车器、罐座、摇台（或托台）、装卸矿设施、天轮和钢丝绳，以及提升机的各部分，包括卷筒、制动装置、深度指示器、防过卷装置、限速器、调绳装置、传动装置、电动机和控制设备以及各种保护装置和闭锁装置等，每天应由专职人员检查一次，每月应由矿机电部门组织有关人员检查一次；发现问题应立即处理，并将检查结果和处理情况记录存档。

（24）钢筋混凝土井架、钢井架和多绳提升机井塔，每年应检查一次；木质井架，每半年应检查一次。检查结果应写成书面报告，发现问题应及时解决。

（25）井口和井下各中段马头门车场，均应设信号装置。各中段发出的信号应有区别。乘罐人员应在距井筒 5 m 以外候罐，应严格遵守乘罐制度，听从信号工指挥。提升机司机应弄清信号用途，方可开车。

（26）罐笼提升系统，应设有能从各中段发给井口总信号工转达提升机司机的信号装置。井口信号与提升机的启动，应有闭锁关系，并应在井口与提升机司机之间设辅助信号装置及电话或话筒。

箕斗提升系统，应设有能从各装矿点发给提升机司机的信号装置及电话或话筒。装矿点信号与提升机的启动，应有闭锁关系。

竖井提升信号系统，应设有下列信号：

①工作执行信号；

②提升中段（或装矿点）指示信号；

③提升种类信号；

④检修信号；

⑤事故信号；

⑥无联系电话时，应设联系询问信号。

竖井罐笼提升信号系统，应符合 GB 16541 的规定。

（27）事故紧急停车和用箕斗提升矿石或废石，井下各中段可直接向提升机司机发出信号。用罐笼提升矿石或废石，应经井口总信号工同意，井下各中段方可直接向提升机司机发出信号。

（28）所有升降人员的井口及提升机室，均应悬挂下列布告牌：

①每班上下井时间表；

②信号标志；

③每层罐笼允许乘罐的人数；

④其他有关升降人员的注意事项。

（29）清理竖井井底水窝时，上部中段应设保护设施，以免物体坠落伤人。

4．钢丝绳和连接装置

（1）除用于倾角30°以下的斜井提升物料的钢丝绳外，其他提升钢丝绳和平衡钢丝绳，使用前均应进行检验。经过检验的钢丝绳，贮存期应不超过六个月。

（2）提升钢丝绳的检验，应使用符合条件的设备和方法进行，检验周期应符合下列要求：

①升降人员或升降人员和物料用的钢丝绳，自悬挂时起，每隔六个月检验一次；有腐蚀气体的矿山，每隔三个月检验一次；

②升降物料用的钢丝绳，自悬挂时起，第一次检验的间隔时间为一年，以后每隔六个月检验一次；

③悬挂吊盘用的钢丝绳，自悬挂时起，每隔一年检验一次。

（3）提升钢丝绳，悬挂时的安全系数应符合下列规定：

单绳缠绕式提升钢丝绳：

①专作升降人员用的，不小于9；

②升降人员和物料用的，升降人员时不小于9，升降物料时不小于7.5；

③专作升降物料用的，不小于6.5。

多绳摩擦提升钢丝绳：

①升降人员用的，不小于8；

②升降人员和物料用的，升降人员时不小于8，升降物料时不小于7.5；

③升降物料用的，不小于7；

④作罐道或防撞绳用的，不小于6。

（4）使用中的钢丝绳，定期检验时安全系数为下列数值的，应更换：

①专作升降人员用的，小于7；

②升降人员和物料用的，升降人员时小于7，升降物料时小于6；

③专作升降物料和悬挂吊盘用的，小于5。

（5）新钢丝绳悬挂前，应对每根钢丝做拉断、弯曲和扭转3种试验，并以公称直径为准对试验结果进行计算和判定：不合格钢丝的断面积与钢丝总断面积之比达到6%，不应用于升降人员；达到10%，不应用于升降物料；以合格钢丝拉断力总和为准算出的安全系数，如小于上述第（3）条规定时，不应使用该钢丝绳。

使用中的钢丝绳，可只做每根钢丝的拉断和弯曲2种试验。试验结果，仍以公称直径为准进行计算和判定：不合格钢丝的断面积与钢丝总断面积之比达到25%时，应更换；以合格钢丝拉断力总和为准算出的安全系数，如小于上述第（4）条的规定时，应更换。

（6）对提升钢丝绳，除每日进行检查外，应每周进行一次详细检查，每月进行一次全面检查；人工检查时的速度应不高于 0.3m/s，采用仪器检查时的速度应符合仪器的要求。对平衡绳（尾绳）和罐道绳，每月进行一次详细检查。所有检查结果，均应记录存档。

钢丝绳一个捻距内的断丝断面积与钢丝总断面积之比，达到下列数值时，应更换：

①提升钢丝绳，5%；

②平衡钢丝绳、防坠器的制动钢丝绳（包括缓冲绳），10%；

③罐道钢丝绳，15%；

④倾角 30°以下的斜井提升钢丝绳，10%。

以钢丝绳标称直径为准计算的直径减小量达到下列数值时，应更换：

①提升钢丝绳或制动钢丝绳，10%；

②罐道钢丝绳，15%；

使用密封钢丝绳外层钢丝厚度磨损量达到 50%时，应更换。

（7）钢丝绳在运行中遭受到卡罐或突然停车等猛烈拉力时，应立即停止运转，进行检查，发现下列情况之一者，应将受力段切除或更换全绳：

①钢丝绳产生严重扭曲或变形；

②断丝或直径减小量超过上述第（6）条的规定；

③受到猛烈拉力的一段的长度伸长 0.5%以上。在钢丝绳使用期间，断丝数突然增加或伸长突然加快，应立即更换。

（8）钢丝绳的钢丝有变黑、锈皮、点蚀麻坑等损伤时，不应用于升降人员。钢丝绳锈蚀严重，或点蚀麻坑形成沟纹，或外层钢丝松动时，不论断丝数多少或绳径是否变化，应立即更换。

（9）多绳摩擦提升机的首绳，使用中有一根不合格的，应全部更换。

（10）平衡钢丝绳（尾绳）的长度，应满足罐笼或箕斗过卷的需要。使用圆形平衡钢丝绳时，应有避免平衡钢丝绳扭结的装置。平衡钢丝绳（尾绳）最低处，不应被水淹或渣埋。

（11）单绳提升，钢丝绳与提升容器之间用桃形环连接时，钢丝绳由桃形环上平直的一侧穿入，用不少于 5 个绳卡（其间距为 200～300 mm）与首绳卡紧，然后再卡一视察圈（使用带模块楔紧装置的桃形环除外）。提升容器应用带拉杆的耳环和保险链（或其他类型的连接装置）分别连接在桃形环上。安装好的保险链，不准有打结现象。多绳提升的钢丝绳用专用桃形绳夹时，回绳头应用 2 个以上绳卡与首绳卡紧。

（12）新安装或大修后的防坠器、断绳保险器，应进行脱钩试验，合格后方可使用。在用竖井罐笼的防坠器，每半年应进行一次清洗和不脱钩试验，每年进行一次脱钩试验。在用斜井人车的断绳保险器，每日进行一次手动落闸试验，每月进行一次静止松绳落闸试验，每年进行一次重载全速脱钩试验。防坠器或断绳保险器的各个连接和传动部件，应经常处于灵活状态。

（13）连接装置的安全系数，应符合下列规定：

①升降人员或升降人员和物料的连接装置和其他有关部分，不小于13；

②升降物料的连接装置和其他有关部分，不小于10；

③无极绳运输的连接装置，不小于8；

④矿车的连接钩、环和连接杆，不小于6。

计算保险链的安全系数时，假定每条链子都平均地承受容器自重及其荷载，并应考虑链子的倾斜角度。

（14）井口悬挂吊盘应平稳牢固，吊盘周边至少应均匀布置4个悬挂点。井筒深度超过100 m时，悬挂吊盘用的钢丝绳不应兼作导向绳使用。

（15）凿井用的钢丝绳和连接装置的安全系数，应符合下列规定：

①悬挂吊盘、水泵、排水管用的钢丝绳，不小于6；

②悬挂风筒、压缩空气管、混凝土浇注管、电缆及拉紧装置用的钢丝绳，不小于5；

③悬挂吊盘、安全梯、水泵、抓岩机的连接装置（钩、环、链、螺栓等），不小于10；

④悬挂风管、水管、风筒、注浆管的连接装置，不小于8；

⑤吊桶提梁和连接装置的安全系数不小于13。

5．提升装置

（1）提升装置的天轮、卷筒、主导轮和导向轮的最小直径与钢丝绳直径之比，应符合下列规定：

①摩擦轮式提升装置的主导轮，有导向轮时不小于100，无导向轮时不小于80；

②落地安装的摩擦轮式提升装置的主导轮和天轮不小于100；

③地表单绳提升装置的卷筒和天轮，不小于80；

④井下单绳提升装置和凿井的单绳提升装置的卷筒和天轮，不小于60；

⑤排土场的提升或运输装置的卷筒和导向轮，不小于50；

⑥悬挂吊盘、吊泵、管道用绞车的卷筒和天轮，凿井时运料用绞车的卷筒，不小于20；

⑦其他移动式辅助性绞车视情况而定。

（2）提升装置的卷筒、天轮、主导轮、导向轮的最小直径与钢丝绳中最粗钢丝的最大直径之比，应符合下列规定：

①地表提升装置，不小于1200；

②井下或凿井用的提升装置，不小于900；

③凿井期间升降物料的绞车或悬挂水泵、吊盘用的提升装置，不小于300。

（3）各种提升装置的卷筒缠绕钢丝绳的层数，应符合下列规定：

①竖井中升降人员或升降人员和物料的，宜缠绕单层；专用于升降物料的，可缠绕两层；

②斜井中升降人员或升降人员和物料的，可缠绕两层；升降物料的，可缠绕三层；

③盲井（包括盲竖井、盲斜井）中专用于升降物料的或地面运输用的，可缠绕三层；

④开凿竖井或斜井期间升降人员和物料的，可缠绕两层；深度或斜长超过 400m 的，可缠绕三层；

⑤移动式或辅助性专为提升物料用的，以及凿井期间专为升降物料用的，可多层缠绕。

（4）缠绕两层或多层钢丝绳的卷筒，应符合下列规定：

①卷筒边缘应高出最外一层钢丝绳，其高差不小于钢丝绳直径的 2.5 倍；

②卷筒上应装设带螺旋槽的衬垫，卷筒两端应设有过渡块；

③经常检查钢丝绳由下层转至上层的临界段部分（相当于 1/4 绳圈长），并统计其断丝数。每季度应将钢丝绳临界段串动 1/4 绳圈的位置。

（5）双筒提升机调绳，应在无负荷情况下进行。

（6）在卷筒内紧固钢丝绳，应遵守下列规定：

①卷筒内应设固定钢丝绳的装置，不应将钢丝绳固定在卷筒轴上；

②卷筒上的绳眼，不许有锋利的边缘和毛刺，折弯处不应形成锐角，以防止钢丝绳变形；

③卷筒上保留的钢丝绳，应不少于三圈，以减轻钢丝绳与卷筒连接处的张力。

用作定期试验用的补充绳，可保留在卷筒之内或缠绕在卷筒上。

（7）天轮的轮缘应高于绳槽内的钢丝绳，高出部分应大于钢丝绳直径的 1.5 倍。带衬垫的天轮，衬垫应紧密固定。衬垫磨损深度相当于钢丝绳直径，或沿侧面磨损达到钢丝绳直径的一半时，应立即更换。

（8）竖井用罐笼升降人员时，加速度和减速度应不超过 0.75 m/s^2；最高速度应不超过下式计算值，且最大应不超过 12 m/s。

$$v = 0.5\sqrt{H}$$

式中　　v——最高速度，m/s；

　　　　H——提升高度，m。

竖井升降物料时，提升容器的最高速度，应不超过下式计算值。

$$v = 0.6\sqrt{H}$$

式中　　v——最高速度，m/s；

　　　　H——提升高度，m。

（9）吊桶升降人员的最高速度：有导向绳时，应不超过罐笼提升最高速度的 1/3；无导向绳时，应不超过 1 m/s。

吊桶升降物料的最高速度：有导向绳时，应不超过罐笼提升最高速度的 2/3；无导向绳时，应不超过 2 m/s。

（10）提升装置的机电控制系统，应有下列符合要求的保护与电气闭锁装置：

①限速保护装置：罐笼提升系统最高速度超过 4 m/s 和箕斗提升系统最高速度超过 6 m/s 时，控制提升容器接近预定停车点时的速度应不超过 2 m/s；

②主传动电动机的短路及断电保护装置：保证安全制动及时动作；

③过卷保护装置：安装在井架和深度指示器上；当提升容器或平衡锤超过正常卸载（罐笼为进出车）位置 0.5 m 时，使提升设备自动停止运转，同时实现安全制动；此外，还应设置不能再向过卷方向接通电动机电源的联锁装置；

④过速保护装置：当提升速度超过规定速度的 15%时，使提升机自动停止运转，实现安全制动；

⑤过负荷及无电压保护装置：当提升机过负荷或供电中断时，使提升机自动停止运转；

⑥提升机操纵手柄与安全制动之间的联锁装置：操纵手柄不在"0"位、制动手柄不在抱闸位置时，不能接通安全制动电磁铁电源而解除安全制动；

⑦闸瓦磨损保护装置：闸瓦磨损超过允许值或制动弹簧（或重锤机构）行程超限时，应有信号显示及安全制动；

⑧使用电气制动的，当制动电流消失时，应实现安全制动；

⑨圆盘式深度指示器自整角机的定子绕组断电时，应实现安全制动；

⑩圆盘闸制动系统，制动油压过高，或制动油泵电动机断电，或制动闸变形异常时，应实现安全制动；

⑪润滑系统油压过高、过低或制动油温过高时，应使下一次提升不能进行；

⑫当提升容器到达两端减速点时，应使提升机自动减速或发出减速信号；

⑬采用直流电动机传动时，主传动电动机应装设失励磁保护；

⑭测速回路应有断电保护；

⑮提升机与信号系统之间的闭锁装置：司机未接到工作执行信号不能开车；应同时设有解除这项闭锁的装置；该装置未经许可，司机不应擅自动用。

（11）提升系统除应装设上条所述基本保护和联锁装置外，还应设置下列保护和联锁装置：

①高压换向器（或全部电气设备）的隔墙（或围栅）门与油断路器之间的联锁；

②安全制动时不能接通电动机电源、工作闸抱紧时电动机不能加速的联锁；

③直流控制电源的失压保护；

④高压换向器的电弧闭锁；

⑤控制屏加速接触器主触头的失灵闭锁；

⑥提升机卷筒直径在 3 m 以上的，应设松绳保护；

⑦采用能耗制动时，高压换向器与直流接触器间，应有电弧闭锁；

⑧直流主电动机回路的接地保护；

⑨在制动状态下，主电动机的过电流保护；

⑩主电动机的通风机故障，或主电动机温升超过额定值的联锁；

⑪可控硅整流装置通风机故障的联锁；

⑫尾绳工作不正常的联锁；

⑬装卸载机构运行不到位或平台控制不正常的联锁；

⑭装矿设施不正常及超载过限的联锁；

⑮深度指示器调零装置失灵、摩擦式提升机位置同步未完成的联锁；

⑯摇台或托台工作状态的联锁；

⑰井口及各中段安全门未关闭的联锁。

（12）提升机控制系统，除应满足正常提升要求外，还应满足下列运行工作状态的要求：

①低速检查井筒及钢丝绳，运行速度应不超过 0.3 m/s；

②调换工作中段；

④低速下放大型设备或长材料，运行速度应不超过 0.5 m/s。

（13）提升设备应有能独立操纵的工作制动和安全制动的两套制动系统，其操纵系统应设在司机操纵台。安全制动装置，除可由司机操纵外，还应能自动制动；制动时，应能使提升机的电动机自动断电。提升速度不超过 4 m/s、卷筒直径小于 2 m 的提升设备，如作闸带有重锤，允许司机用体力操作；其他情况下，应使用机械传动的、可调整的工作闸。提升能力在 10 t 以下的凿井用绞车，可采用手动安全闸。

（14）提升设备应有定车装置，以便调整卷筒位置和检修制动装置。

（15）在井筒内用以升降水泵或其他设备的手摇绞车，应装有制动闸、防止逆转装置和双重转速装置。

（16）安全制动装置的空动时间（自安全保护回路断电时起至闸瓦刚接触闸轮或闸盘的时间）：压缩空气驱动闸瓦式制动闸，应不超过 0.5 s；储能液压驱动闸瓦式制动闸，应不超过 0.6 s；盘式制动闸，应不超过 0.3 s。对于斜井提升，为了保证上提紧急制动不发生松绳而应延时制动时，空动时间可适当延长。安全制动时，杠杆和闸瓦不应发生显著的弹性摆动。

（17）竖井和倾角大于 30°的斜井的提升设备，安全制动时的减速度应满足：满载下放时应不小于 1.5 m/s^2，满载提升时应不大于 5 m/s^2。

倾角 30°以下的井巷，安全制动时的减速度应满足：满载下放时的制动减速度应不小于 0.75 m/s²，满载提升时的制动减速度应不大于按下式计算的自然减速度 A_0（m/s²）。

$$A_0=g（\sin\theta+f\cos\theta）$$

式中　g——重力加速度，m/s²；

　　　θ——井巷倾角，（°）；

　　　f——绳端荷载的运动阻力系数，一般取 0.010～0.015。

摩擦轮式提升装置，常用闸或保险闸发生作用时，全部机械的减速度不得超过钢丝绳的滑动极限。

满载下放时，应检查减速度的最低极限；满载提升时，应检查减速度的最高极限。

（18）提升机紧急制动和工作制动时所产生的力矩，与实际提升最大静荷载产生的旋转力矩之比 K，应不小于 3。质量模数较小的绞车，上提重载安全制动的减速度超过上条所规定的限值时，可将安全制动装置的 K 值适当降低，但应不小于 2。凿井时期，升降物料用的提升机，K 值应不小于 2。

调整双卷筒绞车卷筒旋转的相对位置时，应在无负荷情况下进行。制动装置在各卷筒闸轮上所产生的力矩，应不小于该卷筒所悬质量（钢丝绳质量与提升容器质量之和）形成的旋转力矩的 1.2 倍。

计算制动力矩时，闸轮和闸瓦摩擦系数应根据实测确定，一般采用 0.30～0.35；常用闸和保险闸的力矩，应分别计算。

（19）盘式制动器的闸瓦与制动盘的接触面积，应大于制动盘面积的 60%；应经常检查调整闸瓦与制动盘的间隙，保持在 1mm 左右，且应不大于 2mm。

液压离合器的油缸不应漏油。盘式制动器的闸盘上不应有油污，每班至少检查一次，发现油污应及时停车处理。

（20）多绳摩擦提升系统，两提升容器的中心距小于主导轮直径时，应装设导向轮；主导轮上钢丝绳围包角应不大于 200°。

（21）多绳摩擦提升系统，静防滑安全系数应大于 1.75；动防滑安全系数，应大于 1.25；重载侧和空载侧的静张力比，应小于 1.5。

（22）多绳摩擦提升机采用弹簧支承的减速器时，各支承弹簧应受力均匀；弹簧的疲劳和永久变形每年应至少检查一次，其中有一根不合格，均应按性能要求予以更换。

（23）提升设备应装设下列仪表：

①提升速度 4 m/s 以上的提升机，应装设速度指示器或自动速度记录仪；

②电压表和电流表；

③指示制动系统的气压表或油压表以及润滑油压表。

（24）在交接班、人员上下井时间内，非计算机控制的提升机，应由正司机开车，副司机在场监护。每班升降人员之前，应先开一次空车，检查提升机的运转情况，并将检查结果记录存档。连续运转时，可不受此限。发生故障时，司机应立即向矿机电部门和调度报告，并应记录停车时间、故障原因、修复时间和所采取的措施。

（25）主要提升装置，应由有资质的检测检验机构按规定的检测周期进行检测。检测项目如下：

①各种安全保护装置；

②天轮的垂直度和水平度，有无轮缘变形和轮辐弯曲现象；

③电气传动装置和控制系统的情况；

④各种保护、调整和自动记录装置（仪表），以及深度指示器等的动作状况和准确、精密程度；

⑤工作制动和安全制动的工作性能，并验算其制动力矩，测定安全制动的速度；

⑥井塔或井架的结构、腐蚀和震动；

⑦防坠器、防过卷装置、罐道、装卸矿设施等。

对检测发现的问题，矿山企业应提出整改措施，限期整改。

（26）提升装置，应备有下列技术资料：

①提升机说明书；

②提升机总装配图和备件图；

③制动装置的结构图和制动系统图；

④电气控制原理系统图；

⑤提升系统图；

⑥设备运转记录；

⑦检验和更换钢丝绳的记录；

⑧大、中、小修记录；

⑨岗位责任制和操作规程；

⑩司机班中检查和交接班记录；

⑪主要装置（包括钢丝绳、防坠器、天轮、提升容器、罐道等）的检查记录。

制动系统图、电气控制原理图、提升机的技术特征、提升系统图、岗位责任制和操作规程等，应悬挂在提升机室内。

（四）通风防尘

1. 井下空气

（1）井下采掘工作面进风流中的空气成分（按体积计算），氧气应不低于 20%，二氧化碳应不高于 0.5%。

（2）入风井巷和采掘工作面的风源含尘量，应不超过 0.5 mg/m³。

（3）井下作业地点的空气中，有害物质的接触限值应不超过 GBZ 2 的规定。

（4）含铀、钍等放射性元素的矿山，井下空气中氡及其子体的浓度应符合 GB 4792

的规定。

（5）矿井所需风量，按下列要求分别计算，并取其中最大值：

①按井下同时工作的最多人数计算，供风量应不少于每人 4 m³/min；

②按排尘风速计算，硐室型采场最低风速应不小于 0.15 m/s，巷道型采场和掘进巷道应不小于 0.25 m/s；电耙道和二次破碎巷道应不小于 0.5 m/s；箕斗硐室、破碎硐室等作业地点，可根据具体条件，在保证作业地点空气中有害物质的接触限值符合 GBZ 2规定的前提下，分别采用计算风量的排尘风速；

③有柴油设备运行的矿井，按同时作业机台数每千瓦每分钟供风量 4 m³ 计算。

（6）采掘作业地点的气象条件应符合表 2-7 的规定，否则，应采取降温或其他防护措施。

表 2-7　采掘作业地点气象条件规定

干球温度℃	相对湿度/%	风速/（m·s⁻¹）	备注
≤28	不规定	0.5～1.0	上限
≤26	不规定	0.3～0.5	至适
≤18	不规定	≤0.3	增加工作服保暖量

（7）进风巷冬季的空气温度，应高于 2 ℃；低于 2 ℃时，应有暖风设施。不应采用明火直接加热进入风井的空气。

在严寒地区，主要井口（所有提升井和作为安全出口的风井）应有保温措施，防止井口及井筒结冰。如有结冰，应及时处理，处理结冰时应通知井口和井下各中段马头门附近的人员撤离，并做好安全警戒。

有放射性的矿山，不应利用老窿（巷）预热和降温。

（8）井巷断面平均最高风速应不超过表 2-8 的规定。

表 2-8　井巷断面平均最高风速规定

井 巷 名 称	最高风速/（m·s⁻¹）
专用风井，专用总进、回风道	15
专用物料提升井	12
风桥	10
提升人员和物料的井筒，中段主要进、回风道，修理中的井筒，主要斜坡道	8
运输巷道，采区进风道	6
采场	4

2. 通风系统

（1）矿井应建立机械通风系统。对于自然风压较大的矿井，当风量、风速和作业场所空气质量能够达到规定时，允许暂时用自然通风替代机械通风。

应根据生产变化，及时调整矿井通风系统，并绘制全矿通风系统图。通风系统图

185

应标明风流的方向和风量、与通风系统分离的区域、所有风机和通风构筑物的位置等。

井下采用硐室爆破时，应专门编制通风设计和安全措施，并经主管矿长批准执行。

（2）矿井通风系统的有效风量率，应不低于 60%。

（3）采场形成通风系统之前，不应进行回采作业。矿井主要进风风流，不得通过采空区和塌陷区，需要通过时，应砌筑严密的通风假巷引流。主要进风巷和回风巷，应经常维护，保持清洁和风流畅通，不应堆放材料和设备。

（4）进入矿井的空气，不应受到有害物质的污染。放射性矿山出风井与入风井的间距，应大于 300 m。从矿井排出的污风，不应对矿区环境造成危害。

（5）箕斗井不应兼作进风井。混合井作进风井时，应采取有效的净化措施，以保证风源质量。主要回风井巷，不应用作人行道。

（6）各采掘工作面之间，不应采用不符合要求的风流进行串联通风。井下破碎硐室、主溜井等处的污风，应引入回风道。井下爆破材料库，应有独立的回风道。充电硐室空气中氢气的含量，应不超过 0.5%（按体积计算）。井下所有机电硐室，都应供给新鲜风流。

（7）采场、二次破碎巷道和电耙巷道，应利用贯穿风流通风或机械通风。电耙司机应位于风流的上风侧。

（8）采空区应及时密闭。采场开采结束后，应封闭所有与采空区相通的影响正常通风的巷道。

（9）通风构筑物（风门、风桥、风窗、挡风墙等）应由专人负责检查、维修，保持完好严密状态。主要运输巷道应设两道风门，其间距应大于一列车的长度。手动风门应与风流方向成 80°～85°的夹角，并逆风开启。

（10）风桥的构造和使用，应符合下列规定：

①风量超过 20 m³/s 时，应设绕道式风桥；风量为 10～20 m³ 时，可用砖、石、混凝土砌筑；风量小于 10 m³/s 时，可用铁风筒；

②木制风桥只准临时使用；

③风桥与巷道的连接处应做成弧形。

3．主要通风机

（1）正常生产情况下，主要通风机应连续运转。当井下无污染作业时，主要通风机可适当减少风量运转；当井下完全无人作业时，允许暂时停止机械通风。当主要通风机发生故障或需要停机检查时，应立即向调度室和主管矿长报告，并通知所有井下作业人员。

（2）每台主要通风机应具有相同型号和规格的备用电动机，并有能迅速调换电动机的设施。

（3）主要通风机应有使矿井风流在 10 分钟内反向的措施。当利用轴流式风机反转反风时，其反风量应达到正常运转时风量的 60%以上。每年至少进行一次反风试验，并测定主要风路反风后的风量。采用多级机站通风系统的矿山，主通风系统的每一台通风机都应满足反风要求，以保证整个系统可以反风。主要通风机或通风系统反风，应按照事故应急预案执行。

（4）主要通风机房，应设有测量风压、风量、电流、电压和轴承温度等的仪表。每班都应对扇风机运转情况进行检查，并填写运转记录。有自动监控及测试的主要通风机，每两周应进行一次自控系统的检查。

4．局部通风

（1）掘进工作面和通风不良的采场，应安装局部通风设备。局部通风机应有完善的保护装置。

（2）局部通风的风筒口与工作面的距离：压入式通风应不超过 10 m；抽出式通风应不超过 5 m；混合式通风，压入风筒的出口应不超过 10 m，抽出风筒的入口应滞后压入风筒的出口 5 m 以上。

（3）人员进入独头工作面之前，应开动局部通风设备通风，确保空气质量满足作业要求。独头工作面有人作业时，局部通风机应连续运转。

（4）停止作业并已撤除通风设备而又无贯穿风流通风的采场、独头上山或较长的独头巷道，应设栅栏和警示标志，防止人员进入。若需要重新进入，应进行通风和分析空气成分，确认安全方准进入。

（5）风筒应吊挂平直、牢固，接头严密，避免车碰和炮崩，并应经常维护，以减少漏风，降低阻力。

5．防尘措施

（1）凿岩应采取湿式作业。缺水地区或湿式作业有困难的地点，应采取干式捕尘或其他有效防尘措施。

（2）湿式凿岩时，凿岩机的最小供水量，应满足凿岩除尘的要求。

（3）爆破后和装卸矿（岩）时，应进行喷雾洒水。凿岩、出碴前，应清洗工作面 10 m 内的巷壁。进风道、人行道及运输巷道的岩壁，应每季至少清洗一次。

（4）防尘用水，应采用集中供水方式，水质应符合卫生标准要求，水中固体悬浮物应不大于 150 mg/L，pH 值应为 6.5～8.5。贮水池容量，应不小于一个班的耗水量。

（5）接尘作业人员应佩戴防尘口罩。防尘口罩的阻尘率应达到Ⅰ级标准要求（即对粒径不大于 5 μm 的粉尘，阻尘率大于 99%）。

（五）电气设施

1．供电

（1）矿山企业各种电气设备或电力系统的设计、安装、验收，应遵守 GB 50070 的规定。

（2）井下各级配电标称电压，应遵守下列规定：

①高压网络的配电电压，应不超过 10 kV；

②低压网络的配电电压，应不超过 1140 V；

③照明电压，运输巷道、井底车场应不超过 220 V；采掘工作面、出矿巷道、天井和天井至回采工作面之间，应不超过 36 V；行灯电压应不超过 36 V；

④手持式电气设备电压，应不超过 127 V；

⑤电机车牵引网络电压，采用交流电源时应不超过 380 V；采用直流电源时，应不超过 550 V。

（3）由地面到井下中央变电所或主排水泵房的电源电缆，至少应敷设两条独立线路，并应引自地面主变电所的不同母线段。其中任何一条线路停止供电时，其余线路的供电能力应能担负全部负荷。无淹没危险的小型矿山，可不受此限。

（4）井下电气设备不应接零。井下应采用矿用变压器，若用普通变压器，其中性点不应直接接地，变压器二次侧的中性点不应引出载流中性线（N 线）。地面中性点直接接地的变压器或发电机，不应用于向井下供电。架线式电机车整流装置的专用变压器，视其作业要求而定。

（5）向井下供电的断路器和井下中央变配电所各回路断路器，不应装设自动重合闸装置。

（6）引至采掘工作面的电源线，应装设具有明显断开点的隔离电器。从采掘工作面的人工工作点至装设隔离电器处，同一水平上的距离不宜大于 50 m。

（7）有自然发火倾向及可燃物多、火灾危险较大的地下矿山，不应采用在发生接地故障后仍带电继续运行的工作方式，而应迅速切断故障回路。

（8）矿山企业应备有地面、井下供（配）电系统图，井下变电所、电气设备布置图，电力、电话、信号、电机车等线路平面图。

有关供（配）电系统、电气设备的变动，应由矿山企业电气工程技术人员在图中作出相应的改变。

2. 电气线路

（1）水平巷道或倾角 45°以下的巷道，应使用钢带铠装电缆；竖井或倾角大于 45°的巷道，应使用钢丝铠装电缆。移动式电力线路，应采用井下矿用橡套电缆。井下信号和控制用线路，应使用铠装电缆。井下固定敷设明照明电缆，如有机械损伤可能，应采用钢带铠装电缆。

（2）敷设在硐室或木支护巷道中的电缆，应选用塑料护套钢带（或钢丝）铠装电缆。

（3）敷设在竖井内的电缆，应和竖井深度相一致，中间不准有接头。如竖井太深，应将电缆接头部分设置在中段水平巷道内。

（4）在钻孔中敷设电缆，应将电缆紧固在钢丝绳上。钻孔不稳固时，应敷设保护套管。

（5）必须在水平巷道的个别地段沿地面敷设电缆时，应用铁质或非可燃性材料覆盖。不应用木材覆盖电缆沟，不应在排水沟中敷设电缆。

（6）敷设井下电缆，应符合下列规定：

①在水平巷道或倾角 45°以下的巷道内，电缆悬挂高度和位置，应使电缆在矿车脱轨时不致受到撞击，在电缆坠落时不致落在轨道或运输机上，电力电缆悬挂点的间距应不大于 3 m，控制与信号电缆及小断面电力电缆间距应为 1.0～1.5 m，与巷道周边最小净距应不小于 50 mm；

②不应将电缆悬挂在风、水管上，电缆上不应悬挂任何物件，电缆与风、水管平行敷设时，电缆应敷设在管子的上方，其净距不应不小于 300 mm；

③在竖井或倾角大于 45°的巷道内，电缆悬挂点的间距：在倾斜巷道内，电力电缆应不超过 3 m，控制与信号电缆及小截面电力电缆应不超过 1.5 m；在竖井内应不超过 6 m；敷设电缆的夹子卡箍或其他夹持装置，应能承受电缆重量，且应不损坏电缆的外皮；

④橡套电缆应有专供接地用的芯线，接地芯线不应兼作其他用途；

⑤高、低压电力电缆之间的净距应不小于 100 mm；高压电缆之间、低压电缆之间的净距应不小于 50 mm，并应不小于电缆外径。

（7）电缆通过防火墙、防水墙或硐室部分，每条应分别用金属管或混凝土管保护。管孔应根据实际需要予以密闭。

（8）巷道内的电缆每隔一定距离和在分路点上，应悬挂注明编号、用途、电压、型号、规格、起止地点等的标志牌。

（9）高温矿床或有自然发火危险的采区，宜选用矿用阻燃电缆。

3．电气及保护

（1）井下电力网的短路电流，应不超过井下装设的矿用高压断路器的额定开断电流。非矿用高压油断路器用于井下时，其使用的开断电流值应不超过其额定开断电流值的一半。

（2）从井下中央变电所或采区配电所引出的低压馈出线，应装设带有过电流保护的断路器。

（3）经由地面架空线引入井下的供电电缆，在架空线与电缆连接处、井下变电所一次配电母线侧及与一次母线相接且电缆线路较长的旋转电机的机旁机柜内部，均应装设避雷装置。

（4）井下变（配）电所，高压馈出线应装设单相接地保护装置，低压馈出线应装设漏电保护装置。有爆炸危险的矿井，保护装置应能实现有选择性的切断故障线路并能实现漏电检测和动作于信号；无爆炸危险的矿井，保护装置宜有选择性的切断故障线路或能实现漏电检测并动作于信号。

漏电保护装置应灵敏可靠，值班人员每天应对其运行情况进行一次检查，不应任意取消。

4. 变（配）电所硐室

（1）井下永久性中央变（配）电所硐室，应砌碹。采区变电所硐室，应用非可燃性材料支护。硐室的顶板和墙壁应无渗水，电缆沟应无积水。

中央变（配）电所的地面标高，应比其入口处巷道底板标高高出 0.5 m；与水泵房毗邻时，应高于水泵房地面 0.3 m。采区变电所应比其入口处的巷道底板标高高出 0.5 m。其他机电硐室的地面标高应高出其入口处的巷道底板标高 0.2 m 以上。

（2）长度超过 6 m 的变配电硐室，应在两端各设一个出口；当硐室长度大于 30 m 时，应在中间增设一个出口；各出口均应装有向外开的铁栅栏门。有淹没、火灾、爆炸危险的矿井，机电硐室都应设置防火门或防水门。

（3）硐室内各电气设备之间应留有宽度不小于 0.8 m 的通道，设备与墙壁之间的距离应不小于 0.5 m。

（4）变配电硐室装有带油的设备而无集油坑的，应在硐室出口防火门处设置斜坡混凝土挡，其高度应高出硐室地面 0.1 m。

（5）硐室内各种电气设备的控制装置，应注明编号和用途，并有停送电标志。硐室入口应悬挂"非工作人员，禁止入内"的标志牌，高压电气设备应悬挂"高压危险"的标志牌，并应有照明。没有安排专人值班的硐室，应关门加锁。

5. 照明、通讯和信号

（1）井下所有作业地点、安全通道和通往作业地点的人行道，都应有照明。

（2）采掘工作面可采用移动式电气照明。有爆炸危险的井巷和采掘工作面，应采用携带式蓄电池矿灯。炸药库照明应按国家现行有关标准、规范执行。

（3）从采区变电所到照明用变压器的 380 V/220 V 供电线路，应为专用线，不应与动力线共用。照明电源应从采区变电所的变压器低压出线侧的断路器之前引出。

（4）地表调度室至井下各中段采区、马头门、装卸矿点、井下车场、主要机电硐室、井下变电所、主要泵房和主要通风机房等，应设有可靠的通讯系统。矿井井筒通讯电缆线路一般分设两条通讯电缆，从不同的井筒进入井下配线设备，其中任何一条通讯电缆发生故障，另一条通讯电缆的容量应能担负井下各通讯终端的通讯能力。井下无线通讯系统，应覆盖有人员流动的竖井、斜井、运输巷道、生产巷道和主要开采工作面。井下通讯终端设备，应具有防水、防腐、防尘功能。

（5）井下装卸矿点、提升人员的井口及各中段马头门等处，宜设电视监控系统。

（6）大、中型矿山的井底车场和主要运输水平，应根据井下铁路的运输特点、运输繁忙程度和运输需要，设计铁路信号。

（7）在井底车场内和主要运输水平同时作业机车多于 3 台的情况下，井下铁路信号系统可采用电气集中设备或采用微机监控系统。

（8）井下铁路信号电源为二级负荷，应有一路专用电源和一路备用电源。交流电源的引入，应采用变压器隔离、对地绝缘系统。

（9）井下铁路信号电缆，宜采用裸钢带铠装铜芯信号电缆。

6. 保护接地

（1）井下所有电气设备的金属外壳及电缆的配件、金属外皮等，均应接地。巷道中接近电缆线路的金属构筑物等也应接地。

（2）下列地点，应设置局部接地极：

①装有固定电气设备的硐室和单独的高压配电装置；

②采区变电所和工作面配电点；

③铠装电缆每隔 100 m 左右应接地一次，接线盒的金属外壳也应接地。

（3）矿井电气设备保护接地系统应形成接地网：

①所有需要接地的设备和局部接地极，均应与接地干线连接；接地干线应与主接地极连接；

②移动式和携带式电气设备，应采用橡套电缆的接地芯线接地，并与接地干线连接；

③所有应接地的设备，应有单独的接地连接线，不应将其接地连接线串联连接；

④所有电缆的金属外皮，均应有可靠的电气连接和接地。无电缆金属外皮可利用时，应另敷设接地干线和接地极。

（4）各中段的接地干线，均应与主接地极相连。敷设在钻孔中的电缆，如不能与井下接地干线连接，应将主接地极设在地面。钻孔金属套管可用作接地极。

（5）主接地极应设在井下水仓或积水坑中，且应不少于两组。局部接地极可设于积水坑、排水沟或其他适当地点。

（6）接地极应符合下列要求：

①主接地极设置在水仓或水坑内时，应采用面积不小于 0.75 m^2、厚度不小于 5 mm 的钢板；

②局部接地极设置在排水沟中时，应采用面积不小于 0.6 m^2、厚度不小于 3.5 mm 的钢板，或具有同样面积而厚度不小于 3.5 mm 的钢管，并应平放于水沟深处；

③局部接地极设置在其他地点时，应采用直径不小于 35 mm、长度不小于 1.5 m、壁厚不小于 3.5 mm 的钢管，钢管上至少应有 20 个直径不小于 5 mm 的孔，并竖直埋入地下。

（7）接地干线应采用截面积不小于 100 mm^2、厚度不小于 4 mm 的扁钢，或直径不小于 12 mm 的圆钢。电气设备的外壳与接地干线的连接线（采用电缆芯线接地的除外）、电缆接线盒两头的电缆金属连接线，应采用截面积不小于 48 mm²、厚度不小于 4 mm 的扁钢或直径不小于 8 mm 的圆钢。

（8）接地装置所用的钢材，应镀锌或镀锡。接地装置的连接线应采取防腐措施。

（9）当任一主接地极断开时，在其余主接地极连成的接地网上任一点测得的总接地电阻，不应大于 2 Ω。每台移动式或手持式电气设备与接地网之间的保护接地线，其电阻值应不大于 1 Ω。高压系统的单相接地电流大于 20A 时，接地装置的最大接触电压应不大于 40 V。接地线及其连接部位，应设在便于检查和试验的地方。

7．检查和维修

（1）电气设备的检查、维修和调整等，应建立表 2-9 所列的主要检查制度。检查中发现的问题应及时处理，并应及时将检查结果记录存档。

表 2-9　电气设备主要检查制度

检查项目	检查时间
井下自动保护装置检查	每季一次
主要电气设备绝缘电阻测定	每季一次
井下全部接地网和总接地网电阻测定	每季一次
高压电缆耐压试验、橡套电缆检查	每季一次
新安装和长期没运行的电气设备，合闸前应测量绝缘和接地电阻	投入运行前

（2）变压器等电气设备使用的绝缘油，应每年进行一次理化性能及耐压试验；操作频繁的电气设备使用的绝缘油，应每半年进行一次耐压试验。理化性能试验或耐压试验不合格的，应更换。补充到电气设备中的绝缘油，应与原用油的性质相同，并事先经过耐压试验。应定期检查油浸泡电气设备的绝缘油量，并保持规定的油量。

（3）矿井电气工作人员，应遵守下列规定：

①对重要线路和重要工作场所的停电和送电，以及对 700 V 以上的电气设备的检修，应持有主管电气工程技术人员签发的工作票，方准进行作业；

②不应带电检修或搬动任何带电设备（包括电缆和电线）；检修或搬动时，应先切断电源，并将导体完全放电和接地；

③停电检修时，所有已切断的开关把手均应加锁，应验电、放电和将线路接地，并且悬挂"有人作业，禁止送电"的警示牌。只有执行这项工作的人员，才有权取下警示牌并送电；

④不应单人作业。

（4）供给移动式机械（装岩机、电钻）电源的橡套电缆，靠近机械的部分可沿地面敷设，但其长度应不大于 45 m，中间不应有接头，电缆应安放适当，以免被运转机械损坏。

192

（5）移动式机械工作结束后，司机离开机械时，应切断机械的工作电源。

（6）橡套电缆的接头，其芯线应焊接或熔焊，接头的外层胶应用硫化热补法进行补接，或采用矿山专用插接件连接。

（六）防排水

1. 一般规定

（1）存在水害的矿山企业，建设前应进行专门的勘察和防治水设计。勘察和设计应由具有相应资质的单位完成。防治水设计应为矿山总体设计的一部分，与矿山总体设计同时进行。

（2）水害严重的矿山企业，应成立防治水专门机构，在基建、生产过程中持续开展有关防治水方面的调查、监测和预测预报工作。

2. 地面防水

（1）应查清矿区及其附近地表水流系统和汇水面积、河流沟渠汇水情况、疏水能力、积水区和水利工程的现状和规划情况，以及当地日最大降雨量、历年最高洪水位，并结合矿区特点建立和健全防水、排水系统。

（2）每年雨季前，应由主管矿长组织一次防水检查，并编制防水计划。其工程应在雨季前竣工。

（3）矿井（竖井、斜井、平硐等）井口的标高，应高于当地历史最高洪水位1m以上。工业场地的地面标高，应高于当地历史最高洪水位。特殊情况下达不到要求的，应以历史最高洪水位为防护标准修筑防洪堤，井口应筑人工岛，使井口高于最高洪水位1m以上。

（4）井下疏干放水有可能导致地表塌陷时，应事前将塌陷区的居民迁走、公路和河流改道，才能进行疏放水。

（5）矿区及其附近的积水或雨水有可能侵入井下时，应根据具体情况，采取下列措施：

①容易积水的地点，应修筑泄水沟；泄水沟应避开矿层露头、裂缝和透水岩层；不能修筑沟渠时，可用泥土填平压实；范围太大无法填平时，可安装水泵排水；

②矿区受河流、洪水威胁时，应修筑防水堤坝；河流穿过矿区的，应采用留保安矿柱或充填法采矿的方法保护河床不塌陷，或将河流改道至开采影响范围以外；

③漏水的沟渠和河流，应及时防水、堵水或改道；

④排到地面的井下水及地表集中排水，应引出矿区；

⑤雨季应设专人检查矿区防洪情况；

⑥地面塌陷、裂缝区的周围，应设截水沟或挡水围堤；

⑦不应往塌陷区引水；

⑧有用的钻孔，应妥善封盖。报废的竖井、斜井、探矿井、钻孔和平硐等，应封

闭，并在周围挖掘排水沟，防止地表水进入地下采区；

⑨影响矿区安全的落水洞、岩溶漏斗、溶洞等，均应严密封闭。

（6）废石、矿石和其他堆积物，应避开山洪方向，以免淤塞沟渠和河道。

3. 井下防水

（1）矿山企业应调查核实矿区范围内的小矿井、老井、老采空区，现有生产井中的积水区、含水层、岩溶带、地质构造等详细情况，并填绘矿区水文地质图。

应查明矿坑水的来源，掌握矿区水的运动规律，摸清矿井水与地下水、地表水和大气降雨的水力关系，判断矿井突然涌水的可能性。

（2）对积水的旧井巷、老采区、流砂层、各类地表水体、沼泽、强含水层、强岩溶带等不安全地带，应留设防水矿（岩）柱。防水矿（岩）柱的尺寸由设计确定，在设计规定的保留期内不应开采或破坏。在上述区域附近开采时，应事先制定预防突然涌水的安全措施。

（3）一般矿山的主要泵房，进口应装设防水门。

水文地质条件复杂的矿山，应在关键巷道内设置防水门，防止泵房、中央变电所和竖井等井下关键设施被淹。防水门的位置、设防水头高度等应在矿山设计中总体考虑。

同一矿区的水文条件复杂程度明显不同的，在通往强含水带、积水区和有大量突然涌水可能区域的巷道，以及专用的截水、放水巷道，也应设置防水门。

防水门应设置在岩石稳固的地点，由专人管理，定期维修，确保其经常处于良好的工作状态。

（4）对接近水体的地带或可能与水体有联系的地段，应坚持"有疑必探，先探后掘"的原则，编制探水设计。探水孔的位置、方向、数目、孔径、每次钻进的深度和超前距离，应根据水头高低、岩石结构与硬度等条件在设计中规定。

（5）探水前应做好下列准备工作：

①检查钻孔附近坑道的稳定性；

②清理巷道、准备水沟或其他水路；

③在工作地点或附近安装电话；

④巷道及其出口，应有良好照明和畅通的人行道；巷道的一侧悬挂绳子（或利用管道）作扶手；

⑤对断面大、岩石不稳、水头高的巷道进行探水，应有经主管矿长批准的安全措施计划。

（6）钻凿探水孔时，若发现岩石变软，或沿钻杆向外流水超过正常凿岩供水量等现象，应停止凿岩。此时，不应移动钻杆，除派人监视水情外，应立即报告主管矿长，采取安全措施。在可能出现大水的地层中探水时，探水孔应设孔口管及闸阀，以便控制水量。

（7）相邻的井巷或采区，如果其中之一有涌水危险，则应在井巷或采区间留出隔离安全矿柱，矿柱尺寸由设计确定。

（8）掘进工作面或其他地点发现透水预兆，如出现工作面"出汗"、顶板淋水加大、空气变冷、产生雾气、挂红、水叫、底板涌水或其他异常现象时，应立即停止工作，并报告主管矿长，采取措施。如果情况紧急，应立即发出警报，撤出所有可能受水威胁地点的人员。

（9）探水、放水工作，应由有经验的人员根据专门设计进行；放水量应按照排水能力和水仓容积进行控制。放水钻孔应安装孔口管和闸阀，紧急情况下可关闭。

（10）对老采空区、硫化矿床氧化带的溶洞、与深大断裂有关的含水构造进行探水，以及被淹井巷排水和放水作业时，为预防被水封住的，或水中溶解的有害气体逸出造成危害，应事先采取通风安全措施，并使用防爆照明灯具。发现有害气体、易燃气体泄出，应及时采取处置措施。

（11）受地下水威胁的矿山企业，应考虑矿床疏干问题。直接揭露含水体的放水疏干工程，施工前应先建好水仓、水泵房等排水设施。地下水位降到安全水位之前，不应开始采矿。

（12）裸露型岩溶充水矿区、地面塌陷发育的矿区，应做好气象观测，做好降雨、洪水预报；封堵可能影响生产安全的、井下揭露的主要岩溶进水通道，应对已采区构建挡水墙隔离；雨季应加密地下水的动态观测，并进行矿井涌水峰值的预报。

（13）井筒掘进时，预测裸露段涌水量大于 20 m^3/h，宜采用预注浆堵水。巷道穿越强含水层或高压含水断裂破碎带之前，宜先进行工作面预注浆，进行堵水与加固后再掘进。

4. 井下排水设施

（1）井下主要排水设备，至少应由同类型的三台泵组成。工作水泵应能在 20 h 内排出一昼夜的正常涌水量；除检修泵外，其他水泵应能在 20 h 内排出一昼夜的最大涌水量。井筒内应装设两条相同的排水管，其中一条工作，一条备用。

（2）井底主要泵房的出口应不少于两个：其中一个通往井底车场，其出口应装设防水门；另一个用斜巷与井筒连通，斜巷上口应高出泵房地面标高 7 m 以上。泵房地面标高，应高出其入口处巷道底板标高 0.5 m（潜没式泵房除外）。

（3）水仓应由两个独立的巷道系统组成。涌水量较大的矿井，每个水仓的容积，应能容纳 2～4 h 的井下正常涌水量。一般矿井主要水仓总容积，应能容纳 6～8 h 的正常涌水量。水仓进水口应有箅子。采用水砂充填和水力采矿的矿井，水进入水仓之前，应先经过沉淀池。水沟、沉淀池和水仓中的淤泥，应定期清理。

（七）防火和灭火

1．一般规定

（1）应结合湿式作业供水管道，设计井下消防水管系统。

（2）井下消防供水水池容积应不小于 200m³。管道规格应考虑生产用水和消防用水的需要。用木材支护的竖井、斜井及其井架和井口房、主要运输巷道、井底车场硐室，应设置消防水管。生产供水管兼作消防水管时，应每隔 50～100m 设支管和供水接头。

（3）木材场、有自然发火危险的排土堆、炉渣场，应布置在距离进风口常年最小频率风向上风侧 80m 以外。

（4）主要进风巷道、进风井筒及其井架和井口建筑物，主要通风机房和压入式辅助通风机房，风硐及暖风道，井下电机室、机修室、变压器室、变电所、电机车库、炸药库和油库等，均应用非可燃性材料建筑，室内应有醒目的防火标志和防火注意事项，并配备相应的灭火器材。

（5）井下各种油类，应单独存放于安全地点。装油的铁桶应有严密的封盖。应采用输油泵或唧管输油，尽量减少漏油。储存动力油的硐室应有独立回风道，其储油量应不超过三昼夜的需用量。

（6）井下柴油设备或油压设备，出现漏油应及时处理。

（7）不得用火炉或明火直接加热井下空气，或用明火烘烤井口冻结的管道。井下不得使用电炉和灯泡防潮、烘烤和采暖。

（8）井下输电线路和直接回馈线路通过木制井框、井架和易燃材料的部位，应采取有效的防止漏电或短路的措施。

（9）在井下进行动火作业，应制定经主管矿长批准的防火措施。在井筒内进行焊接时，应派专人监护，焊接完毕应严格检查清理。在木结构井筒内焊接时，应在作业部位的下方设置收集火星、焊渣的设施，并派专人喷水淋湿和及时扑灭火星。

（10）矿井发生火灾时，主要通风机是否继续运转或反风，应根据矿井火灾应急预案和当时的具体情况，由主管矿长决定。

2．防自然发火

有自然发火危险的矿井，至少应每月对井下空气成分、温度、湿度和水的 pH 值测定一次，以掌握内因火灾的特点和发火规律。有自然发火危险的大中型矿山企业，宜装备现代化的坑内环境监测系统，实行连续自动监测与报警。有沼气渗出的矿山企业，应加强沼气的监测，下井人员应携带自救器。

开采有自然发火危险的矿床，应采取以下防火措施：

（1）主要运输巷道和总回风道，应布置在无自然发火危险的围岩中，并采取预防性灌浆或者其他有效的防止自然发火的措施。

（2）正确选择采矿方法，合理划分矿块，并采用后退式回采顺序。根据采取防火措施后矿床最短的发火期，确定采区开采期限。充填法采矿时，应采用惰性充填材料。采用其他采矿方法时，应确保在矿岩发火之前完成回采与放矿工作，以免矿岩自燃。

（3）采用黄泥灌浆灭火时，钻孔网度、泥浆浓度和灌浆系数（指浆中固体体积占采空区体积的百分比），应在设计中规定。

（4）尽可能提高矿石回收率，坑内不留或少留碎块矿石，工作面不应留存坑木等易燃物。

（5）及时充填需要充填的采空区。

（6）严密封闭采空区的所有透气部位。

（7）防止上部中段的水泄漏到采矿场，并防止水管在采场漏水。

3．井下灭火

（1）发现井下起火，应立即采取一切可能的方法直接扑灭，并迅速报告矿调度室；区、队、班、组长，应按照矿井火灾应急预案，首先将人员撤离危险地区，并组织人员，利用现场的一切工具和器材及时灭火。火源无法扑灭时，应封闭火区。

（2）电气设备着火时，应首先切断电源。在电源切断之前，只准用不导电的灭火器材灭火。

（3）主管矿长接到火灾报告后，应立即组织有关人员，查明火源及发火地点的情况，根据矿井火灾应急预案，拟定具体的灭火和抢救行动计划。同时，应有防止风流自然反向和有害气体蔓延的措施。

（4）需要封闭的发火地点，可先采取临时封闭措施，然后再砌筑永久性防火墙。进行封闭工作之前，应由佩戴隔绝式呼吸器的救护队员检查回风流的成分和温度。在有害气体中封闭火区，应由救护队员佩戴隔绝式呼吸器进行。在新鲜风流中封闭火区，应准备隔绝式呼吸器。如发现有爆炸危险，应暂停工作，撤出人员，并采取措施，加以清除。

（5）防火墙应符合下列规定：

①严密坚实；

②在墙的上、中、下部，各安装一根直径 35～100 mm 的铁管，以便取样、测温、放水和充填，铁管露头要用带螺纹的塞子封闭；

③设人行孔，封闭工作结束，应立即封闭人行孔。

4．火区管理

（1）对已封闭的火区，应建立火区检查记录档案，绘制火区位置关系图。这些资料应永久保存。

（2）永久性防火墙应编号，并标记在火区位置关系图和通风系统图上。矿山企业应定期或不定期测定火区内的空气成分、温度、湿度和水的 pH 值，检测、分析结果应记录存档。若发现封闭不严或有其他缺陷以及火区内有异常变化，应及时处理和报告。

（3）封闭火区的启封和恢复开采，应根据测定结果确认封闭火区内的火已熄灭，并制定安全措施，报主管矿长批准，方可进行。火区面积不大时，可采用一次性启封，先打开回风侧，无异常现象再打开进风侧；火区面积较大时，应设多道调节门，分段启封，逐步推进。

（4）启封火区的风流，应直接引入回风流，回风流经过的巷道中的人员应事先撤出。恢复火区通风时，应监测回风流中有害气体的浓度，发现有复燃征兆，应立即停止通风，重新封闭。

（5）火区启封后三天内，应由矿山救护队每班进行检查测定气体成分、温度、湿度和水的 pH 值，证明一切情况良好，方可转入生产。

（6）在活动性火区附近（下部和同一中段）进行回采时，应留防火矿柱，其设计和安全措施，应经主管矿长批准。

三、职业危害防治技术

（一）管理和监测

矿山企业应加强职业危害的防治与管理，做好作业场所的职业卫生和劳动保护工作，采取有效措施控制职业危害，保证作业场所符合国家职业卫生标准。

矿山企业应配备足够数量的测尘仪器、气体测定分析仪器、水质测定分析仪器和其他有关职业健康方面的仪器等，并应按国家规定进行校准。

矿山企业应经常检查防尘设施，发现问题及时处理，保证防尘设施正常运转。

矿山企业应对作业地点的气象条件（温度、湿度和风速等），每月至少测定一次。

矿山企业应按国家规定对生产性粉尘进行监测，并遵守下列规定：

（1）总粉尘：定期测定作业场所的空气含尘浓度，凿岩工作面应每月测定一次，并逐月进行统计分析、上报和向职工公布。

（2）呼吸性粉尘：采、掘（剥）工作面接尘人员每三个月测定两次；每个采样工种分两个班次连续采样，一个班次内至少采集两个有效样品，先后采集的有效样品不应少于四个；定点呼吸性粉尘监测每月测定一次。

作业地点粉尘中游离二氧化硅的含量，应每年至少测定一次，每次测定的有效样品数应不少于三个。

开采深度大于 200 m 的露天矿山企业，在气压较低的季节应适当增加测定次数。

防尘用水中的固体悬浮物及 pH 值，应每年测定两次（采用生活用水防尘可不作测定）。

矿井空气中有害气体的浓度，应每月测定一次。井下空气成分的取样分析，应每半年进行一次。进行硐室爆破和更换炸药时，应在爆破前、后进行空气成分测定。

空气中含放射性元素的作业地点，粉尘浓度应每月至少测定三次；氡及其子体的浓度，应每周测定一次，浓度变化较大时，每周测定三次。

工作场所操作人员每天连续接触噪声的时间，应随噪声声级的不同而异，并应符合表 2-10 的规定。但最高限值不应超过 115 dB（A）。接触碰撞和冲击等的脉冲噪声，应不超过表 2-11 的规定。

表 2-10　允许噪声暴露

日接触噪声时间/h	卫生限值/dB（A）
8	85
4	88
2	91
1	94
1/2	97
1/4	100
1/8	103

表 2-11　工作地点脉冲噪声声级的卫生限值

工作日接触脉冲次数	峰值/dB
100	140
1000	130
10000	120

有放射性的矿山，不应在井下饮水和就餐。不应在有沼气和放射性的矿山井下吸烟。

每一中段，应在顶板稳固、通风良好的地点设置井下厕所，并经常清扫和消毒。

每个矿井应有浴室、更衣室，并能满足人数最多班的全体人员在一小时内洗完澡的要求。更衣室应有衣柜、衣架和通风除尘设备，室内气温应不低于 20℃。有放射性的矿山不应在浴室设浴池，只能设淋浴设施。污染的衣物，应与非污染的衣物分开存放，不得将污染衣物带回居住区。

露天矿破碎场、排土场等粉尘和有毒有害气体污染源，应位于工业场地和居民区的最小频率风向的上风侧。

坑口、露天采场应设保健站或医务室，并备有电话、急救药品和担架。

深凹露天矿，应有通风措施。

矿山企业应根据气候特点，采取防暑降温措施或防冻避寒措施。

露天矿汽车运输的道路，应采取防尘措施。

地面和井下（有放射性的矿山除外）作业地点附近，应设饮水站，及时供给职工符合卫生标准的饮用水。在边远地点作业的人员，应发给随身携带的水壶。每个矿山应设专人供应饮用水。饮水容器应有保温装置，并加盖上锁。

矿山企业应按国家规定，对生产性毒物、物理性职业危害因素等进行定期监测，并遵守下列规定：

（1）铅、苯、汞及其他有毒物质，每三个月测定一次。

（2）噪声、放射线及其他物理因素每年至少测定一次。

（3）监测结果应建档，并按规定上报有关主管部门。

（二）健康监护

矿山企业应按国家有关法律、法规的规定，对新入矿工人应进行职业健康检查（如胸透、听力测定、血液化验等指标）；并建立健康档案；对接尘工人的职业健康检查应拍照胸大片；不适合从事矿山、井下作业者不应录用。

对接触粉尘及其他有毒有害物质的作业人员，应定期进行健康检查。应按照卫生部规定的职业病范围和诊断标准，定期对职工进行职业病鉴定和复查，并建立职工健康档案。体检鉴定患有职业病或职业禁忌症，并确诊不适合原工种的，应及时调离。

下列病症患者，不应从事接尘作业：

（1）各种活动性肺结核或活动性肺外结核。

（2）上呼吸道或支气管疾病严重，如萎缩性鼻炎、鼻腔肿瘤、气管喘息及支气管扩张。

（3）显著影响肺功能的肺脏或胸膜病变，如肺硬化、肺气肿、严重胸膜肥厚与粘连。

（4）心、血管器质性疾病，如动脉硬化症，Ⅱ、Ⅲ期高血压症及其他器质性心脏病。

（5）曾有接尘史，并已产生影响的。

（6）经医疗鉴定，不适于接尘的其他疾病。

下列病症患者，不应从事井下作业：

（1）上条所列病症。

（2）听力已下降，严重耳聋。

（3）风湿病（反复活动）。

（4）癫痫症。

（5）精神分裂症。

（6）经医疗鉴定，不适合从事井下作业的其他疾病。

血液常规检查不正常者，不应从事有放射性的矿山井下作业。

对职工的健康检查，应每两年进行一次，并建立职工健康档案。对检查出的职业病患者，应按国家规定及时给予治疗、疗养和调离有害作业岗位。

第二节 尾矿库安全技术

一、尾矿库建设安全技术

（一）尾矿库勘察

尾矿库工程地质与水文地质勘察应符合有关国家及行业标准要求，查明影响尾矿

200

库及各构筑物安全性的不利因素，并提出工程措施建议，为设计提供可靠依据。在用的上游法尾矿堆积坝的勘察应执行《岩土工程勘察规范》。

（二）尾矿库设计

1. 尾矿库库址选择应遵守的原则：

（1）不宜位于工矿企业、大型水源地、水产基地和大型居民区上游。

（2）不应位于全国和省重点保护名胜古迹的上游。

（3）应避开地质构造复杂、不良地质现象严重区域。

（4）不宜位于有开采价值的矿床上面。

（5）汇水面积小，有足够的库容和初、终期库长。

尾矿库设计应对不良地质条件采取可靠的治理措施。

对停采的露天采矿场改作尾矿库的，应对安全性进行专项论证；对露天采矿场下部有采矿活动的，不宜作为尾矿库。确须用时，应由有资质的单位进行专项论证，并提出安全技术措施，在保证地下采矿安全时，方可使用。

2. 尾矿库设计文件应明确的安全运行控制参数

（1）尾矿库设计最终堆积高程、最终坝体高度、总库容。

（2）尾矿坝堆积坡比。

（3）尾矿坝不同堆积标高时，库内控制的正常水位、调洪高度、安全超高及最小干滩长度等。

（4）尾矿坝浸润线控制。

3. 尾矿库初步设计应编制安全专篇的，主要内容

（1）尾矿库区存在的安全隐患及对策。

（2）尾矿库初期坝和堆积坝的稳定性分析。

（3）尾矿库动态监测和通讯设备配置的可靠性分析。

（4）尾矿库的安全管理要求。

（三）尾矿坝设计

尾矿坝宜以滤水坝为初期坝，利用尾矿筑坝。当遇有下列条件之一时，可以采用当地土石料或废石建坝。

（1）尾矿颗粒很细、粘粒含量大，不能筑坝。

（2）由尾矿库后部放矿合理。

（3）尾矿库与废石场结合考虑，用废石筑坝合理。

初期坝高度的确定除满足初期堆存尾矿、澄清尾矿水、尾矿库回水和冬季放矿要求外，还应满足初期调蓄洪水要求。

坝基处理应满足渗流控制和静力、动力稳定要求，遇有下列情况时，应进行专门研究处理：

（1）透水性较大的厚层砂砾石地基。

（2）易液化土、软粘土和湿陷性黄土地基。

（3）岩溶发育地基。

（4）采空区地基。

尾矿筑坝的方式，对于抗震设防烈度为7度及7度以下地区宜采用上游式筑坝，抗震设防烈度为8～9度地区宜采用下游式或中线式筑坝。

上游式筑坝，中、粗尾矿可采用直接冲填筑坝法，尾矿颗粒较细时宜采用分级冲填筑坝法。

下游式或中线式尾矿筑坝分级后用于筑坝的尾矿，其粗颗粒（$d \geqslant 0.074 \, \text{mm}$）含量不宜小于70%，否则应进行筑坝试验。筑坝上升速度应满足库内沉积滩面上升速度和防洪的要求。

下游式或中线式尾矿坝应设上游初期坝和下游滤水坝趾，二者之间的坝基应设置排渗设施。

尾矿库挡水坝应按水库坝的要求设计。

上游式尾矿坝沉积滩顶至设计洪水位的高差不得小于表2-12的最小安全超高值，同时，滩顶至设计洪水位边线距离不得小于表2-12最小滩长值。

当坝体采取防渗斜（心）墙时，坝顶至设计洪水位的高差亦不得小于表2-12的最小安全超高值。

表 2-12 上游式尾矿坝的最小安全超高与最小滩长

坝的级别	1	2	3	4	5
最小安全超高/m	1.5	1.0	0.7	0.5	0.4
最小滩长/m	150	100	70	50	40

下游式和中线式尾矿坝坝顶外缘至设计洪水位水边线的距离不宜小于表2-13的最小滩长值。

表 2-13 下游式及中线式尾矿坝的最小滩长

坝的级别	1	2	3	4	5
最小滩长/m	100	70	50	35	25

尾矿库挡水坝在设计洪水位时安全超高不得小于表2-12的最小安全超高值、最大风壅水面高度和最大风浪爬高三者之和。最大风壅水面高度和最大风浪爬高可按《碾压式土石坝设计规范》推荐的方法计算。

地震区尾矿坝应符合下列规定：

上游式尾矿坝沉积滩顶至正常高水位的高差不得小于表2-12最小安全超高值与地震壅浪高度之和，滩顶至正常高水位水边线的距离不得小于表2-12的最小滩长值与地震壅浪高度对应滩长之和。

下游式与中线式尾矿坝坝顶外边缘至正常高水位水边线的距离不宜小于表2-13的

最小滩长值与地震壅浪高度对应滩长之和。

尾矿库挡水坝坝顶至正常高水位的高差不得小于表 2-12 最小安全超高值与地震壅浪高度之和。

地震壅浪高度可根据抗震设防烈度和水深确定，可采用 0.5～1.5m。

对于全部采用当地土石料或废石堆筑的尾矿坝，其安全超高按尾矿库挡水坝要求确定。

尾矿坝设计应进行渗流计算，以确定坝体浸润线、逸出坡降和渗流量。浸润线出逸的尾矿堆积坝坝坡，应设排渗设施，1、2 级尾矿坝还应进行渗流稳定研究。

上游式尾矿坝的渗流计算应考虑尾矿筑坝放矿水的影响。1、2 级山谷型尾矿坝的渗流应按三维计算或由模拟试验确定；3 级以下尾矿坝的渗流计算可按附录 A 进行。

上游式尾矿堆积坝的初期透水堆石坝坝高与总坝高之比值不宜小于 1/8。

尾矿初期坝与堆积坝坝坡的抗滑稳定性应根据坝体材料及坝基岩土的物理力学性质，考虑各种荷载组合，经计算确定。计算方法宜采用瑞典圆弧法；当坝基或坝体内存在软弱土层时，可采用改良圆弧法；考虑地震荷载时，应按《水工建筑物抗震设计规范》的有关规定进行计算。

抗震设防烈度为 6 度及 6 度以下地区的 5 级尾矿坝，当坝外坡比小于 1:4 时，除原尾矿属尾黏土和尾粉质黏土以及软弱坝基外，可不作稳定计算。

尾矿坝稳定性计算的荷载分下列 5 类，可根据不同情况按表 2-14 进行组合：

（1）一类为筑坝期正常高水位的渗透压力。

（2）二类为坝体自重。

（3）三类为坝体及坝基中孔隙压力。

（4）四类为最高洪水位有可能形成的稳定渗透压力。

（5）五类为地震惯性力。

表 2-14　荷　载　的　组　合

荷　载　组　合		荷　载　类　别				
		一	二	三	四	五
正常运行	总应力法	有	有			
	有效应力法	有	有	有		
洪水运行	总应力法		有		有	
	有效应力法		有	有	有	
特殊运行	总应力法		有		有	有
	有效应力法		有	有	有	有

按瑞典圆弧法计算坝坡抗滑稳定的安全系数不应小于表 2-15 规定的数值。

表 2-15　坝坡抗滑稳定最小安全系数

运用情况	坝 的 级 别			
	1	2	3	4.5
正常运行	1.30	1.25	1.20	1.15
洪水运行	1.20	1.15	1.10	1.05
特殊运行	1.10	1.05	1.05	1.00

当采用简化毕肖普法与瑞典圆弧法计算结果相比较时，可参照《碾压式土石坝设计规范》有关规定选用两种方法各自的最小安全系数。

尾矿坝坝体材料及坝基土的抗剪强度指标类别，应视强度计算方法与土类的不同按表 2-16 选取。

表 2-16　尾矿及土的抗剪强度指标

强度计算方法	土的类别	强度指标类别（取得的方法）		试验仪器	试验起始状态
		试验方法	强度指标		
总应力法	无黏性土	固结不排水剪	Cu，Φu	三轴仪	一、坝体材料 1. 含水量及密度与原状一样； 2. 浸润线以下及水下要预先饱和； 3. 试验应力与坝体实际应力相一致； 二、坝基用原状土
	少黏性土	固结快剪		直剪仪	
		固结不排水剪		三轴仪	
	黏性土	固结快剪		直剪仪	
		固结不排水剪		三轴仪	
有效应力法	无黏性土	慢剪	C'，Φ'	直剪仪	
		固结排水剪		三轴仪	
	黏性土	慢剪		直剪仪	
		固结不排水剪、测孔压		三轴仪	

注：1. 少黏性土指黏粒含量小于 15% 的尾矿。
　　2. 软弱尾黏土类黏性土采用固结快剪指标时，应根据其固结程度确定；当采用十字板抗剪强度指标时，应考虑土体固结后强度的增长。

上游式尾矿坝的计算断面应考虑到尾矿沉积规律，根据颗粒粗细程度概化分区。对在用尾矿坝进行稳定计算时应根据该坝勘察报告确定概化分区及相应的物理力学指标。

上游式尾矿坝堆积至 1/2～2/3 最终设计坝高时，应对坝体进行一次全面的勘察，并进行稳定性专项评价，以验证现状及设计最终坝体的稳定性，确定相应技术措施。

透水堆石坝上游坡坡比不宜陡于 1:1.6；土坝上游坡坡比可略陡于或等于下游坡。初期坝下游坡比在初定时可按表 2-17 确定。

表 2-17　初期坝下游坡坡比

坝高/m	土坝下游坡坡比	透水堆石坝下游坡坡比	
		岩基	非岩基（软基础外）
5～10	1:1.75～1:2.0		
10～20	1:2.0～1:2.5	1:1.5～1:1.75	1:1.75～1:2.0
20～30	1:2.5～1:3.0		

尾矿堆积坝下游坡与两岸山坡结合处应设置截水沟。

上游式尾矿坝的堆积坝下游坡面上宜用土石覆盖或用其他方式植被绿化，并可结合排渗设施每隔 6～10m 高差设置排水沟。

4 级以上尾矿坝应设置坝体位移和坝体浸润线观测设施。必要时还宜设置孔隙水压力、渗透水量及其浑浊度的观测设施。

（四）排洪设计

尾矿库必须设置排洪设施，并满足防洪要求。尾矿库的排洪方式，应根据地形、地质条件、洪水总量、调洪能力、回水方式、操作条件与使用年限等因素，经过技术比较确定。尾矿库宜采用排水井（斜槽）—排水管（隧洞）排洪系统。有条件时也可采用溢洪道或截洪沟等排洪设施。

尾矿库的防洪标准应根据各使用期库的等别，综合考虑库容、坝高、使用年限及对下游可能造成的危害等因素，按表 2-18 确定。

表 2-18　尾矿库防洪标准

尾矿库等别		一	二	三	四	五
洪水重现期/a	初期		100～200	50～100	30～50	20～30
	中、后期	1000～2000	500～1000	200～500	100～200	50～100

注：初期指尾矿库启用后的头 3～5 a。

储存铀等有放射性和有害尾矿，失事后可能对下游环境造成极其严重的尾矿库，其防洪标准应予以提高，必要时其后期防洪可按可能最大洪水进行设计。

尾矿库洪水计算应符合的要求

（1）应根据当地水文图册或有关部门建议的适用于特小汇水面积的计算公式计算。当采用全国通用的公式时，应当用当地的水文参数。有条件时应结合现场洪水调查予以验证。

（2）库内水面面积不超过流域面积的 10%，则可按全面积陆面汇流计算。否则，水面和陆面面积的汇流应分别计算。

设计洪水的降雨历时应采用 24 h 计算，经论证也可采用短历时计算。

当 24 h 洪水总量小于调洪库容时，洪水排出时间不宜超过 72 h。

尾矿库排水构筑物的型式与尺寸应根据水力计算及调洪计算确定。对一、二等尾矿库及特别复杂的排水构筑物，还应通过水工模型试验验证。

尾矿库排洪构筑物宜控制常年洪水（多年平均值）不产生无压与有压流交替的工作状态。无法避免时，应加设通气管。当设计为有压流时，排水管接缝处止水应满足工作水压的要求。

排水管或隧洞中最大流速应不大于管（洞）壁材料的容许流速。

排水构筑物的基础应避免设置在工程地质条件不良或需要填方的地段。无法避开时，应进行地基处理设计。

排水构筑物的设计应按《水工混凝土结构设计规范》和《水工隧洞设计规范》进行。

设计排水系统时，应考虑终止使用时在井座或支洞末端进行封堵的措施。

在排水构筑物上或尾矿库内适当地点，应设置清晰醒目的水位标尺。

（五）尾矿库安全设施施工及验收

尾矿库初期坝、副坝、排洪设施、观测设施等安全设施的施工及验收可参照《尾矿设施施工及验收规程》和其他有关规程进行。

隐蔽工程必须经分段验收合格后，方可进行下一阶段施工。

二、尾矿库生产运行安全技术

（一）尾矿排放与筑坝

尾矿排放与筑坝，包括岸坡清理、尾矿排放、坝体堆筑、坝面维护和质量检测等环节，必须严格按设计要求和作业计划及本规程精心施工，并作好记录。

尾矿坝滩顶高程必须满足生产、防汛、冬季冰下放矿和回水要求。尾矿坝堆积坡比不得陡于设计规定。

每期子坝堆筑前必须进行岸坡处理，将树木、树根、草皮、废石、坟墓及其他有害构筑物全部清除。若遇有泉眼、水井、地道或洞穴等应作妥善处理。清除杂物不得就地堆积，应运到库外。岸坡清理应作隐蔽工程记录，经主管技术人员检查合格后方可充填筑坝。

上游式筑坝法，应于坝前均匀放矿，维持坝体均匀上升，不得任意在库后或一侧岸坡放矿。应做到：

（1）粗粒尾矿沉积于坝前，细粒尾矿排至库内，在沉积滩范围内不允许有大面积矿泥沉积。

（2）坝顶及沉积滩面应均匀平整，沉积滩长度及滩顶最低高程必须满足防洪设计要求。

（3）矿浆排放不得冲刷初期坝和子坝，严禁矿浆沿子坝内坡趾流动冲刷坝体。

（4）放矿时应有专人管理，不得离岗。

坝体较长时应采用分段交替作业，使坝体均匀上升，应避免滩面出现侧坡、扇形坡或细粒尾矿大量集中沉积于某端或某侧。

放矿口的间距、位置、同时开放的数量、放矿时间以及水力旋流器使用台数、移动周期与距离，应按设计要求和作业计划进行操作。

为保护初期坝上游坡及反滤层免受尾矿浆冲刷，应采用多管小流量的放矿方式，以利尽快形成滩面，并采用导流槽或软管将矿浆引至远离坝顶处排放。

冰冻期、事故期或由某种原因确需长期集中放矿时，不得出现影响后续堆积坝体稳定的不利因素。

岩溶发育地区的尾矿库，可采用周边放矿，形成防渗垫层，减少渗漏和落水洞事故。

尾矿坝下游坡面上不得有积水坑。

坝外坡面维护工作应按设计要求进行，或视具体情况选用以下维护措施：

（1）坡面修筑人字沟或网状排水沟。

（2）坡面植草或灌木类植物。

（3）采用碎石、废石或山坡土覆盖坝坡。

每期子坝堆筑完毕，应进行质量检查，检查记录需经主管技术人员签字后存档备查。主要检查内容：

（1）子坝长度、剖面尺寸、轴线位置及内外坡比。

（2）新筑子坝的坝顶及内坡趾滩面高程、库内水位。

（3）尾矿筑坝质量。

坝体出现冲沟、裂缝、塌坑和滑坡等现象时，应及时妥善处理。

（二）尾矿库水位控制与防汛

当尾矿库防洪标准低于规定时，应采取措施，提高尾矿库防洪能力，满足现行标准要求。

控制尾矿库内水位应遵循的原则：

（1）在满足回水水质和水量要求前提下，尽量降低库内水位。

（2）在汛期必须满足设计对库内水位控制的要求。

（3）当尾矿库实际情况与设计不符时，应在汛前进行调洪演算，保证在最高洪水位时滩长与超高都满足设计要求。

（4）当回水与尾矿库安全对滩长和超高的要求有矛盾时，必须保证尾矿库安全。

（5）水边线应与坝轴线基本保持平行。

汛期前应对排洪设施进行检查、维修和疏浚，确保排洪设施畅通。根据确定的排洪底坎高程，将排洪底坎以上 1.5 倍调洪高度内的挡板全部打开，清除排洪口前水面漂浮物；库内设清晰醒目的水位观测标尺，标明正常运行水位和警戒水位。

排出库内蓄水或大幅度降低库内水位时，应注意控制流量，非紧急情况不宜骤降。

岩溶或裂隙发育地区的尾矿库，应控制库内水深，防止落水洞漏水事故。

非紧急情况，未经技术论证，不得用常规子坝挡水。

洪水过后应对坝体和排洪构筑物进行全面认真的检查与清理，发现问题及时修复，同时，采取措施降低库水位，防止连续降雨后发生垮坝事故。

尾矿库排水构筑物停用后，必须严格按设计要求及时封堵，并确保施工质量。严禁在排水井井筒顶部封堵。

（三）渗流控制

尾矿库运行期间应加强观测，注意坝体浸润线埋深及其出逸点的变化情况和分布状态，严格按设计要求控制。

在尾矿库运行过程中，如坝体浸润线超过控制线，应经安全技术论证增设或更新排渗设施。

上游式尾矿堆积坝可采取下列措施控制渗流：

（1）尾矿筑坝地基设置排渗褥垫、水平排渗管（沟）及排渗井等。

（2）尾矿堆积体内设置水平排渗管（沟）或垂直排渗井、辐射式排渗井等。

（3）与山坡接触的尾矿堆积坡脚处设置贴坡排渗或排渗管（沟）等。

（4）适当降低库内水位，增大沉积滩长。

（5）坝前均匀放矿。

当坝面或坝肩出现集中渗流、流土、管涌、大面积沼泽化、渗水量增大或渗水变浑等异常现象时，可采取下列措施处理：

（1）在渗漏水部位铺设土工布或天然反滤料，其上再以堆石料压坡。

（2）增设排渗设施，降低浸润线。

（四）尾矿库防震与抗震

尾矿库原设计抗震标准低于现行标准时，应进行安全技术论证。需提高尾矿坝抗震稳定性时可采取以下措施：

（1）在下游坡坡脚增设土石料压坡。

（2）对堆积坡进行削坡、放缓坝坡。

（3）对坝体进行加密处理。

（4）降低库内水位或增设排渗设施，降低坝体浸润线。

震前应注意库区岸坡的稳定性，防止滑坡破坏尾矿设施。

上游建有尾矿库、排土场或水库等工程设施的尾矿库，应了解上游所建工程的稳定情况，必要时应采取防范措施避免造成更大损失。

震后应进行检查，对被破坏的设施及时修复。

（五）库区及周边条件规定

（1）尾矿库下游不宜建设居住、生产等设施。

（2）严禁在尾矿坝上和库区周围进行乱采、滥挖和非法爆破等。

三、尾矿库闭库安全技术

（一）闭库设计

对停用的尾矿库应按正常库标准和闭库安全评价，进行闭库整治设计，确保尾矿库防洪能力和尾矿坝稳定性满足要求，维持尾矿库闭库后长期安全稳定。

1．尾矿坝整治内容

（1）对坝体稳定性不足的，应采取削坡、压坡、降低浸润线等措施，使坝体稳定性满足要求。

（2）完善坝面排水沟和土石覆盖或植被绿化、坝肩截水沟、观测设施等。

2．排洪系统整治内容

（1）根据防洪标准复核尾矿库防洪能力，当防洪能力不足时，应采取扩大调洪库容或增加排洪能力等措施；必要时，可增设永久溢洪道。

（2）当原排洪设施结构强度不能满足要求或受损严重时，应进行加固处理；必要时，可新建永久性排洪设施，同时将原排洪设施进行封堵。

（二）施工及验收

（1）闭库工程施工及验收可参照《尾矿设施施工及验收规程》和其他有关规程。

（2）闭库后的尾矿库，必须做好坝体及排洪设施的维护。未经论证和批准不得储水。严禁在尾矿坝和库内进行乱采、滥挖、违章建筑和违章作业。

（3）闭库后的尾矿库，未经设计论证和批准，不得重新启用或改作他用。

四、尾矿库安全检查

（一）防洪安全检查

检查尾矿库设计的防洪标准是否符合规定。当设计的防洪标准高于或等于规定时，可按原设计的洪水参数进行检查；当设计的防洪标准低于规定时，应重新进行洪水计算及调洪演算。

尾矿库水位检测，其测量误差应小于 20 mm。

尾矿库滩顶高程的检测，应沿坝（滩）顶方向布置测点进行实测，其测量误差应小于 20 mm。当滩顶一端高一端低时，应在低标高段选较低处检测 1～3 个点；当滩顶高低相同时，应选较低处不少于 3 个点；其他情况，每 100 m 坝长选较低处检测 1～2 个点，但总数不少于 3 个点。各测点中最低点作为尾矿库滩顶标高。

尾矿库干滩长度的测定，视坝长及水边线弯曲情况，选干滩长度较短处布置 1～3 个断面。测量断面应垂直于坝轴线布置，在几个测量结果中，选最小者作为该尾矿库的沉积滩干滩长度。

检查尾矿库沉积滩干滩的平均坡度时，应视沉积干滩的平整情况，每 100 m 坝长布置不少于 1～3 个断面。测量断面应垂直于坝轴线布置，测点应尽量在各变坡点处进行布置，且测点间距不大于 10～20 m（干滩长者取大值），测点高程测量误差应小于 5 mm。

尾矿库沉积干滩平均坡度，应按各测量断面的尾矿沉积干滩加权平均坡度平均计算。

根据尾矿库实际的地形、水位和尾矿沉积滩面，对尾矿库防洪能力进行复核，确定尾矿坝安全超高和最小干滩长度是否满足设计要求。

排洪构筑物安全检查主要内容：构筑物有无变形、位移、损毁、淤堵，排水能力是否满足要求等。

排水井检查内容：井的内径、窗口尺寸及位置，井壁剥蚀、脱落、渗漏、最大裂缝开展宽度，井身倾斜度和变位，井、管联结部位，进水口水面漂浮物，停用井封盖方法等。

排水斜槽检查内容：断面尺寸、槽身变形、损坏或坍塌，盖板放置、断裂，最大裂缝开展宽度，盖板之间以及盖板与槽壁之间的防漏充填物，漏砂，斜槽内淤堵等。

排水涵管检查内容：断面尺寸，变形、破损、断裂和磨蚀，最大裂缝开展宽度，管间止水及充填物，涵管内淤堵等。

对于无法入内检查的小断面排水管和排水斜槽可根据施工记录和过水畅通情况判定。

排水隧洞检查内容：断面尺寸，洞内塌方，衬砌变形、破损、断裂、剥落和磨蚀，最大裂缝开展宽度，伸缩缝、止水及充填物，洞内淤堵及排水孔工况等。

溢洪道、截洪沟检查内容：断面尺寸，沿线山坡滑坡、塌方，护砌变形、破损、断裂和磨蚀，沟内淤堵等。对溢洪道还应检查溢流坎顶高程、消力池及消力坎等。

（二）尾矿坝安全检查

尾矿坝安全检查内容：坝的轮廓尺寸、变形、裂缝、滑坡和渗漏、坝面保护等。尾矿坝的位移监测可采用视准线法和前方交汇法；尾矿坝的位移监测每年不少于4次，位移异常变化时应增加监测次数；尾矿坝的水位监测包括库水位监测和浸润线监测；水位监测每月不少于1次，暴雨期间和水位异常波动时应增加监测次数。

检测坝的外坡坡比。每100 m坝长不少于2处，应选在最大坝高断面和坝坡较陡断面。水平距离和标高的测量误差不大于10 mm。尾矿坝实际坡陡于设计坡比时，应进行稳定性复核，若稳定性不足，则应采取措施。

检查坝体位移。要求坝的位移量变化应均衡，无突变现象，且应逐年减小。当位移量变化出现突变或有增大趋势时，应查明原因，妥善处理。

检查坝体有无纵、横向裂缝。坝体出现裂缝时.应查明裂缝的长度、宽度、深度、走向、形态和成因，判定危害程度，妥善处理。

检查坝体滑坡。坝体出现滑坡时，应查明滑坡位置、范围和形态以及滑坡的动态趋势。

检查坝体浸润线的位置。应查明坝面浸润线出逸点位置、范围和形态。

检查坝体排渗设施。应查明排渗设施是否完好、排渗效果及排水水质。

检查坝体渗漏。应查明有无渗漏出逸点，出逸点的位置、形态、流量及含砂量等。

坝面保护设施。检查坝肩截水沟和坝坡排水沟断面尺寸，沿线山坡稳定性，护砌变形、破损、断裂和磨蚀，沟内淤堵等；检查坝坡土石覆盖保护层实施情况。

（三）尾矿库库区安全检查

尾矿库库区安全检查主要内容：周边山体稳定性，违章建筑、违章施工和违章采选作业等情况。

检查周边山体滑坡、塌方和泥石流等情况时，应详细观察周边山体有无异常和急变，并根据工程地质勘察报告，分析周边山体发生滑坡可能性。

检查库区范围内危及尾矿库安全的主要内容：违章爆破、采石和建筑，违章进行尾矿回采、取水，外来尾矿、废石、废水和废弃物排入，放牧和开垦等。

五、尾矿库安全度

尾矿库安全度主要根据尾矿库防洪能力和尾矿坝坝体稳定性确定，分为危库、险库、病库、正常库四级。

（一）危库

危库指安全没有保障，随时可能发生垮坝事故的尾矿库。危库必须停止生产并采取应急措施。尾矿库有下列工况之一的为危库：

（1）尾矿库调洪库容严重不足，在设计洪水位时，安全超高和最小干滩长度都不满足设计要求，将可能出现洪水漫顶。

（2）排洪系统严重堵塞或坍塌，不能排水或排水能力急剧降低。

（3）排水井显著倾斜，有倒塌的迹象。

（4）坝体出现贯穿性横向裂缝，且出现较大范围管涌、流土变形，坝体出现深层滑动迹象。

（5）经验算，坝体抗滑稳定最小安全系数小于表 2-15 规定值的 0.95。

（6）其他严重危及尾矿库安全运行的情况。

（二）险库

险库指安全设施存在严重隐患，若不及时处理将会导致垮坝事故的尾矿库。险库必须立即停产，排除险情。尾矿库有下列工况之一的为险库：

（1）尾矿库调洪库容不足，在设计洪水位时安全超高和最小干滩长度均不能满足设计要求。

（2）排洪系统部分堵塞或坍塌，排水能力有所降低，达不到设计要求。

（3）排水井有所倾斜。

（4）坝体出现浅层滑动迹象。

（5）经验算，坝体抗滑稳定最小安全系数小于表 2-15 规定值的 0.98。

（6）坝体出现大面积纵向裂缝，且出现较大范围渗透水高位出逸，出现大面积沼泽化。

（7）其他危及尾矿库安全运行的情况。

（三）病库

病库指安全设施不完全符合设计规定，但符合基本安全生产条件的尾矿库。病库应限期整改。尾矿库有下列工况之一的为病库：

（1）尾矿库调洪库容不足，在设计洪水位时不能同时满足设计规定的安全超高和最小干滩长度的要求。

（2）排洪设施出现不影响安全使用的裂缝、腐蚀或磨损。

（3）经验算，坝体抗滑稳定最小安全系数满足表 2-15 规定值，但部分高程上堆积边坡过陡，可能出现局部失稳。

（4）浸润线位置局部较高，有渗透水出逸，坝面局部出现沼泽化。

（5）坝面局部出现纵向或横向裂缝。

（6）坝面未按设计设置排水沟，冲蚀严重，形成较多或较大的冲沟。

（7）坝端无截水沟，山坡雨水冲刷坝肩。

（8）堆积坝外坡未按设计覆土、植被。

（9）其他不影响尾矿库基本安全生产条件的非正常情况。

（四）正常库

尾矿库同时满足下列工况的为正常库：

（1）尾矿库在设计洪水位时能同时满足设计规定的安全超高和最小于滩长度的要求。

（2）排水系统各构筑物符合设计要求，工况正常。

（3）尾矿坝的轮廓尺寸符合设计要求，稳定安全系数满足设计要求。

（4）坝体渗流控制满足要求，运行工况正常。

六、尾矿库安全评价

（一）尾矿库安全评价概述

尾矿库安全评价属专项安全评价，包括建设期间的安全预评价和安全验收评价、生产运行期间及闭库前的安全现状评价。尾矿库安全评价前期应进行现场考察，察看地形地貌、不良地质现象、人文地理、周边环境等。安全验收评价还应查看工程施工情况；安全现状评价还应查看尾矿坝运行情况、排洪设施完好程度等。

企业应根据各项评价的目的和要求分别向评价单位提供以下资料：

（1）尾矿库现状地形图及上、下游有关资料。

（2）水文气象资料。

（3）尾矿库（坝）工程地质勘察报告（含堆积坝物理力学指标）。

（4）尾矿库安全设施设计资料。

（5）尾矿库安全设施施工资料。

（6）尾矿库运行管理（含安全管理、事故及其处理情况）资料。

（7）其他有关资料。

（二）尾矿库安全预评价

1．安全预评价报告的重点内容

（1）库址的合理性，尾矿库与周围环境的相互影响。

（2）尾矿坝坝型选择的合理性。

（3）排洪系统布置的合理性及排洪能力的可靠性。

（4）尾矿库监测系统的完整性及可靠性。

（5）危险因素辨识及对策。

2．安全预评价报告的结论

（1）对尾矿库设计方案的安全性作出明确结论。

（2）提出尾矿库安全措施建议。

（三）尾矿库安全验收评价

1．安全验收评价报告的重点内容

（1）查看安全预评价在初步设计中的落实。

（2）是否有完备的经监理和业主确认的隐蔽工程记录。

（3）各单项工程施工参数与质量是否满足国家和行业规范、规程及设计要求。

2．安全验收评价报告的结论

（1）对工程是否满足安全要求作出明确结论。

（2）提出安全生产措施的补充建议。

（四）尾矿库现状评价

1．安全现状评价报告的重点内容

（1）尾矿库自然状况的说明及评价，包括尾矿库的地理位置、周边人文环境、库形、汇水面积、库底与周边山脊的高程、工程地质概况等。

（2）尾矿坝设计及现状的说明与评价，包括初期坝的结构类型、尺寸，尾矿堆坝方法、堆积标高、库容、堆积坝的外坡坡比、坝体变形及渗流、采取的工程措施等。

（3）根据勘察资料（或经验数据）对尾矿坝稳定性进行定量分析，说明采用的计算方法、计算条件，并给出计算分析评价结果。

（4）尾矿库防洪设施设计及现状的说明与评价，包括尾矿库的等别、防洪标准、暴雨洪水总量、洪峰流量、排洪系统的型式、排洪设施结构尺寸及完好情况等。

（5）复核尾矿库防洪能力及排洪设施的可靠性能否满足设计要求。

（6）当尾矿库防洪能力及排洪设施的可靠性或尾矿坝稳定性不能满足设计要求时，应进行必要计算，提出可行的对策。

（7）管理系统的完善程度及评价。

2．安全现状评价报告的结论

（1）尾矿坝稳定性是否满足设计要求。

（2）尾矿库防洪能力是否满足设计要求。

（3）尾矿库安全度。

（4）尾矿库与周边环境的相互影响。

（5）安全对策。

安全评价报告应有附件和附图。附件包括任务委托书或评价委托合同、岩土勘察物理力学指标表和与安全评价有关的文件。附图包括尾矿库平面图、尾矿坝横剖面图、带有最危险滑弧位置的尾矿坝稳定计算简图及建议的尾矿库整治方案图等。

第三节　地质勘探安全技术

一、野外作业及地质测绘基本安全规定

（一）野外作业安全规定

地质勘探单位应了解和掌握地质勘探工作区安全情况，包括动物、植物、微生物伤害源、流行传染病种、疫情传染源、自然环境、人文地理、交通等状况，并建立档案。地质勘探工作区安全信息和预防措施应及时向野外作业人员告知。

地质勘探单位应为野外地质勘探作业人员配备野外生存指南、救生包，为艰险地区野外地质勘探项目组配备有效的无线电通讯、定位设备。

禁止单人进行野外地质勘探作业，禁止食用不能识别的动植物，禁止饮用未经检验合格的新水源和未经消毒处理的水。野外地质勘探作业人员应按约定时间和路线返回约定的营地。

在疫源地区从事野外地质勘探作业人员，应接种疫苗；在传染病流行区从事野外地质勘探作业人员，应采取注射预防针剂或其他防疫措施。

野外地质勘探施工应收集历年山洪和最高洪水水位资料，并采取防洪措施。

在悬崖、陡坡进行地质勘探作业应清除上部浮石。一般情况下不得进行两层或多层同时作业；确需进行两层或多层同时作业，上下层间应有安全防护设施。2 m 以上的高处作业应系安全带。地质勘探设备、材料、工具、仪表和安全设施、个人劳动防护用品应符合国家标准或者行业标准。

野外地质勘探临时性用电电力线路应采用电缆。电缆应架空或在地下作保护性埋设，电缆经过通道、设备处应增设防护套。

野外地质勘探电气设备及其启动开关应安装在干燥、清洁、通风良好处。电气设备熔断丝规格应与设备功率相匹配，禁止使用铜、铁、铝等其他金属丝代替熔断丝。

野外电、气焊作业应及时清除火星、焊渣等火源；电、气焊工作点与易燃、易爆物品存放点间距离应大于 10 m。

野外地质勘探钻塔、铁架等高架设施应设置避雷装置。雷雨天气时，作业人员不得在孤立的大树下、山顶避雨。

坑、井、易滑坡地段或其他可能危及作业人员或他人人身安全的野外地质勘探作业应设置安全标志。

地质勘探爆破作业应遵守《爆破安全规程》（GB 6722—2003）。

地质勘探野外工作机动车辆应满足野外作业地区越野性能要求，并在野外作业出队前进行车辆性能检测，在野外工作期间应随时检修。野外工作机动车辆驾驶员除持有驾驶证外，需经过野外驾驶考核合格后方可上岗。

1. 野外营地的选择应遵守的规定

（1）借住民房应进行消毒处理，并检查房屋周边环境、基础和结构。

（2）营地应选择地面干燥、地势平坦背风场地，预防自然灾害和地质灾害。

（3）营地应设排水沟，悬挂明显标志。

（4）挖掘锅灶或者设立厨房，应在营地下风侧，并距营地大于 5 m。

（5）在林区、草原建造营地，应开辟防火道。

2. 山区（雪地）作业应遵守的规定

（1）每日出发前，应了解气候、行进路线、路况、作业区地形地貌、地表覆盖等情况。

（2）在大于 30°的陡坡或者垂直高度超过 2 m 的边坡上作业，应使用保险绳、安全带。

（3）山区（雪地）作业，两人间距离应不超出有效视线。

（4）冰川、雪地作业，作业人员应成对联结，彼此间距应不大于 15 m。

（5）在雪崩危险带作业，每个行进小组应保持 5 人以内。

（6）在雪线以上高原地区进行地质勘探作业，气温低于-30 ℃时应停止作业或者有防冻措施。

3. 林区、草原作业应遵守的规定

（1）在林区、草原作业应随时确定自己位置，与其他作业人员保持联系。

（2）在林区、草原作业，生火时应有专人看守，禁止留下未熄灭的火堆。

（3）在森林、草原地区进行地质勘探作业应遵守林区、草原防火规定。

（4）林区、草原出现火灾预兆或发生火灾时，应及时报警并积极参加灭火。

4. 沙漠、荒漠地区作业应遵守的规定

（1）备足饮用水，并合理饮用。

（2）发生沙尘暴时，作业人员应聚集在背风处坐下，蒙头，戴护目镜或者把头低到膝部。

（3）作业人员应配备防寒、防晒用品，穿明显标志工作服。

5．海拔 3000 m 以上高原地区作业应遵守的规定

（1）初入高原者应逐级登高，减小劳动强度，逐步适应高原环境。高原作业，严禁饮酒。

（2）艰险地区野外作业应配备氧气袋（瓶）、防寒用品用具。

（3）人均每日饮用水量应不少于 3.5 L。

6．沼泽地区作业应遵守的规定

（1）在沼泽地区作业应佩戴防蚊虫网、皮手套、长筒水鞋，扎紧袖口和裤脚。

（2）在沼泽地行走应随身携带探测棒。

（3）在植物覆盖的沼泽地段、浮动草地、沼泽深坑地段，应绕道通行，并标识已知危险区。

（4）在沼泽地区作业应配备救生用品、用具。

7．水系地区作业应遵守的规定

（1）水上地质勘探作业应配备水上救生器具。

（2）每天应对船只和水上救生装备进行检查。

（3）徒步涉水河流水深应小于 0.7 m，流速小于 3 m/s，并采取相应防护措施。

8．岩溶发育地区及旧矿、老窿地区作业应遵守的规定

（1）进入岩洞或旧矿老井、老窿、竖井、探井，应预先了解有关情况，采取通风、照明措施，并进行有毒有害气体检测。

（2）在垂直、陡斜的旧井壁上取样应设置绞车升降作业台或者吊桶。

（3）洞穴调查作业时，洞口应预留人员，进洞人员应采取安全措施。

进入矿山尾矿库时，应预先了解有关尾矿库情况，并采取相应安全措施，防止工作人员陷入尾矿库，行进小组应有 2 人以上。

9．特种矿产地区作业应遵守的规定

（1）在放射性异常地区作业应进行辐射强度和铀、镭、钍、钾、氡浓度检测，采取防护措施。

（2）放射性异常矿体露头取样应佩戴防护手套和口罩，尽量减少取样作业时间。井下作业应佩戴个人剂量计，限制个人吸收剂量当量。

（3）放射性标本、样品应及时放入矿样袋，按规定地点存放、处理。

（4）气体矿产取样应佩戴过滤式防毒面具。

（5）地下高温热水取样应采取防烫伤措施。

（二）地质测绘安全基本规定

（1）标高观测仪器应架设平稳，各类拉绳及附属安全设施应栓结到位，操作员应

站于安全、可靠处作业。

（2）地下管线测量应了解管线的基本情况。进行有毒、有害气体检测时，应有防范、保护措施。管线井下测量应设专人指挥。

（3）公路沿线测量应设立明显标志，派专人指挥。

（4）铁路沿线测量应与铁道有关部门取得联系，设立瞭望哨岗。

（5）登高观测作业应检查攀登工具、安全带和观测工具，并保持完好。

（6）在建筑物附近测量时，应了解建筑物结构坚固程度及周围情况，尽量避免在建筑物顶边缘作业。

（7）露天矿区、坑道、高山陡坡和险峻地区测量作业，测量人员应先检查安全情况后进行测量作业。

（8）在电网密集地区测量作业应避开变压器、高压输电线等危险区，并禁止使用金属标尺。

（9）雷雨天气或五级以上大风时，应停止测量作业。

二、地球物理勘探、地球化学勘探、地质遥感安全技术

（一）电法勘探

（1）发电机应有有效的漏电保护装置。仪器外壳、面板旋钮、插孔等的绝缘电阻，应大于 100 MΩ/500 V。工作电流、电压不得超过仪器额定值，进行电压换挡时应关闭高压电源。

（2）电路与设备外壳间绝缘电阻应大于 5 MΩ/500 V。电路应配有可调平衡负载，严禁空载和超载运行。

（3）导线绝缘电阻每千米应大于 2 MΩ/500 V。

（4）作业人员应熟练掌握安全用电和触电急救知识。

（5）供电电极附近应设有明显的警示标志。

（6）观测前，操作员和电机员应检查仪器和通讯工具工作性能，测量供电回路电阻，在确认人员离开供电电极后，方可进行试供电。

（7）导线铺设应避开高压输电线路；必须经过高压输电线路时，应有隔离保护措施。

（8）在雷雨天气时，禁止进行电法野外勘探作业。

（二）磁法勘探

（1）仪器操作应按仪器说明书或操作规程进行。禁止将仪器输出专用插口与其他仪器连接。

（2）仪器工作不正常或出现错误指示时，应先排除电源不足、接触不良及电路短路等外部原因，再使用仪器自检程序检查仪器。

（3）启动仪器激发按钮时，禁止触摸探头中元件。

（三）地震勘探

（1）车载仪器设备应安装牢固并具有抗震功能，电路布设合理。

（2）仪器、设备操作人员应服从统一指挥，严格遵守操作规程。

（3）爆破工作站应设立在上风侧安全区内，并与孔口保持良好视通。

（4）炮点与爆破工作站之间应避开输电线路。

（5）同一爆破工作站，只准使用一套起爆网路作业，同一炮点只准存在一个起爆药包（组合爆破除外）。

（6）未经有关管理部门批准，禁止在通航河道、海域和桥梁、水库、堤坝、地下通道、铁道、公路、工业设施、居民聚居区安全距离内进行爆破勘探作业。在通航河道、海域进行地震爆破作业，应设置临时航标信号。

（7）在井内进行爆破作业前应探明井内情况。在浅水区或水坑内爆破时，装药点距水面应至少 1.5 m。

（8）汽车收、放电缆时，车辆行驶速度应小于 5 kg/h。

（9）排列地震电缆应使用导向轮和导引拨叉。

（10）爆破作业船与地震勘探船间应保持通讯畅通。爆破作业船与地震勘探船之间最小安全距离，由设计确定，但应大于 150 m。

（四）放射性勘探

（1）放射性地质勘探活动应遵守《中华人民共和国放射性污染防治法》（全国人大常委会 2003）。

（2）放射性地质勘探活动应遵守《电离辐射防护和辐射源安全基本标准》（GB18871－2002）。

（3）地质勘探单位贮存、使用放射源应建立严格的领取、退还管理制度，由专人管理，并建立放射源登记档案，按规定建设放射源贮存库。

（4）高辐射地区野外地质勘探，应设立洗浴设施，并按规定配备辐射防护个人劳动保护用品；作业人员经常修剪指甲、头发，勤换洗衣服，保持皮肤清洁。

（5）职业照射剂量，连续 5 年的年平均有效剂量不超过 20 mSv，任何一年中的有效剂量不超过 50 mSv。

（6）放射源运输应专车专人押运；装卸、使用时应采取辐射防护措施。

（7）每日野外工作结束，辐射仪应及时放置于指定地点。禁止辐射仪、放射源与人员共处一室。

（8）发生放射源丢失、污染和危及人体健康事故，应立即报告公安、环境保护、安全监管部门，并采取防止事故扩大措施。

（五）井中地球物理勘探

（1）测井前应对钻孔地质、孔身结构等情况进行详细了解。

（2）外接电源电压、频率，应符合仪器设备要求。仪器、设备接通电源后，操作人员不得离开岗位。

（3）绞车、井口滑轮，应固定平整牢靠。绞车与滑轮应保持一定距离。电缆抗拉和抗磨强度应满足技术指标要求。

（4）地表各类导线，应分类置放。电缆绝缘电阻，应大于 5 MΩ/500 V。

（5）井下仪器应密封，与井上仪器、设备连接良好，经试验工作正常后方可下井作业。

（6）测井作业中，应密切注意井下情况，根据不同物探测井方法，控制升、降速度。

（7）在雷雨天气时，应暂停作业，断开仪器、设备电源，并将井下仪器提升至孔口。

（8）放射性测井应遵守放射性勘探规定。

（六）地球勘探

（1）野外地球化学勘探工作人员应配备手电筒、蛇药、跌打损伤等外用药品。

（2）每日外出作业应有当日的采样路线、汇合地点及宿营计划。

（3）在血吸虫疫区野外作业应配备高筒套鞋、胶手套。返队后，应及时进行血防检查。

（4）现场分析药品，应由专人保管；现场试验，应保护环境，禁止随地丢弃药品。

（七）航空地球物探勘探、地质遥感

（1）航空勘探活动应遵守《中华人民共和国民用航空法》（全国人大常委会1995）及国务院民用航空主管部门的有关规定。

（2）航空勘探活动应遵守《航空物探飞行技术规范》（MH/T 1010－2000）。

（3）航空勘探活动应遵守国家空中交通安全管制法规，按规定程序申报批准取得航空勘探飞行权和观测权，并依法接受空中飞行监管。

（4）航空勘探单位应会同飞行单位、航空管理部门制定应急预案。

（5）航空器内外航空物探、遥感地质勘测仪器设备安装，应考虑航空器整体平衡、配重；由具有航空器安装、维修专业技术资格单位承担。安装人员应具有航空器安装、维修专业技术资格。

（6）飞行勘探工作开始前，勘探队应与飞行机组、飞行保障部门召开安全协调会，研究作业区域气象、地理条件，确定飞行高度。

（7）航空器起飞勘探作业前，飞行机组、勘探队应分别对航空器及勘测仪器、设备进行全面检查。

（8）勘探队长应了解执行勘测飞行任务的航空器性能及其定检、发动机使用小时等情况。

（9）飞行勘测时，机上勘测技术人员应与机组人员密切配合，随时检查记录飞行速度、离地高度，确保不突破飞行安全边界。

（10）非封闭舱航空器飞行高度 3000 m 以上勘测作业，应装备氧气瓶；海区飞行勘测作业，应配备救生衣。

（11）航空勘探作业应遵守航空磁测、航空遥感摄影技术规范规程。

（12）航空勘探空勤技术人员，每天飞行时间不得超过 8 h，每次飞行不超过 6 h，168 h 内最长飞行小时不得超过 50 h。

三、水文地质、环境地质、工程地质

（一）水文地质

水点调查应观察调查点周围稳固等情况。

1．泉水调查应遵守的规定

（1）山泉水源调查，在遇到风暴、悬崖、峭壁、峡谷、雷雨等情况时，应采取防护措施。

（2）露天泉水源调查，调查人员应确认周围是否是沼泽地或泥泞地。

2．矿坑水点调查应遵守的规定

（1）下井调查前，应了解矿山井巷涌水量、含水层特点及其变化情况和地下水进入坑道的状态、坑道充水水源、井巷涌水点分布、矿井排水系统等。

（2）老矿区、废弃坑道地区调查，应观察坑道口灌水、草遮盖情况。下坑观测前，应通风并进行坑内有毒有害水体、气体检测。

（3）陡峭险峻河岸及容易发生地质滑坡、山崩和塌方的倾斜河岸观测，应采取防护措施。

3．动态观测应遵守的规定

（1）观测员应掌握安全信号含义和发出方法。

（2）夜间动态观测，观测员应佩戴个人照明器具。

（3）禁止观测员在草丛、灌木中或其他不易被人发现的地方休息。

4．观测井（孔、泉）布设与安装应遵守的规定

（1）观测孔台应高出地面 0.5 m。

（2）选用饮水井或浅井作动态观测点，井口应安装防护井栏。

（3）选用露天泉井水作观测点，泉井、引水渠、测流池、测流堰等应设置防护栏栅。

5．抽水试验应遵守的规定

（1）靠近试验点的渠段及井口周围应设置防护栏栅。

（2）压风机抽水试验，高压风管、水管接头应严密、牢固。

（3）潜水泵抽水试验，潜水泵供电应使用漏电保护器。

（4）注意观测地面塌陷和建筑物位移。

（二）环境地质

（1）梅雨季节，江河流域野外环境地质调查，应制定防洪、防涝措施。

（2）在山地崩塌和滑坡区以及泥石流发生区野外环境地质调查，应制定有效的安全防范措施。

（3）在高原冻土区野外环境地质调查应避开冬季。

（4）在平原沙漠区野外环境地质调查应有防风、防沙措施或避开风沙季节。

（三）工程地质

（1）在工业及民用设施区工程地质施工，对工业及民用建筑物应有监测措施，同时应了解和掌握地下管网设施的埋设情况。

（2）工程地质野外测试应遵守仪器、设备安全操作规程。

四、钻探工程安全技术

（一）修筑机场地基

（1）机场地基平整、坚固、稳定、适用。钻塔底座的填方部分，不得超过塔基面积的1/4。

（2）在山坡修筑机场地基，岩石坚固稳定时，坡度应小于80°；地层松散不稳定时，坡度应小于45°。

（3）机场周围应有排水措施。在山谷、河沟、地势低洼地带或雨季施工时，机场地基应修筑拦水坝或修建防洪设施。

（4）机场地基应满足钻孔边缘距地下电缆线路水平距离大于 5 m，距地下通讯电缆、构筑物、管道等水平距离应大于 2 m。

（二）钻探设备安装、拆卸、搬迁

1. 钻塔安装与拆卸应遵守的规定

（1）安装、拆卸钻塔前，应对钻塔构件、工具、绳索、挑杆和起落架等进行严格检查。

（2）安装、拆卸钻塔应在安装队长或机长统一指挥下进行，作业人员要合理安排，严格按钻探操作规程进行作业，塔上塔下不得同时作业。

（3）安装、拆卸钻塔时，起吊塔件使用的挑杆应有足够的强度。拆卸钻塔应从上而下逐层拆卸。

（4）进入机场应按规定穿戴工作服、工作鞋、安全帽，不得赤脚或穿拖鞋，塔上作业应系好安全带，禁止穿带钉子或者硬底鞋上塔作业。

（5）安、拆钻塔应铺设工作台板，塔板台板长度、厚度应符合安全要求。

（6）夜间或5级以上大风、雷雨、雾、雪等天气禁止安装、拆卸钻塔作业。

2. 钻架安装与拆卸应遵守的规定

（1）起、放钻架，应在安装队长或机长统一指挥下，有秩序地进行。

（2）竖立或放倒钻架前，应当埋牢地锚。

（3）竖立或放下钻架时，作业人员应离开钻架起落范围，并应有专人控制绷绳。

（4）钻架钢管材料应满足最大工作强度要求。

（5）钻架腿之间应安装斜拉手，应在钻架腿连接处的外部套上钢管结箍加固。

（6）起、放钻架，钻架外边缘与输电线路边缘之间的安全距离，应符合表 2-19 的规定。

表 2-19 钻架与输电线路边缘之间的最小安全距离

电压/kv	<1	1～10	35～110	154～220	350～550
最小安全距离/m	4	6	8	10	15

3．钻机设备安装应遵守的规定

（1）各种机械安装应稳固、周正水平。

（2）安装钻机时，井架天车轮前缘切点，钻机立轴中心与钻孔中心应成一条直线，直线度范围±15mm。

（3）各种防护设施、安全装置应当齐全完好，外露的转动部位应设置可靠的防护罩或者防护栏杆。

（4）电气设备应安装在干燥、清洁、通风良好的地方。

4．设备搬运应遵守的规定

（1）机动车搬运设备时，应有专人指挥；人工装卸时，应有足够强度的跳板；用吊车或葫芦起吊时，钢丝绳、绳卡、挂钩及吊架腿应牢固。

（2）多人抬动设备时，应有专人指挥，相互配合。

（3）轻型钻机整体迁移时，应在平坦短距离地面上进行，并采取防倾斜措施。

（4）禁止在高压电线下和坡度超过 15°坡上或凹凸不平和松软地面整体迁移钻机。

（5）使用起重机械起吊钻机设备时，应遵守《起重机械安全规程》（GB 6067－1985）。

（三）升降钻具

升降机的制动装置、离合装置、提引器、游动滑车、拧管机和拧卸工具等应灵活可靠。

使用钢丝绳应遵守下列规定：

（1）钢丝绳安全系数应大于 7。

（2）提引器处于孔口时，升降机卷筒钢丝绳圈数不少于 3 圈。

（3）钢丝绳固定连接绳卡应不少于 3 个；绳卡距绳头应大于钢丝绳直径的 6 倍。

（4）钢丝绳应定期检查。变形、磨损、断丝钢丝绳应按《起重机械用钢丝绳检验和报废实用规范》（GB 5972－1986）的规定报废。

升降机，应平稳操作。严禁升降过程中用手触摸钢丝绳。

提引器、提引钩，应有安全边锁装置；提落钻具或钻杆，提引器切口应朝下。

钻具处于悬吊或倾斜状态时，禁止用手探摸悬吊钻具内的岩心或探视管内岩心。

操作拧管机和插垫叉、扭叉，应由一人操作；扭叉应有安全装置。

发生跑钻时，禁止抢插垫叉或强行抓抱钻杆。

（四）钻进

（1）开孔钻进前，应对设备、安全防护设施、措施进行检查验收。

（2）机械转动时，禁止进行机器部件的擦洗、拆卸和维修；禁止跨越传动皮带、转动部位或从其上方传递物件；禁止戴手套挂皮带或打蜡；禁止用铁器拨、卸、挂传动中皮带。

（3）钻进时，禁止用手扶持高压胶管或水龙头。修配高压胶管或水龙头应停机。

（4）调整回转器、转盘时应停机检查，并将变速手把放在空档位置。

（5）转盘钻机钻进时，严禁转盘上站人。

（6）扩孔、扫脱落岩心、扫孔或遇溶洞、松散复杂地层钻进时，应由机（班）长或熟练技工操作。

（五）孔内事故处理

孔内事故处理前，应全面检查钻塔（钻架）构件、天车、游动滑车、钢丝绳、绳卡、提引器、吊钩、地脚螺丝、仪器、仪表等。

处理孔内事故时，应由机（班）长或熟练技工操作，并设专人指挥；除直接操作人员外，其他人员应撤离。

禁止同时使用升降机、千斤顶或吊锤起拨孔内事故钻具。

禁止超设备限定负荷强行起拨孔内事故钻具。

打吊锤时，吊锤下部钻杆处应安装冲击把手或其他限位装置；禁止手扶、握钻杆或打箍；人力拉绳打吊锤时，应统一指挥。

使用千斤顶回杆时，禁止使用升降机提吊被顶起的事故钻具。

人工反钻具，扳杆回转范围内严禁站人；禁止使用链钳、管钳工具反事故钻具。反转钻机反钻具应采用低速慢转。

使用钢丝绳反管钻具连接物件应牢固可靠。

钻孔爆破应遵守下列规定：

（1）入爆破筒前，应进行孔径、孔深、偏斜度探测。

（2）向钻孔内送药包时，应慢速下放。

（3）爆破前应确定爆破危险边界，并做好爆破警戒工作。

（六）机场安全防护设施

钻塔座式天车应设安全挡板；吊式天车应安装保险绳。

钻机水龙头高压胶管，应设防缠绕、防坠安全装置和导向绳。

钻塔工作台，应安装可靠防护栏杆。防护栏杆高度应大于 1.2 m，木质踏板厚度应大于 50 mm 或采用防滑钢板。

塔梯应坚固、可靠；梯阶间距应小于 400 mm，坡度小于 75°。

机场地板铺设，应平整、紧密、牢固；木地板厚度，应大于 40 mm 或使用防滑钢板。

1．活动工作台安装、使用应符合的规定

（1）工作台应安装制动、防坠、防窜、行程限制、安全挂钩、手动定位器等安全装置。

（2）工作台底盘、立柱、栏杆应成整体。

（3）工作台应配置 ϕ30 mm 以上棕绳手拉绳。

（4）工作台提引绳、重锤导向绳应采用 ϕ9 mm 以上钢丝绳。

（5）工作台平衡重锤应安装在钻塔外，与地面之间距离应大于 2.5 m。

（6）活动工作台每次准乘一人。

（7）乘工作台高空作业时，应先闭锁手动制动装置后方可进行作业。

2．钻塔绷绳安装应符合的规定

（1）钻塔绷绳应采用 ϕ12.5 mm 以上钢丝绳。

（2）18 m 以下钻塔应设 4 根绷绳；18 m 以上钻塔应分两层，每层设 4 根绷绳。

（3）绷绳安装应牢固、对称；绷绳与水平面夹角应小于 45°。

（4）地锚深度应大于 1 m。

3．雷雨季节、落雷区钻塔应安装避雷针或采取其他防雷措施。

安装避雷针应符合的要求

（1）避雷针与钻塔应使用高压瓷瓶间隔。

（2）接闪器应高出塔顶 1.5 m 以上。

（3）引下线与钻塔绷绳间距应大于 1 m。

（4）接地极与电机接地、孔口管及绷绳地锚间距离应大于 3 m，接地电阻应小于 15 Ω。

（七）机场用电

（1）钻探施工用电应遵守《建设工程施工现场供用电安全技术规范》（GB 50194－1993）。

（2）动力配电箱与照明配电箱，应分别设置。

（3）每台钻机应独立设置开关箱，实行"一机一闸一漏电保护器"。

（4）移动式配电箱、开关箱应安装在固定支架上，并有防潮、防雨、防晒措施。

（5）机场电气设备，应采用保护接地，接地电阻应小于 4 Ω。

224

（6）使用手持式电动工具应遵守《手持式电动工具的管理、使用、检查和维修安全技术规程》（GB 3787－1983）的规定。

（7）机场照明应使用防水灯具；照明灯泡，应距离塔布表面 300 mm 以上。

（8）在修理电气设备时，应切断电源，并挂警示牌或设专人监护。

（八）机场防风

五级以上大风天气，应停止钻探作业，并应做好以下工作：

（1）卸下塔衣、场房帐篷。

（2）钻杆下入孔内，并卡上冲击把手。

（3）检查钻塔绷绳及地锚牢固程度。

（4）切断电源，关闭并盖好机电设备。

（5）封盖好孔口。

大风后重新开始钻探作业前，应检查钻塔、绷绳、机电设备、供电线路等的情况，确认安全后方可继续钻探作业。

（九）机场防火、防寒

（1）钻探机队应成立防火组织；作业人员应掌握灭火器材使用方法。

（2）机场应配备足够的灭火器材，并合理摆放，专人管理，禁止明火直接加热机油，及烘烤柴油机油底壳。

（3）寒冷季节施工，作业场所应有防寒措施和取暖设施。机场内取暖，火炉距油料等易燃物品存放点应大于 10 m，距机场塔布应大于 1.5 m。

（十）特种钻探

1．水上钻探应遵守的要求

（1）掌握工作区域有关水文、气象资料，并采取相应的安全措施。

（2）通航河流或湖泊施工作业应遵守航务、港监等有关部门规定，勘探船舶停泊作业，应设置信号灯或航标。

（3）钻塔（架）地脚应与钻探船牢固连接。

（4）钻探船舶地锚应稳定、牢固可靠，钻探船舶平台拼装应使用同吨位船只，钻探船四周应设置牢固防护栏杆，平台铺设稳固可靠。

（5）禁止在钻探船上使用千斤顶及其他起重设备。

（6）钻探船舶应配备足够数量的救生衣、救生圈等救生设备和消防设备，并经常检查。

（7）4 级以上大风应停止作业。

（8）浮筒、木筏作为钻探作业平台时，其平台基础和结构应稳定、牢固。

2．坑道钻探应遵守的要求

（1）坑道钻探施工应编制施工设计，施工前应进行场地安全检查和钻室支护。

（2）遇含水层或涌水层时应立即采取排水措施，禁止将钻具提出钻孔，并立即采取预防措施，确保作业人员安全。

（3）坑道内应有良好通风，作业点应有充足的照明。

（4）悬挂在巷道壁的滑轮支撑点应牢固，其强度、附着力应满足钻机起吊最大负荷要求。

五、坑探工程安全技术

（一）坑探工程断面规格与使用条件

（1）探槽长度应以地质设计为准，深度应小于 3 m，槽底宽度应大于 0.6 m。两壁坡度，应根据土质、探槽深浅确定：槽深小于 1 m 的浅槽，坡度应小于 90°；1～3 m 的深槽，结实土层，坡度应为 75°～80°；松软土层，坡度应为 60°～70°；潮湿、松软土层，坡度应小于 55°。

（2）浅井深度应小于 20 m。断面规格及使用条件按表 2-20 确定。

表 2-20　浅井断面规格及使用条件

深度/m	断面规格（长×宽）/m²	使 用 条 件
0～5	0.8～1.0m（直径）	手摇绞车提升
0～10	1.2×0.8=0.96	不需排水，手摇绞车或者浅井提升机提升
	1.2×1.0=1.20	吊桶排水，浅井提升机提升
0～20	1.3×1.1=1.43	吊桶或者潜水泵排水，浅井提升机提升
	1.7×1.3=2.21	潜水泵排水，浅井提升机提升

（3）斜井长度应小于 300m，斜井高度应大于 1.6m，斜井倾角应小于 35°。断面规格及使用条件按表 2-21 确定。

表 2-21　斜井断面规格及使用条件

深度/m	断面规格（高×宽）/m²	使 用 条 件
0～30	1.7×1.0=1.70	小型机掘
0～100	1.7×1.2=2.04	提升矿车
	1.7×1.9=3.32	提升矿车，设人行道
0～200	1.8×2.4=4.32	提升箕斗，设人行道
0～300	1.8×3=5.4	双道轨，提升箕斗，设人行道

（4）竖井断面规格及使用条件按表 2-22 确定。

表 2-22　竖井断面规格及使用条件

深度/m	断面规格（长×宽）/m²	使 用 条 件
0～30	1.6×1.0=1.60	不设梯子间，单吊桶提升
0～50	2.0×1.2=2.40	设梯子间，单吊桶提升
0～100	3.0×2.0=6.00	设梯子间，单罐笼提升
>100	4.0×2.4=9.6	设梯子间，双罐笼提升

（5）平巷掘进断面高度应大于 1.8m。运输设备最大宽度与巷道一侧的安全间隙应

大于 0.25m。人行道宽度应大于 0.5m。断面规格及使用条件按表 2-23 确定。

表 2-23　平巷断面规格及使用条件

深度/m	断面规格（高×宽）/m²	使用条件
0～50	1.8×1.2=2.16	手推车运输
0～100	1.8×1.5=2.70	矿车运输
0～300	2.0×1.8=3.6	铲运机或者矿车运输
0～500	2.0×2.2=4.40	机械化掘进作业线
0～1000	2.0×3.0=6.00	机械化掘进作业线

（二）探槽掘进

（1）人工掘进探槽时，禁止采用挖空槽壁自然塌落方法。

（2）槽壁应保持平整，松石应及时清除。槽口两侧 1 m 内不得堆放土石和工具。

（3）在松枕易坍塌地层掘进探槽时，两壁应及时进行支护。

（4）槽内 2 人以上同时作业时，相互间距应大于 3 m。

（5）探槽满足地质要求后应及时回填。

（三）浅井掘进

（1）井口应设置防护围栏，井口段井壁应支护，并应高于地面 200 mm。

（2）在井壁不稳定砂砾层、含水层掘进时，应采取止水、降低水位、加强支护措施。

（3）提升吊桶时，井下应有安全护板。木质护板厚度不应小于 50 mm。

（4）作业人员上、下井应佩挂安全带。禁止乘坐手摇吊桶（筐）或者沿绳索攀登、攀爬井壁升井、下井。

（5）在山坡上掘进浅井时，应清除井口上方及附近浮石（土）。上、下坡均有井位时，应先完成下坡浅井后，再掘进上坡浅井。井口 1 m 内不准堆放工具、物料，5 m 内不准堆放重型设备和石碴等。

（6）拆除浅井支护时应由下而上，边拆除边回填。

（7）在满足地质要求后，浅井应及时回填。

（四）平巷、斜井、竖井掘进

1．平巷施工应遵守的规定

（1）坑口上方应有防、排水措施，坑口应稳定、坚固。

（2）地处道路上方或者陡坡坑口，应有防护措施。

（3）交通干线下部坑探施工，坑道上方覆盖岩体厚度应大于 15 m。

（4）坑道穿过铁路、公路时，应征得有关部门同意后，方可施工。

2．斜井施工应遵守的规定

（1）运输斜井应设人行道。

（2）运输物料斜井车道与人行道之间应设置隔墙。

（3）斜井井口应设挡车器、阻车器。

3．竖井施工应遵守的规定

（1）竖井掘进应遵守《金属非金属地下矿山安全规程》（GB 16424－1996）规定。

（2）梯子间梯子倾角应小于80°，相邻两梯子平台距离应小于6 m，梯子平台长、宽应分别大于0.7 m和0.6 m。

（3）井口应设围栏、井口盖，井下应设护板。

（4）使用吊桶升降人员，吊桶上部应有保护装置。

（5）井下作业人员携带工具、材料应装入工具袋。

（6）在井架上、井筒内或者吊盘上作业应佩戴安全帽、安全带。安全带应拴在牢固的构件上。

（五）凿岩作业

1．凿岩作业应遵守的规定

（1）坑探工程应采用湿式凿岩，并有防噪声、振动危害措施。

（2）凿岩前，应检查和清除盲炮、残炮、炮烟；检查和清除顶、帮、工作面浮石及支护的不安全因素。

（3）禁止戴手套扶钎杆，禁止肩扛钎杆作业，禁止站在凿岩机钎杆下方。

（4）流砂层或者突然涌水等地段凿岩应制订安全措施。

2．风动凿岩应遵守的规定

（1）操作者应站在后侧面，一脚在前，一脚在后。

（2）凿岩时应随时观察和检查压气胶管接头、机械联结部分。

（3）储气罐、高压水箱安全部件（压力表、安全阀等）应灵活可靠。

3．电动凿岩应遵守的规定

（1）巷道有瓦斯或者煤尘应选用防爆型电动凿岩机。

（2）电动凿岩机绝缘电阻应大于50 MΩ，并安装漏电保护器。

（3）凿岩机操作人员应穿戴绝缘手套、绝缘胶鞋。

禁止在坑道、浅井、巷道使用内燃凿岩机凿岩。

4．钎头修磨应遵守的规定

（1）砂轮机或者磨钎机应安设防护罩。

（2）操作者应佩戴防护眼镜。

（3）操作者应站在砂轮侧面操作。禁止操作者和其他人员站立在砂轮正面。

（六）爆破作业

爆破后，工作面应通风、处理浮石、检查支架，并处理完残炮、盲炮后，方可进行其他工序作业。

贯通爆破，测量人员应及时提供两个贯通工作面间距离数据。两工作面间相距小于 15m 时，应停止一方掘进，并封闭一侧，设立明显标志。

在有矿尘、煤尘、易燃易爆气体爆炸危险的工作面爆破时，应使用导爆管、瞬发电雷管、煤矿安全炸药。

爆破作业地点有下列情形之一时，禁止进行爆破作业：

（1）有冒顶或者顶帮滑落危险。

（2）通道不安全或者通道阻塞。

（3）爆破参数或者施工质量不符合设计要求。

（4）距工作面 20 m 内风流中易燃易爆气体含量大于等于 1%，或者有易燃易爆气体突出征兆。

（5）工作面有涌水危险或者炮眼温度异常。

（6）危及设备或者建筑物安全。

（7）危险区边界上未设警戒。

（8）光线不足或者无照明。

有下列情况之一者，禁止采用导火索起爆：

（1）浅井、竖井、盲井、倾角大于 30°斜井和天井工作面的爆破。

（2）有易燃易爆气体或者粉尘爆炸危险工作面的爆破。

（3）需借助于长梯子、绳索和台架点火的爆破。

（4）深井爆破。

（七）通风与防尘

井巷空气成分按体积计，氧气应大于 20%，二氧化碳应小于 0.5%。

井下作业点空气粉尘含量应小于 2 mg/m³。入井风源空气含尘量应小于 0.5 mg/m³。

井下风速：工作面应大于 0.15 m/s；巷道应大于 0.25 m/s。井下使用柴油运输设备时，工作面应大于 0.5 m/s；巷道应大于 0.6 m/s。

井巷深（长）度大于 7 m，平硐长度大于 20 m 时，应采用机械通风。

风筒口与工作面距离应符合的规定

（1）压入式通风不得超过 10 m。

（2）抽出式通风不得超过 5 m。

（3）混合式通风时，压入风筒不得超过 10 m，抽出风筒应滞后压入风筒 5 m 以上。

项目施工单位，应配备气体。粉尘检测仪器，定期检测井下空气尘、毒和氧气含量。

（八）装岩与运输

装岩作业前应"敲帮问顶"、三检查（检查井巷与工作面顶、帮；检查有无残炮、盲炮；检查爆堆中有无残留的炸药和雷管）。

运输巷道应凿设安全躲避硐，安全躲避硐间距 20～25 m。

1．机车运输应遵守的规定

（1）在有瓦斯或者矿尘爆炸危险的坑道应使用防爆型电瓶机车。

（2）使用内燃机车时，应有尾气净化装置。

（3）采用架线式电机车时，电线悬挂高度应大于 2 m，电线与顶板或者棚梁距离应大于 0.2 m。

2．斜井和竖井提升应遵守的规定

（1）应遵守《金属非金属地下矿山安全规程》（GB 16424－1996）规定。

（2）提升装置应有齐全的电气控制系统和安全保护系统。

（3）提升系统应设定明确的声光信号。

（九）支护

（1）坑口应进行支护，支护体在坑口外部分应大于 1m。

（2）破碎、松软或者不稳定地层掘进应及时支护。

（3）架设、维修或者更换支架时应停止其他作业。

（4）回收平巷支架应由里向外进行，回收井框及斜井支架应由下而上进行。

（5）坑口及交叉处支架应采取加强措施。

（6）在松软破碎岩层喷锚作业应打超前锚杆预先护顶。在含水地层喷锚作业应做好防水工作。

（十）防排水

（1）坑口标高应高于当地历史最高水位 1 m 以上。坑口上方应有排水沟或者修建防水坝。

（2）井巷排碴应避开可能形成山洪、泥石流等灾害的通道。

（3）水文地质条件复杂或接近水源可疑地段应坚持"有疑必探，先探后掘"原则。

（4）在掘进工作面或者其他地点，发现有"出汗"、顶板滴水变大、空气变冷、发生雾气、挂红、水叫等透水征兆时，应立即停止工作，撤离所有井下人员。

（5）排水应根据水文资料和施工情况进行设计，确定排水方法和排水设备。

（6）斜井、竖井、浅井掘进应使用移动式水泵排水。

（7）涌水的井下巷道应在井底开凿泵房和水仓。

（8）瓦斯或者爆炸性粉尘井巷应使用防爆型排水设备。

（十一）井下供电与照明

井下供电电压应小于 380 V。

井下供电应采用不接地电网，电气设备禁止接零。

井下配电箱应设在无滴水、无塌方危险地点。

井下电缆敷设应遵守下列规定：

（1）竖井井筒电缆中间不得有接头。

（2）平巷和斜井电缆悬挂应设置在风水管路另一侧。

（3）电缆接地芯线不准兼作其他用途。

（4）通讯线路与照明线路不得在同一侧，照明线路与动力线路应保持 0.2 m 距离。

明火照明只准用于无瓦斯、无矿尘爆炸危险的井巷。使用明火照明的井巷不准堆放易燃物料。使用电石灯照明时，井下不得存放电石桶。

电气照明、运输主巷照明电压应小于 220 V，工作面照明电压应小于 36 V。

运输巷道应每隔 10～15 m 安装照明灯。

六、地质实验测试安全技术

（一）基本安全要求

（1）实验室位置选择应符合城市规划和环保等要求。

（2）实验室建筑材料和室内采光应符合消防和职业健康设计标准。

（3）产生有毒有害气体的场所应有通风、降尘处理等措施。

（4）废水、废气、废渣排放应符合国家环境保护标准。

（5）禁止在实验室操作间内进食、吸烟、加工和存放食物。

（6）金属器皿不得直接在电炉上加热。

（7）精密仪器操作人员应经培训考核合格后方能上岗。

（二）粉尘作业

（1）碎样、选矿、缩分、切磨片作业应在通风柜（罩）内或在通风、防尘条件下进行。

（2）作业场所粉尘浓度应符合国家工业卫生标准，每季度检测一次。

（3）废弃矿样应集中处理。

（三）危险化学品管理、储存和使用

（1）危险化学品管理、储存、使用，应遵守《危险化学品安全管理条例》（国务院令第 344 号 2002）的规定。

（2）危险化学品仓库应符合防火、防爆、防潮、防盗要求。

（3）危险化学品入库前应检查登记，领用时应按最小使用量发放，并应定期检查库存。

（4）易燃、易爆、有毒物品应分库存放。

（5）剧毒物品应使用保险柜储存，实行"双人双锁"、审批使用管理制度。

（6）放射性试剂、标准源应在铅室中存放。

（7）应使用专用工具、器械取用或吸取酸、碱、有毒、放射性溶剂及有机溶剂。

（8）使用高氯酸、过氧化物等强氧化剂时，禁止和有机溶剂接触。

（9）有机溶液实验操作应在通风条件下进行。

（10）有毒试剂、挥发性试剂实验测试应戴口罩、橡胶手套，防止溅洒沾污。

（11）汞测试实验室应设置局部排风罩，排风罩应安装在接近地面处。汞测试实验台，应有捕收废汞设施。

（12）稀释放出大量热能的酸、碱操作应边搅拌，边将酸（碱）倒入耐热器皿中。

（13）搬运大瓶酸、碱等腐蚀性液体时，应检查容器是否有裂纹，外包装是否牢固。

（14）矿物熔样、酸溶液加热应在通风柜中进行。

（四）压力容器管理

（1）压力容器使用、运输和储存，应遵守压力容器安全规定。

（2）压缩气体、液化气体钢瓶，应有明显标签，并存放于安全、阴凉处，禁止不同性质气瓶混合存放。

（3）禁止氧气瓶与油脂接触；乙炔钢瓶应有防回火装置。

（4）一氧化氮气体使用应在通风条件下进行。

（五）放射性、电磁辐射防护

（1）从事放射性矿石制样、分析测试、鉴定、选冶试验等，应遵守国家有关放射性工作安全规定。

（2）产生放射性粉尘、气溶胶和其他有害气体的作业场所应有通风、净化过滤装置。

（3）产生放射性、电磁辐射的仪器、设备应有防护装置。

（4）放射性矿样、选冶尾砂、废物和污染物应集中处理。

第四节　石油天然气安全技术

一、石油天然气开采安全技术

（一）石油物探

1. 施工设计原则及依据

（1）编写施工设计前，应对工区进行踏勘，调查了解施工现场的自然环境和周边社会环境条件，进行危险源辨识和风险评估，编制踏勘报告。

（2）根据任务书、踏勘报告，编写施工设计，并应对安全风险评估及工区内易发事故的点源提出相应的安全预防措施，施工单位编制应急预案。

（3）施工设计应按程序审批，如需变更时，应按变更程序审批。

2. 地震队营地设置与管理

1）营地设置原则应符合的要求

（1）营区内外整洁、美观、卫生，规划布局合理。

（2）地势开阔、平坦，考虑洪水、泥石流、滑坡、雷击等自然灾害的影响。

（3）交通便利，易于车辆进出。

（4）远离噪声、剧毒物、易燃易爆场所和当地疫源地。

（5）考虑临时民爆器材库、临时加油点、发配电站设置的安全与便利。

（6）尽量减少营地面积。

（7）各种场所配置合格、足够的消防器材。

（8）远离野生动物栖息、活动区。

2）营地布设，应符合的要求

（1）营房车、帐篷摆放整齐、合理，间距不小于 3 m，营房车拖钩向外。

（2）营地应合理设置垃圾收集箱（桶），营地外设垃圾处理站（坑）。

（3）发配电站设在距离居住区 50 m 以外。

（4）设置专门的临时停车场，并设置安全标志。

（5）临时加油点设在距离居住地 100 m 以外。

（6）营区设置标志旗（灯），设有"紧急集合点"，设置应急报警装置。

3）营地安全

（1）用电安全，应符合下列要求：

①应配备持证电工负责营地电气线路、电气设备的安装、接地、检查和故障维修；

②电气线路应有过载、短路、漏电保护装置；

③各种开关、插头及配电装置应符合绝缘要求，无破损、裸露和老化等隐患；

④所有营房车及用电设备应有接地装置，且接地电阻应小于 4 Ω；

⑤不应在营房、帐篷内私接各种临时用电线路。

（2）发配电安全，应符合的要求

①发电机组应设置防雨、防晒棚，机组间距大于 2 m，交流电机和励磁机组应加罩或有外壳；

②保持清洁，有防尘、散热、保温措施，有防火、防触电等安全标志；

③接线盒要密封，绝缘良好，不应超负荷运行；

④供油罐与发电机的安全距离不小于 5 m，阀门无渗漏，罐口封闭上锁；

⑤发电机组应装两根接地线，且接地电阻小于 4 Ω；

⑥机组滑架下应安装废油、废水收集装置，机组与支架固定部位应防振、固牢；

⑦排气管有消音装置。

（3）临时加油点安全，应符合下列要求：

①临时加油点四周应架设围栏，并设隔离沟、安全标志和避雷装置；

②临时加油点附近无杂草、无易燃易爆物品、无杂物堆放，应配备灭火器，防火抄等；

③加油区内严禁烟火，不应存放车辆设备，不应在高压线 30 m 内设置临时加油点；

④储油罐无渗漏、无油污，接地电阻小于 10 Ω，罐盖要随时上锁，并有专人管理；

⑤油泵、抽油机、输油管等工具摆放整齐，有防尘措施。

（4）营地卫生，应符合的要求

①定期对营区清扫、洒水，清除垃圾。

②做好消毒及灭鼠、灭蚊蝇工作。

③营区应设有公共厕所，并保持卫生。

④员工宿舍室内通风、采光良好，照明、温度适宜．有存衣、存物设施。

3．地震队现场施工作业

1）安全通则

（1）生产组织人员不应违章指挥；员工应自觉遵守劳动纪律，穿戴劳动防护用品，服从现场监督人员的检查。

（2）检查维护好安全防护装置、设施；发现违章行为和隐患应及时制止、整改。

（3）特种作业人员应持证上岗操作。

（4）穿越危险地段要实地察看，并采取监护措施方可通过。

（5）炎热季节施工，做好防暑降温措施；严寒地区施工，应有防冻措施；雷雨、暴风雨、沙暴等恶劣天气不应施工作业。

（6）在苇塘、草原、山林等禁火地区施工，禁止携带火种，严禁烟火，车辆应装阻火器。

2）测量作业应符合的要求

（1）应绘制所有测线的测线草图，标明测线经过区域地下和地面的重要设施，如高压线、铁路、桥梁、涵洞、地下电缆等社会和民用设施。

（2）在高压供电线路、桥梁、堤坝、涵洞、建筑设施区域内设置炮点应符合安全距离的要求。

（3）测量人员通过断崖、陡坡和岩石松软危险地带或有障碍物时应有安全措施。

3）钻井作业其他要求

钻井作业应依据钻机类型制定相应操作规程，并认真执行。钻井过程中还应执行以下要求：

（1）炮点周围无障碍物，25 m 内无高压电线，8 m 内无闲杂人员。炮点与附近的重要设施安全距离不足时，不应施工，并及时报告。

（2）钻机转动、传动部位的防护罩应齐全、牢靠。运转过程中，不应对运转着的零部件扶摸擦洗、润滑、维修或跨越。不应用手调整钻头和钻杆，钻杆卸扣时应停机后用专用工具或管钳卸扣。

（3）车载钻机移动应放倒井架，用锁板锁死，收回液压支脚。行驶过程中，钻机平台不应乘人，不应装载货物，应注意确认道路限制高度标志。过沟渠、陡坡或上公路时，应有人员指挥。

（4）山地钻机搬运应按分体拆散规定进行，搬迁应有专人指挥带路，协作配合，遇危险路段应有保护措施。山体较陡时，应采取上拉方法搬运，人员不应在钻机下部推、托。

（5）雷雨、暴风雨和沙暴等恶劣天气停止一切钻井作业，并放下井架。

4）可控震源作业规定

可控震源作业应依据可控震源的类型制定相应操作规程，作业过程中还应执行以下规定：

（1）可控震源操作手应取得机动车辆驾驶证和单位上岗证书，并掌握一般的维修保养技能方可独立操作。

（2）震源车行驶速度要慢、平稳，各车之间距离至少5 m以上，不应相互超车。危险地段要绕行，不应强行通过。

（3）服从工程技术人员指挥。

（4）震源升压时，10 m内任何人不应靠近。

（5）震源工作时，操作人员不应离开操作室或做与操作无关的事。震源车行驶时，任何人不应在震源平台或其他部位搭乘。

5）采集作业应符合的要求

（1）工程技术人员下达任务时，应向各班组提供一份标注危险地段和炮点附近重要设施的施工图。

（2）检波器电缆线穿越危险障碍时（河流、水渠、陡坡等），应采取保护措施通过。穿越公路或在公路旁施工时，应设立警示标志。

（3）做好爆破警戒的监视工作，发现异常情况应立即报告爆炸员或仪器操作员，停止爆破。

（4）放线工间歇时，不应离岗，注意测线过往车辆。

（5）在行驶中的车辆大箱内不应进行收、放线作业。

（6）仪器车行驶应平稳，控制车速，不应冒险通过危险地段。

特殊地区、特种作业和车辆行驶安全要求，应符合国家现行标准关于石油物探地震队健康、安全与环境管理的规定。

4. 民用爆破器材管理

涉爆人员应经过单位安全部门审查，接受民用爆破器材安全管理知识、专业技能的培训，经考核合格取得公安机关核发的相关证件，持有效证件上岗。

民用爆破器材的长途运输单位，应持政府主管部门核发相应证件；运输设备设施达到安全要求后按有关部门指定的路线和时间及安全要求运输。中途停宿时，须经当地公安机关许可，按指定的地点停放并有专人看守；到达规定地点后，按民用爆破器材装卸搬运安全要求和程序装卸搬运。

临时炸药库应符合以下要求：

（1）与营区、居民区的距离应符合国家现行标准关于地震勘探民用爆破器材安全管理的要求，并设立警戒区，周围加设禁行围栏和安全标志，配备足够的灭火器材。

（2）库区内干净、整洁无杂草、无易燃物品、无杂物堆放，炸药、雷管分库存放且符合规定的安全距离。

（3）爆破器材摆放整齐合理、数目清楚，不超量、超高存放，雷管应放在专门的防爆保险箱内，脚线应保持短路状态，有严格的安全制度、交接班制度和 24h 值班制度。

（4）严格执行爆破器材进出账目登记、验收和检查制度，做到账物相符。

（5）严禁宿舍与库房混用或将爆破器材存放在宿舍内。

取得有效的《民用爆破器材使用许可证》，方准施工，应按规定程序和安全要求进行雷管测试、炸药包制作、下井、激发及善后处理等工作，并符合国家现行标准关于地震勘探民用爆破器材安全管理的要求。

（二）钻井

1．设计原则和依据

（1）钻井设计应由认可的设计单位承担并按程序审批，如需变更应按程序审批。

（2）地质设计应根据地质资料进行风险评估并编制安全提示。

（3）钻井工程设计应依据钻井地质设计和邻井钻井有关资料制定，并应对地质设计中的风险评估、安全提示及所采用的工艺技术等制定相应的安全措施。

2．钻井地质设计

（1）应提供区域地质资料、本井地层压力、漏失压力、破裂压力、坍塌压力，地层应力、地层流体性质等的预测及岩性剖面资料。

（2）应提供邻井的油、气、水显示和复杂情况资料，并特别注明含硫化氢、二氧化碳地层深度和预计含量，已钻井的电测解释成果、地层测试及试油、气资料。探井应提供相应的预测资料（含硫化氢和二氧化碳预测资料）。

（3）应对高压天然气井、新区预探井及含硫化氢气井拟定井位周围 5000 m、探井周围 3000 m、生产井周围 2000 m 范围内的居民住宅、学校、公路、铁路和厂矿等进行勘测，在设计书中标明其位置，并调查 500 m 以内的人口分布及其他情况。

（4）应根据产层压力和预期产量，提出各层套管的合理尺寸和安全的完井方式。

（5）含硫化氢地层、严重坍塌地层、塑性泥岩层、严重漏失层、盐膏层和暂不能建立压力曲线围的裂缝性地层、受老区注水井影响的调整井均应根据实际情况确定各层套管的必封点深度。

3．钻井工程设计

1）井身结构设计应符合的规定

（1）钻下部地层采用的钻井液，产生的井内压力应不致压破套管鞋处地层以及裸跟钻的破裂压力系数最低的地层。

（2）下套管过程中，井内钻井液柱压力与地层压力之差值，不致产生压差卡套管事故。

（3）应考虑地层压力设计误差，限定一定的误差增值，井涌压井时在套管鞋处所产生的压力不大于该处地层破裂压力。

（4）对探井，考虑到地层资料的不确定性，设计时参考本地区钻井所采用的井身结构并留有余地。根据井深的实际情况具体确定各层套管的下入深度。

2）随钻地层压力预测与监测

应利用地震、地质、钻井、录井和测井等资料进行预测地层压力和随钻监测；并根据岩性特点选用不同的随钻监测地层压力方法。

3）钻井液设计应符合的规定

（1）应根据平衡地层压力设计钻井液密度。

（2）应根据地质资料和钻井要求设计钻井液类型。

（3）含硫化氢气层应添加相应的除硫剂、缓蚀剂并控制钻井液 pH 值，硫化氢含量高的井一般应使用油基钻井液。

（4）探井、气井和高压及高产油气井，现场应储备一定数量的高密度钻井液和加重材料。储备的钻井液应经常循环、维护。

（5）施工前应根据本井预测地层压力梯度当量密度曲线绘制设计钻井液密度曲线、施工中绘制随钻监测地层压力梯度当量密度曲线和实际钻井液密度曲线，并依据监测结果和井下实际情况及时调整钻井液密度。

4）井控装置应符合的规定

（1）油气井应装套管头（稠油热采井用环形铁板完成），含硫化氢的油气井应使用抗硫套管头，其压力等级要不小于最高地层压力。选择时应以地层流体中硫化氢含量为依据。

（2）根据所钻地层最高地层压力，选用高于该压力等级的液压防喷器和相匹配的防喷装置及控制管汇。含硫化氢的井要选相应压力级别的抗硫井口装置及控制管汇。

（3）井控装置配套应符合国家现行标准关于钻井井控技术的要求；高压天然气井、新区预探井、含硫化氢天然气井应安装剪切闸板防喷器。

（4）防喷器组合应根据压力及地层特点进行选择，节流管汇及压井管汇的压力等级和组合形式要与全井防喷器相匹配。

（5）应制定和落实井口装置、井控管汇、钻具内防喷工具、监测仪器、净化设备、井控装置的安装、试压、使用和管理的规定。井底静止温度为 120 ℃以上，地层压力为 45 MPa 以上的高温高压含硫化氢天然气井应使用双四通。高压天然气井的放喷管线应不少于两条，夹角不小于 120°，出口距井口应大于 75 m；含硫化氢天然气井放喷管线出口应接至距井口 100 m 以外的安全地带，放喷管线应固定牢靠，排放口处应安装自动点火装置。对高压含硫化氢天然气井井口装置应进行等压气密检验，合格后方可使用。

（6）放喷管线应使用专用标准管线，高产高压天然气井采用标准法兰连接，不应使用软管线，且不应现场焊接。

（7）井控状态下应至少保证两种有效点火方式。应有专人维护、管理点火装置和实施点火操作。

（8）寒冷季节应对井控装备、防喷管线、节流管汇及压力表采取防冻保温加热措施。放喷时放喷管及节流管汇应进行保温。

5）固井设计

（1）套管柱应符合下列规定：

①油气井套管柱设计应进行强度、密封和耐腐蚀设计；

②套管柱强度设计安全系数：抗挤为 1.0～1.125，抗内压为 1.05～1.25。抗拉为 1.8以上，含硫天然气井应取高限；

③高温高压天然气井应使用气密封特殊螺纹套管；普通天然气井亦可根据实际情况使用气密封螺纹套管；

④含硫化氢的井在温度低于 93 ℃井段应使用抗硫套管；含二氧化碳的井应使用抗二氧化碳的套管；既含硫化氢又含二氧化碳的井应视各自古量情况选用既抗硫又抗二氧化碳的套管。高压盐岩层和地应力较大的井应使用厚壁套管、外加厚套管等高抗外挤强度套管应与硫化氢条件相适应。

⑤在进行套管柱强度设计时，高温高压天然气井的生产套管抗内压设计除满足井口最大压力外，并应考虑满足进一步采取措施时压力增加值（如压裂等增产措施）及测试要求；中间技术套管抗内压强度设计应考虑再次开钻后高压水层及最高地层压力；

⑥套管柱上串联的各种工具、部件都应满足套管柱设计要求，且螺纹应按同一标准加工；

⑦固井套管和接箍不应损伤和锈蚀。

（2）注水泥浆应符合下列规定：

①各层套管都应进行流变学注水泥浆设计，高温高压井水泥浆柱压力应至少高于钻井液柱压力 1～2 MPa；

②固井施工前应对水泥浆性能进行室内试验，合格后方可使用；

③有特殊要求的天然气井各层套管水泥浆应返至地面，未返至地面时应采取补救措施；

④针对低压漏失层、深井高温高压气层或长封固段固井应采取尾管悬挂、悬挂回接、双级注水泥、管外封隔器以及多凝水泥浆和井口憋回压等措施，确保固井质量；

⑤对于长封段的天然气井，应采用套管回接方式，如采用分级固井，分级箍应使用连续打开式产品，固井设计和施工中一级水泥返高应超过分级箍位置；

⑥对有高压油气层或需要高压压裂等增产措施井，应回接油层套管至井口，固井水泥返至地面，然后进行下步作业；

⑦坚持压力平衡原则。固井前气层应压稳，上窜速度不超过 10 m/h（特殊井和油气层保护的需要油气上窜速度控制在 10～30 m/h）；

⑧套管扶正器安放位置合理，保证套管居中，采用有效措施，提高水泥浆顶替效率；

⑨优化水泥浆体系，对天然气井优选防气窜水泥添加剂，防止气窜；

⑩对漏失井，应在下套管前认真堵漏，直至合格。

4．井场布置及设备安装

1）井场布置

（1）井场布置应遵循下列原则：

①根据自然环境、钻机类型及钻井工艺要求确定钻井设备安放位置；

②充分利用地形，节约用地，方便施工；

③满足防喷、防爆、防火、防毒、防冻等安全要求；

④在环境有特殊要求的井场布置时，应有防护措施；

⑤有废弃物回收、利用、处理设施或措施。

（2）井场方向、井位、大门方向、井场面积确定和井场设备布置及安全标志的设置应符合国家现行标准关于钻前工程及井场布置的技术要求。

2）钻井设备安装应符合的要求

（1）所有设备应按规定的位置摆放，并按程序安装。

（2）设备部件、附件、安全装置设施应齐全、完好，且固定牢靠。

（3）设备运转部位转动灵活，各种阀门灵活可靠，油气水路畅通，不渗不漏。

（4）所有紧固件、连接件应牢固可靠，紧固件螺纹外露部分应有防锈措施。

（5）绞车游动系统能迅速有效地进行制动与解除，防碰天车及保险阀灵活可靠，离合器能快速离合。

（6）进行高压试运转时，所有管线不刺不漏，油气水路畅通。

（7）设备安装完后，整机试运转符合要求。

（8）电气设备、线路的安装规范、合理。

5．井控装置的安装、试压、使用和管理

1）井控装置的安装

（1）钻井井口装置应符合下列规定：

①防喷器、套管头、四通的配置安装、校正和固定应符合国家现行标准关于钻井井控装置组合配套、安装调试与维护的规定；

②防喷器四通两翼应各装两个闸阀，紧靠四通的闸阀应处于常开状态；

③具有手动锁紧机构的闸板防喷器应装齐手动操作杆，靠手轮端应支撑牢固，其中心与锁紧轴之间的夹角不大于30°。挂牌标明开、关方向和到底的圈数；

④防喷器远程控制台安装要求：

应安装在面对井架大门左侧、距井口不少于25 m 的专用活动房内，距放喷管线或压井管线应有1 m 以上距离，并在周围留有宽度不少于2 m 的人行通道、周围10 m 内不应堆放易燃、易爆、易腐蚀物品；

管排架与防喷管线及放喷管线的距离应不少于 1 m，车辆跨越处应装过桥盖板；不允许在管排架上堆放杂物和以其作为电焊接地线或在其上进行焊割作业；

总气源应与司钻控制台气源分开连接，井配置气源排水分离器，严禁强行弯曲和压折气管束；

电源应从配电板总开关处直接引出，并用单独的开关控制；

蓄能器完好，压力达到规定值，并始终处于工作压力状态。

（2）井控管汇应符合下列要求：

①钻井液回收管线、防喷管线和放喷管线应使用经探伤合格的管材。防喷管线应采用螺纹与标准法兰连接，不允许现场焊接；

②钻井液回收管线出口应接至钻井液罐并固定牢靠，转弯处应使用角度大于120°的铸（锻）钢弯头，其通径不小于78 mm。

（3）放喷管线安装要求：

①放喷管线至少应有两条，其通径不小于78 mm；

②放喷管线不允许在现场焊接；

③布局要考虑当地季节风向、居民区、道路、油罐区、电力线及各种设施等情况；

④两条管线走向一致时，应保持大于0.3 m 的距离，并分别固定；

⑤管线尽量平直引出，如因地形限制需要转弯，转弯处应使用角度大于120°的铸（锻）钢弯头；

⑥管线出口应接至距井口75 m 以上的安全地带，距各种设施不小于50 m；

⑦管线每隔10～15 m、转弯处、出口处用水泥基墩加地脚螺栓或地锚、预制基墩固定牢靠，悬空处要支撑牢固；若跨越10 m 宽以上的河沟、水塘等障碍，应架设金属过桥支撑；

⑧水泥基墩的预埋地脚螺栓直径不小于20 mm，长度大于0.5 m。

（4）钻具内防喷工具应符合下列要求：

①钻具内防喷工具的额定工作压力应不小于井口防喷器额定工作压力；

②应使用方钻杆旋塞阀，并定期活动；钻台上配备与钻具尺寸相符的钻具止回阀或旋塞阀；

③钻台上准备一根防喷钻杆单根（带与钻铤连接螺纹相符的配合接头和钻具止回阀）；

④应配备钻井液循环池液面监测与报警装置；

⑤按设计要求配齐钻井液净化装置，探井、气井及气比油高的油井还应配备钻井液气体分离器和除气器，并将液气分离器排气管线（按设计通径）接出井口 50 m 以上。

2）井控装置的试压

（1）试压值应符合下列要求：

①防喷器组应在井控车间按井场连接形式组装试压、环形防喷器（封闭钻杆-不试空井）、闸板防喷器和节流管汇、压井管汇、防喷管线试额定工作压力；

②在井上安装好后，试验压力在不超过套管抗内压强度 80% 的前提下，环形防喷器封闭钻杆试验压力为额定工作压力的 70%；闸板防喷器、方钻杆旋塞阀和压井管汇、防喷管线试验压力为额定工作压力；节流管汇按零部件额定工作压力分别试压；放喷管线试验压力不低于 10 MPa；

③钻开油气层前及更换井控装置部件后，应采用堵塞器或试压塞按照本条第二项规定的有关条件及要求试压；

④防喷器控制系统用 21 MPa 的油压作一次可靠性试压。

（2）试压规则应符合下列要求：

①除防喷器控制系统采用规定压力油试压外，其余井控装置试压介质均为清水；

②试压稳压时间不步于 10 min，允许压降不大于 0.7 MPa，密封部位无渗漏为合格。

3）井控装置的使用应符合的要求

（1）环形防喷器不应长时间关井，非特殊情况不允许用来封闭空井。

（2）在套压不超过 7 MPa 情况下，用环形防喷器进行不压井起下钻作业时，应使用 18°斜坡接头的钻具，起下钻速度不应大于 0.2 m/s。

（3）具有手动锁紧机构的闸板防喷器关井后，应手动锁紧闸板。打开闸板前，应先手动解锁，锁紧和解锁都应先到底，然后回转 1/4 圈至 1/2 圈。

（4）环形防喷器或闸板防喷器关闭后，在关井套压不超过 14 MPa 情况下，允许以不大于 0.2 m/s 的速度上下活动钻具，但不准转动钻具或过钻具接头。

（5）当井内有钻具时，不应关闭全封闸板防喷器。

（6）严禁用打开防喷器的方式来泄井内压力。

（7）检修装有铰链侧门的闸板防喷器或更换其闸板时，两侧门不能同时打开。

（8）钻开油气层后，定期对闸板防喷器开、关恬动及环形防喷器试关井（在有钻具条件下）。

（9）井场应备有一套与在用闸板同规格的闸板和相应的密封件及其拆装工具和试压工具。

（10）对防喷器及其控制系统及时按国家现行标准关于钻井井控装置组合配套安装调试维修的规定进行维护保养。

（11）有二次密封的闸板防喷器和平行闸板阀，只能在密封失效至严重漏失的紧急情况下才能使用，且止漏即可，待紧急情况解除后，立即清洗更换二次密封件。

（12）平行闸板阀开、关到底后，应回转 1/4 圈至 1/2 圈。其开、关应一次完成，不应半开半闭和作节流阀用。

（13）压井管汇不能用作日常灌注钻井液用；防喷管线、节流管汇和压井管汇应采取防堵、防漏、防冻措施；最大允许关井套压值在节流管汇处以明显的标示牌标示。

（14）井控管汇上所有闸阀都应挂牌编号并标明其开、关状态。

（15）采油（气）井口装置等井控装置应经检验、试压合格后方能上井安装；采油（气）井口装置在井上组装后还应整体试压，合格后方可投入使用。

4）井控装置的管理应符合的要求

（1）企业应有专门机构负责井控装置的管理、维修和定期现场检查工作，并规定其职责范围和管理制度。

（2）在用井控装置的管理、操作应落实专人负责，并明确岗位责任。

（3）应设置专用配件库房和橡胶件空调库房，库房温度应满足配件及橡胶件储藏要求。

（4）企业应制定欠平衡钻井特殊井控作业设备的管理、使用和维修制度。

6. 开钻前验收

钻井监督或开钻前应由甲方或甲方委托的施工监督单位组织，对道路、井场、设备及电气安装质量、通信、井场安全设施、物资储备、应急预案等进行全面检查验收，经验收合格后方可开钻。

钻开油气层前验收：

（1）应加强地层对比，及时提出可靠的地质预报。

（2）在进入油气层前 50～100 m，应按照下步钻井的设计最高钻井液密度值，对裸眼地层进行承压能力检验。调整井应指定专人检查邻近注水、注气（汽）井停注、泄压情况。

（3）钻进监督或钻井队技术人员向钻井现场所有工作人员进行工程、地质、钻井液、井控装置和井控措施等方面的技术交底，提出具体要求，并应组织进行防喷、防火演习，含硫化氢地区钻井还应进行防硫化氢演习，直至合格为止。

（4）落实 24 h 轮流值班制度和"坐岗"制度，指定专人、定点观察溢流显示和循环池液面变化，检查所有井控装置、电路和气路的安装及功能是否正常，并按设计要求储备足够的加重钻井液和加重材料，并对储备加重钻井液定期循环处理。

（5）钻井队应通过全面自检，确认准备工作就绪后，由上级主管部门组织，按标准检查验收合格并批准后，方可钻开油气层。

7. 钻进

这里主要讲常规钻进。

（1）钻进时应严格按规定程序和操作规程进行操作，选择合理的钻具组合和适当的钻井液，钻进时应根据井内、地面设备运转、仪表信息变化情况，判断分析异常情况，及时采取相应措施。

（2）及时观察钻头运行情况，发现异常及时更换钻头；钻具在井内不应长时间静止，钻达下技术（油层）套管深度后，应根据设计及时测井、固井等作业。

（3）开钻前检查、第一次钻井，再次钻进，接单根、起下钻、换钻头、钻水泥塞、油气层钻进等应符合国家现行标准关于常规钻进的安全技术要求。

（4）欠平衡钻井应符合国家现行标准关于欠平衡钻井的安全技术要求。

8. 井口与套管保护

（1）各层次套管要居中，保持天车、井口与转盘在一条垂直线上，其偏差应控制在规定范围内。

（2）对于钻井周期较长的井、大位移井、水平井，在表层套管、技术套管内的钻井作业应采取有效措施减少磨损套管。

（3）高温、高压、高含硫化氢井及套管长期受磨损井在打开目的层前应对上层套管进行磨损检查，并根据磨损情况决定打开目的层前是否采取补救措施，并符合固井设计的规定。

（4）对于下完尾管继续钻进的井，若决定测试时，应先回接套管至井口，并常规固井。

（5）大直径表层套管应保证圆井周围不窜漏。复杂地区坚硬地层的表层套管下套管时应采取防倒扣的措施。

（6）防喷器应在井架底座上绷紧固定。

（7）钻水泥塞钻头出套管，应采取有效措施保证形成的新井眼与套管同心，防止下部套管倒扣及磨损。

（8）在施工中，气井套管环空应安装压力表，接出引流放喷管线，并定期检查环空压力变化，需要时及时泄压，将环空压力控制在允许安全范围之内。

（9）套管头内保护套应根据磨损情况及时调换位置或更换。

（10）气井应进行井口套管的装定计算，确定井口合理受力状态。

9. 中途测试

（1）中途测试应有包括安全内容的测试设计，并按审批程序审批。

（2）中途测试前应按设计调整好钻井液性能，保证井壁稳定和井控安全，测双井径曲线，确定座封位置。

（3）中途裸眼井段座封测试应在规定时间内完成，防止卡钻。

（4）高温高压含硫化氢油气层应采用抗硫油管测试。严格限制在含硫化氢地层中用非抗硫化氢的测试工具进行测试工作。

（5）对高压、高产天然气井和区域探井测试时，应接好高压水泥车。

（6）下钻中若发现测试阀打开，出现环空液面下降，应立即上提管串，同时反灌钻井液。

（7）测试阀打开后如有天然气喷出，应在放喷出口处立即点火燃烧。

（8）测试完毕后，起封隔器前如钻具内液柱已排空，应打开反循环阀，进行反循环压井，待井压稳后才能起钻。

10．完井

1）下套管

（1）吊套管上钻台，应使用适当的钢丝绳，不应使用棕绳。

（2）各岗位人员应配合好，套管入鼠洞时司钻应注意观察，套管上扣时应尽量使用套管动力钳，下套管时应密切观察指重表读数变化并按程序操作，发现异常及时处理。

2）固井

（1）摆车时应有专人指挥，下完套管后当套管内钻井液未灌满时不应接水龙带开泵洗井。

（2）开泵顶水泥浆时所有人员不应靠近井口、泵房、高压管汇和安全阀附近及管线放压方向。

11．复杂情况的预防与处理

（1）发生顿钻、顶天车、单吊环起钻、水龙头脱钩等情况时，应按相应的要求和程序进行处理。

（2）当发生井涌、井漏、井塌、砂桥、泥包、缩径、键槽、地层蠕变、卡钻、钻井或套管断落、井下落物等，应按国家现行标准的技术要求处理。

（3）井喷失控处理。

实施井喷着火预防措施，设置观察点，定时取样，测定井场及周围天然气、硫化氢和二氧化碳含量，划分安全范围。

根据失控状况及时启动应急预案，统一组织、协调指挥抢险工作。

（三）录井

1．录井准备

应根据危险源辨识、风险评估，编制录井施工方案和应急预案，并按审批程序审批。

2. 设施、仪器安装调校

（1）仪器房中应配置可燃气体报警器和硫化氢监测仪。

（2）高压油气井、含硫化氢气井的气测录井仪器房应具有防爆功能，安全门应定期检查，保持灵活方便。

（3）值班房、仪器房在搬迁、安装过程中应遵守钻井队的相关安全规定。

3. 录井作业

（1）钻具、管具应排放整齐，支垫牢固，进行编号和丈量。

（2）井涌、钻井液漏失时应及时向钻井队报警。

（3）氢气发生器应排气通畅，不堵不漏。

（4）当检测发现高含硫化氢时，应及时通知有关人员作好防护准备；现场点火时，点火地点应在下风侧方向，与井口的距离应不小于 30 m。

（5）发生井喷时，启动应急预案。

（6）在新探区、新层系及含硫化氢地区录井时，应进行硫化氢监测，并配备相应的正压式空气呼吸器。

（四）测井

1. 生产准备

（1）应根据危险源辨识、风险评估，编制测井施工方案和应急预案，并按审批程序审批。

（2）测井车接地良好，地面仪器、仪表应完好无损，电器系统不应有短路和漏电现象，电缆绝缘、电阻值应达到规定要求。

（3）各种井口带压设备应定期进行试压，合格后方可使用。

2. 现场施工

1）现场施工作业

（1）测井作业前，队长应按测井通知单要求向钻井队（作业队、采油队）详细了解井下情况和井场安全要求，召开班前会，应要求测井监督人员及相关人员参加。在作业前提出安全要求应有会议记录，并将有关数据书面通知操作工程师和绞车操作者。钻井队（作业队、采油队）应指定专人配合测井施工。

（2）测井作业时，测井人员应正确穿戴劳动防护用品。作业区域内应戴安全帽，应遵守井场防火防爆安全制度，不动用钻井队（作业队、采油队）设备或不攀登高层平台。

（3）测井施工前，应放好绞车掩木，复杂井施工时应对绞车采取加固措施，防止绞车后滑。

（4）气井施工，发动（电）机的排气管应戴阻火器，测井设备摆放应充分考虑风向。

（5）接外引电源应有人监护，应站在绝缘物上，戴绝缘手套接线。

（6）绞车和井口应保持联络畅通。夜间施工，井场应保障照明良好。

（7）在上提电缆时，绞车操作者要注意观察张力变化，如遇张力突然增大，且接近最大安全拉力时，应及时下放电缆，上下活动，待张力正常后方可继续上提电缆。

（8）测井作业时，应协调钻井队（作业队、采油队）及时清除钻台作业面上的钻井液。冬季测井施工，应用蒸汽及时清除深度丈量轮和电缆上的结冰。测井作业时，钻井队（作业队、采油队）不应进行影响测井施工的作业及大负荷用电。

（9）下井仪器应正确连接，牢固可靠。出入井口时，应有专人在井口指挥。绞车到井口的距离应大于 25 m。并设置有紧急撤离通道。

（10）电缆在运行时．绞车后不应站人，不应触摸和跨越电缆。

（11）仪器车和绞车上使用电取暖器时，应远离易燃物，负荷不得超过 3 kW，应各自单拉电源线。不应使用电炉丝直接散热的电炉；车上无人时，应切断电源。

（12）遇有七级以上大风、暴雨、雷电、大雾等恶劣天气，应暂停测井作业；若正在测井作业，应将仪器起入套管内。

（13）队长在测井过程中，应进行巡回检查并做记录。测井完毕应回收废弃物。

2）裸眼井测井

（1）裸眼井段电缆静止不应超过 3 min（特殊施工除外）。仪器起下速度要均匀，不应超过 4000 m/h，距井底 200 m 要减速慢下；进套管鞋时，起速不应超过 600 m/h，仪器上起离井口约 300 m 时，应有专人在井口指挥，减速慢起。

（2）在井口装卸放射源，应先将井口盖好。

3）套管井测井

（1）井口防喷装置应定期进行检查、更换密封件。

（2）进行生产井测井作业，打开井口阀门前应检查井口防喷装置、仪器防掉器等各部分的连接及密封状况。

（3）开启和关闭各种阀门，应站在阀门侧面。开启时应缓慢进行，待阀门上下压力平衡后，方可将阀门完全打开。

（4）抽油机井测井作业，安装拆卸井口时，抽油机应停止工作，测井作业期间应有防止机械伤害措施。

（5）仪器上提距井口 300 m 减速，距井口 50 m 时人拽电缆。经确认仪器全部进入防喷管后，关闭防掉器。拆卸井口装置前各阀门应关严，将防喷装置内余压放净。在进行环空测井作业时，应检查偏心井口转盘是否灵活，仪器在油管与套管的环形空间内起下速度不应超过 900 m/h。若发现电缆缠绕油管，应首先采用转动偏心井口的方法解缠。

4）复杂井测井

（1）复杂井测井作业，应事先编制施工方案，报请主管部门批准后方可施工，施工前应与钻井队（作业队、采油队）通告方案相关情况。

（2）下井仪器遇阻，若在同一井段遇阻 3 次，应记录遇阻曲线，并由钻井队下钻通井后再进行测井作业。

（3）仪器遇卡时，应立即通告井队并报主管部门，在解卡过程中，测井队允许的最大净拉力值不应超过拉力棒额定拉断力的 75%；如仍不能解卡，应用同等张力拉紧电缆，进一步研究解卡措施。

（4）在处理解卡事故上提电缆时，除担任指挥的人员外，钻井和测井人员应撤离到值班房和车内，其他人员一律撤出井场。

（5）在测井过程中，若有井涌迹象，应将下井仪器慢速起过高压地层，然后快速起出井口停止测井作业。

（6）遇有硫化氢或其他有毒有害气体特殊测井作业时，应制定出测井方案，待批准后方可进行测井作业。

5）安全标志、检测仪器和防护用具

（1）危险物品的运输应设下列警示标志：

①运输放射源和火工品的车辆（船舶）应设置相应的警示标志；

②测井施工作业使用放射源和火工品的现场应设置相应的安全标志。

（2）测井队应配备的检测仪器：

①测井队应配备便携式放射性剂量监测仪，定期检查并记录；

②从事放射性的测井人员每人应配备个人放射性剂量计，定期检查并记录；

③在可能含有硫化氢等有毒有害气体井作业时，测井队应配备一台便携式硫化氢气体监测报警仪。定期检查并记录。

（3）从事下列作业的人员，应配备相应的防护用品：

①测井人员应按相关的规定配备防护用品；

②装卸放射源的人员应按规定配备防护用品；

③装卸、押运火工品的人员应按规定配备防护用品。

3. 放射源的领取、运输、使用和防护

1）放射源的领取和运输应符合的要求

（1）测井队应配押源工。

（2）押源工负责放射源领取、押运、使用、现场保管及交还。

（3）押源工将放射源装入运源车、检查无误后锁闭车门。

（4）运源车应采用运源专用车。

（5）运源车应按指定路线行驶，不应搭乘无关人员，不应在人口稠密区和危险区段停留。中途停车、住宿时应有专人监护。

2）放射源安全使用应符合的要求

（1）专用贮源箱应设有"当心电离辐射"标志。

（2）装卸放射源时应使用专用工具，圈闭相应的作业区域，按操作规程操作。

（3）起吊载源仪器时，应使用专用工具，工作人员不应触摸仪器源室。

（4）施工返回后，应直接将放射源送交源库，并与保管员办理入库手续。

（5）放射性测井工作人员的剂量限值、应急照射情况的干预，应符合国家现行标准关于油（气）田非密封型、密封型放射源卫生防护的规定。

（6）放射源及载源设备性能检验应符合国家现行标准关于油（气）田测井用密封型放射源卫生防护的规定。

（7）测井作业完后应将污染物带回指定地点进行处理。

4．射孔

应根据危险源辨识、风险评估，编制射孔施工方案和应急预案，并按审批程序审批。

射孔作业应按设计要求进行。

火工品的领取、运输和使用。火工品的领取和运输除应符合国家现行标准关于爆炸物品领取和运输的规定外，还应符合下列规定：

（1）测井队应配护炮工。

（2）押运员负责火工品从库房领出、押运、使用、现场保管及把剩余火工品交还库房。

（3）押运员领取雷管时应使用手提保险箱，由保管员直接将雷管导线短路后放入保险箱内。

（4）运输射孔弹和雷管时，应分别存放在不同的保险箱内，分车运输，应由专人监护。保险箱应符合国家的相关规定。

（5）运输火工品的保险箱，应固定牢靠；运输火工品的车辆应按指定路线行驶，不许无关人员搭乘。

（6）道路、天气良好的情况下，汽车行驶速度不应超过 60 km/h；在因扬尘、起雾、暴风雪等引起能见度低时，汽车行驶速度应在 20 km/h 以下。

（7）途中遇有雷雨时，车辆应停放在离建筑物 200 m 以外的空旷地带。

（8）火工品应采用专车运输。

火工品的使用除应符合国家现行标准关于爆炸物品使用的规定外，还应符合下列要求：

（1）在钻井平台上（现场）存放民用爆破器材时，应放在专用释放架上或指定区域。

（2）射孔时平台上（现场）不应使用电、气焊。平台上或停靠在平台（作业现场）周围的船舶（车辆、人员）不应使用无线电通信设备。

（3）装炮时应选择离开井口 3 m 以外的工作区，圈闭相应的作业区域。

（4）联炮前，操作工程师应拔掉点火开关钥匙和接线排上的短路插头，开关钥匙交测井队长保管。

（5）在井口进行接线时，应将枪身全部下入井内，电缆缆芯对地短路放电后方可接通；未起爆的枪身起出井口前，应先断开引线并绝缘好后，方可起出井口。

（6）未起爆的枪身或已装好的枪身不再进行施工时，应在圈闭相应的作业区域内及时拆除雷管和射孔弹。

（7）下过井的雷管不应再用。

（8）撞击式井壁取心器炸药的安全使用，应符合国家火工品安全管理规定。

（9）检测雷管时应使用爆破欧姆表测量。

（10）下深未超过 200 m 时，不应检测井内的枪身或爆炸筒。

（11）不应在大雾、雷雨、七级风以上（含七级）天气及夜间开始射孔和爆炸作业。

（12）施工结束返回后，应直接将剩余火工品送交库房，并与保管员办理交接手续。

（13）火工品的销毁，应符合国家现行标准关于石油射孔和井壁取心用爆炸物品销毁的规定。

（五）试油（气）和井下作业

1．设计安全原则

（1）设计应由认可的单位承担，并按审批程序审批，如需变更，按变更审批程序审批。

（2）设计的安全措施应能防止中毒、井喷、着火、爆炸等事故及复杂情况的发生。

2．地质设计

（1）应提供本井的地质、钻井及完井基本数据，包括井身结构、钻开油气层的钻井液性能、漏失、井涌，钻井显示、取心以及完井液性能、固井质量、水泥返高、套管头、套管规格、井身质量、测井、录井、中途测试等资料。

（2）应根据地质资料进行风险评估并编制安全提示。

（3）应提供区域地质资料、邻井的试油（气）作业资料，及本井已取得的温度、压力，产量及流体特性等资料，并应特别注明硫化氢、二氧化碳的含量和地层压力。

（4）应提供井场周围 500 m 以内的居民住宅，学校、厂矿等分布资料；对高压、高产及含硫化氢天然气井应提供 1000 m 以内的资料。

3．工程设计

（1）应根据地质设计编制工程设计，并根据地质设计中的风险评估、安全提示及工程设计中采用的工艺技术制定相应的安全措施，并按设计审批程序审批。

（2）所选井口装置的性能压力应满足试油和作业要求。高压、高产及含硫化氢油（气）井应采用配有液压（或手动）控和阀门的采油（气）树及地面控制管汇。对重点高压含硫化氢油（气）井井口装置应进行等压气密检验。其性能应满足抗高温、抗硫化氢、防腐的要求。

（3）井筒、套管头和井口控制装置应试压合格后方可使用。

（4）含硫化氢、二氧化碳的油（气）井，应有抗硫化氢、防腐蚀措施。下井管柱应具有抗硫化氢、二氧化碳腐蚀的能力。

（5）高温高压油（气）井，下井工具性能应满足耐高温、高压的要求，并应有试压、试温检验报告。

4．试油（气）和井下作业地面设备

（1）根据井深、井斜及管柱重量。选择修井机械、井架和游动系统等配套设备。

（2）钻台或修井操作台应满足井控装置安装、起下钻和井控操作要求。

（3）根据设计选择地面测试流程。高压天然气井的地面测试流程应包括紧急关闭系统。

（4）分离器及闸门、流程管线按分离器的工作压力试压；分离器通畅，闸门灵活可靠，扫线干净。

（5）井口产出的流体，应分离计量。分离出的天然气应点火烧掉或进入集输系统，产出的液体进入储罐；分离器距井口 30 m 以上，火炬应距离井口、建筑物及森林 50m 以外，含硫化氢天然气井火炬距离井口 100 m 以外，且位于主导风向的两侧。

（6）含硫化氢、二氧化碳的油（气）井，从井口到分离器出口的设备、流程，应抗硫化氢、抗二氧化碳腐蚀。

5．井控装置

（1）试油（气）和井下作业的井均应安装井控装置。高压高产油（气）井应安装液压防喷器及（或）高压自封防喷器，并配置高压节流管汇。

（2）含硫化氢、二氧化碳井，井控装置、变径法兰应具有抗硫化氢、抗二氧化碳腐蚀的能力。

（3）井控装置（除自封防喷器外）、变径法兰、高压防喷管的压力等级应与油气层最高地层压力相匹配，按压力等级试压合格。

（4）在钻台上应配备具有与正在使用的工作管柱相适配的连接端和处于开启位置的旋塞球阀。当同时下入两种或两种以上的管柱时，对正在使用的每种管柱，都应有一个可供使用的旋塞球阀。

（5）井控装置应统一编号建档，有试压合格证。

6．试油（气）和井下作业管柱

（1）高温高压油（气）井应采用气密封油管，下井管柱丝扣应涂耐高温高压丝扣密封脂，管柱下部应接高温高压伸缩补偿器、压力控制式循环阀和封隔器。

（2）含硫化氢、二氧化碳的井，下井管柱应具有抗硫化氢、抗二氧化碳腐蚀的性能，压井液中应含有缓蚀剂。

7．施工

1）施工准备

施工作业前，应详细了解井场内地下管线及电缆分布情况。掌握施工工程设计，按设计要求做好施工前准备，应对井架、场地、照明装置等进行检查，合格后方可施工。

2）井场布置应符合的规定

（1）油、气井场内应设置明显的防火防爆标志及风向标。

（2）施工中进出井场的车辆排气管应安装阻火器。施工车辆通过井场地面裸露的油、气管线及电缆，应采取防止碾压的保护措施。

（3）井场的计量油罐应安装防雷防静电接地装置，其接地电阻不大于 10 Ω。

（4）立、放井架及吊装作业应与高压电等架空线路保持安全距离，并有专人指挥。

（5）井场、井架照明应使用低压防爆灯具或隔离电源。

（6）井场应设置危险区域、逃生路线、紧急集合点以及两个以上的逃生出口，并有明显标识。

井场设备安装完毕后应按设计及安全技术要求进行开工验收，合格后方可开工。

3）施工应符合的规定

（1）抽油机驴头或天车轮应摆放合理，不得与游动系统相挂。

（2）施工过程中，应落实预防和制止井喷的具体措施。

（3）上井架的人员应由扶梯上下；高空作业应系安全带；携带的工具应系防掉绳。

（4）起下作业应有统一规定的手势和动作，配合一致。

（5）吊卡手柄或活门应锁紧，吊卡销插牢。

（6）上提载荷因遇卡、遇阻而接近井架安全载荷时，不应硬提和猛提。

（7）遇有六级以上大风、能见度小于井架高度的浓雾天气、暴雨雷电天气及设备运行不正常时，应停止作业。

8．压井

（1）应按设计配制压井液。

（2）压井结束时，压井液进出口性能应达到一致，检查油、套压情况，并观察出口有无溢流。

（3）对于地层漏失量大的油气层，应替入暂堵剂，方可压井。

（4）如压井液发生气浸，须循环除气压井。

9. 测试与诱喷

（1）测试时，应执行设计中的压力控制、测试工作制度。

（2）气举或混气水诱喷不应使用空气气举。若使用天然气诱喷，分离出的天然气应烧掉或进入集输系统。

（3）抽汲诱喷应安装防喷装置，并应采取防止钢丝绳打扭和抽汲工具冲顶天车的措施。

10. 完井

（1）对有工业油（气）流的井，具备条件投产，应采取下生产管柱完井方式。

（2）完井管柱下完后，装好采油（气）树并进行紧固试压。

（3）含硫化氢及二氧化碳等酸性油气井的采油（气）树应具有抗硫化氢或二氧化碳的能力。

（4）高温、高压、高产及含硫化氢井应安装井下安全阀等井下作业工具、地面安全控制系统和井口测温装置。

（5）油套环空应充注保护隔离液。

11. 弃井及封井

（1）对地质报废和工程报废的井应有报废处理方案，应采用井下水泥塞封井，相关资料按档案要求进行保管。

（2）应对暂时无条件投产的、无工业开采价值的井在试油（气）结束后，按封井设计要求封堵。

（3）废弃井、常停井应达到国家现行标准关于废弃井及常停井处置的技术要求。

12. 复杂情况的预防与处理

（1）试油（气）和井下作业应明确井控岗位责任。

（2）起下管柱应连续向井筒内灌入压井液，并控制起下钻速度；对井漏地层应向射开井段替入暂堵剂。

（3）起出井内管柱后，在等待时，应下入部分管柱。

（4）压井作业中，当井下循环阀打不开时，可采用连续油管压井或采用挤压井，然后对油管射孔或切割，实现循环压井。

（5）进行油气层改造时，施工的最高压力不能超过井口等设施的最小安全许可压力；若油管注入泵压高于套管承压，应下入封隔器，并在采油（气）树上安装安全阀限定套管压力。

（6）试油（气）和井下作业现场应按规定配备足够消防器材。

（7）在钻井中途测试时，发现封隔器失效，应立即终止测试，采用反循环压井。

（8）出现环空压力升高，应通过节流管汇及时泄压，若泄压仍不能消除环空压力上升，立即终止测试。

（9）地层出砂严重应终止测试。

（10）发现地面油气泄漏，视泄漏位置采取关闭油嘴管汇、紧急切断阀或采油树生产阀门等措施。

（11）发生井口油气漏失，应首先关闭井下压控测试阀，再采取处理措施。

（12）当井口关井压力达到测试控制头额定工作压力的80%时，应用小油嘴控制开井泄压。

（13）测试过程中若发现管柱自动上行，应及时关闭防喷器，环空憋压平衡管柱上行力。环空憋压不应达到井下压控测试阀操作压力。

13．压裂、酸化、化堵

（1）地面与井口连接管线和高压管汇，应按设计要求试压合格，各部阀门应灵活好用。

（2）井场内应设高压平衡管汇，各分支应有高压阀门控制。

（3）压裂、酸化、化堵施工所用高压泵安全销子的剪断压力不应超过高压泵额定最高工作压力。设备和管线泄漏时，应停泵、泄压后方可检修。高压泵车所配带的高压管线、弯头应定期进行探伤、测厚检查。

（4）压裂施工时，井口装置应用钢丝绳绷紧固定。

（六）采油、采气

（1）高压、含硫化氢及二氧化碳的气井应有自动关井装置。

（2）油气井站投产前应对抽油机、管线、分离器、储罐等设备、设施及其安全附件，进行检查和验收。

（3）运行的压力设备、管道等设施设置的安全阀、压力表、液位计等安全附件齐全、灵敏、准确，应定期校验。

（4）油气井井场、计量站、集输站、集油站、集气站应有醒目的安全警示标志，建立严格的防火防爆制度。

（5）井口装置及其他设备应完好不漏，油气井口阀门应开关灵活，油气井进行热洗清蜡、解堵等作业用的施工车辆施工管线应安装单流阀。施工作业的热洗清蜡车、污油（水）罐应距井口20 m以上。

（七）油气处理

1．一般规定

油气处理设施设计应由有资质的单位编制完成，设计应符合国家现行标准关于石油天然气工程设计防火和油气集输设计的要求，并按程序审批。

2．原油处理

1）投产

（1）原油赴理流程投产前应制定投产方案、技术及组织措施和操作规程。

（2）投产前应扫净管道内杂物、泥沙等残留物，并按投产方案进行试压和预热。

（3）投油时应统一指挥并按程序和操作规程进行操作，并确保泄压装置完好，对停用时间较长的管线应采取置换、扫线和活动管线等措施。

（4）合理控制流量和温度，计量站和管线各阀门、容器不渗不漏。

2）集输管线

（1）应定期对管线巡回检查。记录压力、温度，发现异常情况应及时采取处理措施。

（2）管线不得超压运行。管线解堵时不应用明火烘烤。

（3）各种管径输油管线停输、计划检修及事故状态下的应急处理，应符合国家现行标准关于原油管道运行的技术要求，并在允许停输时间内完成。

3）原油计量工作人员

（1）不应穿钉鞋和化纤衣服上罐。

（2）上罐应用防爆手电筒，且不应在罐顶开闭。

（3）每次上罐人数不应超过 5 人。

（4）计量时应站在上风方向并轻开轻关油口盖子。

（5）量油后量抽尺不应放在罐顶。

（6）应每日对浮顶船舱进行全面检查。

（7）雨雪天后应及时排放浮顶罐浮船盘面上的积水。

4）原油脱水

（1）梯子口应有醒目的安全警示标志。

（2）电脱水器高压部分应有围栅，安全门应有锁，并有电气连锁自动断电装置。

（3）绝缘棒应定期进行耐压试验，建立试验台账，有耐压合格证。

（4）高压部分应每年检修一次，及时更换极板。

（5）油水界面自动控制设施及安全附件应完好可靠，安全阀应定期检查保养。

（6）脱水投产前应进行强度试验和气密试验。

5）原油稳定

（1）稳定装置不应超温、超压运行。

（2）压缩机应有完好可靠的启动及事故停车安全联锁装置和防静电接地装置。

（3）压缩机吸入管应有防止空气进入的安全措施。

（4）压缩机间应有强制通风设施及安全警示标志。

6）污油污水处理

（1）污油罐应有高、低液位自动报警装置。

（2）加药间应设置强制通风设施。

（3）含油污水处理浮选机应有可靠接地，接地电阻应小于 10 Ω。浮选机外露旋转部位应有防护罩。

7）输油泵房

（1）电动往复泵、螺杆泵和齿轮泵等容积式泵的出口管段阀门前，应装设安全阀（泵本身有安全阀者除外）及卸压和联锁保护装置。

（2）泵房内不应存放易燃、易爆物品，泵和不防爆电机之间应设防火墙。

8）储油罐

（1）油罐区竣工应经相关部门验收合格后方能交工投产。

（2）储油罐安全附件应经校验合格后方可使用。

（3）储油罐液位检测应有自动监测液位系统，放水时应有专人监护。

（4）储油罐应有溢流和抽瘪预防措施，装油量应在安全液位内，应单独设置高、低液位报警装置。

（5）5000 m^3 以上的储油罐进、出油管线应装设韧性软管补偿器。

（6）浮顶罐的浮顶与罐壁之间应有两根截面积不小于 25 mm^2 的软铜线连接。

（7）浮顶罐竣工投产前和检修投用前，应对浮船进行不少于两次的起降试验，合格后方可使用。

（8）储油罐应有符合设计的防雷、防静电接地装置，每年雷雨季前对其检测合格并备案。

（9）1000 m^3 及以上的储油罐顶部应有手提灭火器、石棉被等。

（10）罐顶阀体法兰跨线应用软铜线连接完好。

9）油罐区

（1）阀门应编号挂牌，必要时上锁。

（2）防火堤与消防路之间不应植树。

（3）防火堤内应无杂草、无可燃物。

（4）油罐区排水系统应设水封井，排水管在防火堤外应设阀门。

3．然气处理

1）天然气增压

（1）压缩机的吸入口应有防止空气进入的措施。

（2）压缩机的各级进口应设凝液分离器或机械杂质过滤器。分离器应有排液、液位控制和高液位报警及放空等设施。

（3）压缩机应有完好的启动及事故停车安全联锁并有可靠的防静电装置。

（4）压缩机间宜采用敞开式建筑结构。当采用非敞开式结构时，应设可燃气体检测报警装置或超浓度紧急切断联锁装置。机房底部应设计安装防爆型强制通风装置，门窗外开，并有足够的通风和泄压面积。

（5）压缩机间电缆沟宜用砂砾埋实，并应与配电间的电缆沟严密隔开。

（6）压缩机间气管线宜地上铺设，并设有进行定期检测厚度的检测点。

（7）压缩机间应有醒目的安全警示标志和巡回检查点和检查卡。

（8）新安装或检修投运压缩机系统装置前，应对机泵、管道、容器、装置进行系统氮气置换，置换合格后方可投运，正常运行中应采取可靠的防空气进入系统的措施。

2）天然气脱水

（1）天然气原料气进脱水之前应设置分离器。原料气进脱水器之前及天然气容积式压缩机和泵的出口管线上，截断阀前应设置安全阀。

（2）天然气脱水装置中，气体应选用全启式安全阀，液体应选用微启式安全阀。安全阀弹簧应具有可靠的防腐蚀性能或必要的防腐保护措施。

3）天然气脱硫殛尾气处理

（1）酸性天然气应脱硫、脱水。对于距天然气处理厂较远的酸性天然气，管输产生游离水时应先脱水，后脱硫。

（2）在天然气处理及输送过程中使用化学药剂时，应严格执行技术操作规程和措施要求，并落实防冻伤、防中毒和防化学伤害等措施。

（3）设备、容器和管线与高温硫化氢、硫蒸气直接接触时，应有防止高温硫化氢腐蚀的措施；与二氧化硫接触时，应合理控制金属壁温。

（4）脱硫溶液系统应设过滤器。进脱硫装置的原料气总管线和再生塔均应设安全阀。连接专门的卸压管线引入火炬放空燃烧。

（5）液硫储罐最高液位之上应设置灭火蒸汽管。储罐四周应设防火堤和相应的消防设施。

（6）含硫污水应预先进行汽提处理，混合含油污水应送入水处理装置进行处理。

（7）在含硫容器内作业，应进行有毒气体测试，并备有正压式空气呼吸器。

（8）天然气和尾气凝液应全部回收。

（八）注水、注汽（气）与注聚合物及其他助剂

1．注水

（1）注水作业现场应设置安全警示标识。

（2）注水设备上的安全防护装置应完好、可靠，设备的使用和管理应定人、定责、安全附件应定期校验。

（3）注水泵出口弯头应定期进行测厚。法兰、阀门等连接要牢固，发现刺、渗、漏应及时停泵处理。严禁超压注水。

（4）应控制泵房内的噪声。

2．注汽

1）安装

（1）蒸汽发生器安装单位应具有相应资质并经企业主管部门批准后方可承担蒸汽

发生器的安装。

（2）安装单位应将本单位技术负责人批准的按规定内容和格式编写的施工方案经企业主管部门批准后方可开工。

（3）安装前，安装单位应对发生器进行洋细的检查并按设计图纸进行安装，如有变更应征得相关部门的同意。

（4）水压试验前，专业检验单位应对其全面检查和记录，安装结束后，安装单位应出具质量证明文件，由专业检验单位监督检验工作完成后，出具《安装质量监督检验报告》。

（5）监督检验合格，安装单位提供规定的资料后，由企业主管部门组织进行总体验收，通过后取得相关登记手续和使用登记证后方可使用。

2）使用管理

操作人员经专业培训考试取得特种设备安全操作证后方可持证上岗。

湿蒸汽发生器的修理、改造、定期检验报废、及安全附件与仪表应符合规定程序并满足国家现行标准油田专用湿蒸汽发生器安全规定的要求。

3）井口装置

（1）注汽井口各部分零部件应齐全完好。

（2）注汽前单向阀全部打开检查，单向阀反向水压试验不渗不漏，试压合格后方可使用。

（3）停止注汽后或中途停注维修注汽管线时，应关闭总阀门和干线阀门，打开测试阀门放空并维修管线。

（4）重新启用的井口应检查和试压合格。

4）注汽管网

（1）管线施工验收时，应经试压合格方可投产。

（2）对注汽管线及阀组应定期进行检测和监测，并加强巡线检查。

（3）在运行的蒸汽发生器设备和管线处设置警示标志。

5）注汽井的测试

（1）测试施工时风力应不大于五级并在白天进行。

（2）测试施工过程中不应关闭注汽生产阀门和总阀门。

（3）测试施工人员应穿戴防烫伤的工作服、手套、工作鞋及防护眼镜。

（4）防喷管、入井钢丝、电缆、仪器及仪表应满足测试工况要求。

3．注气

（1）注气站场应设高、低压放空系统，放空火炬应设置可靠的点火设施和防止火雨设施。

（2）有机热载体炉燃气系统应设稳压装置（或调压器）、过滤器、火焰熄灭报警装置。

（3）空气压缩机和仪表风管网应设联锁装置，当管网压力降低时，空压机能自动启动。

（4）注气压缩机应设单向闽和自动联锁停车装置，注气管线至井口应设单向流动装置和紧急放空阀、自动联锁装置，注气井口应设自动保护系统，自动保护系统应能自动关闭井口。可燃气体压缩机的厂房应符合石油天然气工程设计防火和油气集输设计规范的设计要求。

4．注聚合物及其他助剂

1）聚合物配制站和注入站

（1）站区严禁吸烟和使用明火。各种压力容器的安全阀、液面计、压力表应由专人负责定期检验，有记录并存档。

（2）消防器材、消防工具应定人定期检查保养并记录。

（3）定期巡回检查设备、设施，各种操作压力、液位应符合规定要求，保证机泵、电气设备应有接地线，并执行电气检查维护等电气安全操作规程。

（4）容器和场地照明杆应设置防雷接地装置，厂房内的起重设备要有良好的接地装置。

2）聚合物配水间

（1）高压设备零部件齐全完好，闸门开关灵活，螺栓紧固、整齐。

（2）配水间阀组应有明显的标志。

（3）操作闷门时身体应侧面对着卸压部位和阀门丝杆部位。

井口油、套压表应安装防冻装置。井场平整、清洁，井场周围留有一定宽度的安全防护带。

严格执行起重设备、聚合物母液转输泵操作规程和操作程序，及时检查聚合物分散系统、熟化系统、微机监控系统、注聚泵等设备设施。

3）注聚泵

（1）皮带轮防护罩应安装牢固，各联接部位应无松动、无泄漏，缓冲器中的氮气压力应达到规定要求。

（2）注聚泵不应带压启动，启动后检查运转是否正常，定期检查流量、压力是否在规定的范围内，发现异常情况应立即停泵检查。

二、油气管道储运安全技术

（一）管道干线

1．管道线路

（1）输油气管道路由的选择，应结合沿线城市、村镇、工矿企业、交通、电力、水利等建设的现状与规划，以及沿线地区的地形、地貌、地质、水文、气象、地震等自然条件，并考虑到施工和日后管道管理维护的方便，确定线路走向。

（2）输油气管道不应通过城市水源地、飞机场、军事设施、车站、码头。因条件限制无法避开时，应采取保护措施并经国家有关部门批准。

（3）输油气管道沿线应设置里程桩、转角桩、标志桩和测试桩。

（4）输油气管道采用地上敷设时，应在人员活动较多和易遭车辆、外来物撞击的地段，采取保护措施并设置明显的警示标志。

（5）输油气管道管理单位应设专人定期对管道进行巡线检查，及时处理输油气管道沿线的异常情况，并依据石油天然气管道保护有关法律法规保护管道。

（6）管道水工保护：应根据现场实际情况实施管道水工保护。管道水工保护形式应因地制宜、合理选用；应定期对管道水工保护设施进行检查，并及时治理发现的问题。

2．线路截断阀

（1）输油气管道应根据管道所经过地区的地形、人口稠密度及重要建构筑物等情况设置线路截断阀。必要时应设数据远传、控制及报警功能。

（2）天然气管道线路截断阀的取样引压管应装根部截断阀。

（3）应定期对截断阀进行巡检。天然气管道截断阀附设的放空管接地应定期检测。

3．管道穿跨越

（1）输油气管道通过河流时，应根据河流的水文、地质、水势、地形、地貌、地震等自然条件及两岸的村镇、交通等现状，并要考虑管道的总体走向、管道管理维护的方便，选择合理的穿跨越位置及方式。

（2）穿跨越设计应符合国家现行标准关于原油和天然气管道工程穿跨越设计的有关规定。

（3）穿越河流管段在采用加配重块、石笼等方案施工时，应对防腐层有可靠的保护措施。

（4）每年的汛期前后，输油气管道的管理单位应对穿跨越河流管段进行安全检查，对不满足防洪要求的穿跨越河流管段应及时进行加固或敷设备用管段。

（5）汛期管道管理单位应及时了解输油气管道穿跨越河流上游洪水情况，采取防洪措施。上游水利、水库单位如有泄洪，应及时告知管道管理单位。

（6）位于水库下游冲刷范围内的管道穿跨越工程防洪安全要求，应根据地形条件、水库容量等进行防洪设计。管道穿跨越工程上游 20 km 冲刷范围内若需新建水库，水库建设单位应对管道穿跨越工程采取相应安全措施。

（二）输油气站场

1．选址和总平面布置

（1）站场选址应考虑地形、地貌、工程和水文地质条件。

（2）站场与相邻居民点、工矿企业和其他公用设施安全距离及站场内的平面布置，应符合国家现行标准关于输油、输气、管道工程设计的要求。

2．消防

（1）消防设施的设置应根据其规模、油品性质、存储方式、储存温度、火灾危险性及所在区域外部协作条件等综合因素确定。

（2）消防系统投运前应经当地消防主管部门验收合格。

（3）站场内建（构）筑物应配置灭火器，其配置类型和数量应符合建筑灭火器配置的相关规定。

（4）易燃、易爆场所应按规定设置可燃气体检测报警装置，并定期检定。

3．防雷、防静电

（1）站场内建构筑物的防雷，应在调查地理、地质、土壤、气象、环境等条件和雷电活动规律及被保护物特点的基础上，制定防雷措施。

（2）装置内露天布置的塔、容器等，当顶板厚度等于或大于 4 mm 时，可不设避雷针保护，但应设防雷接地。

（3）设备应按规定进行接地，接地电阻应符合要求并定期检测。

（4）工艺管网、设备、自动控制仪表系统应按标准安装防雷、防静电接地设施，并定期进行检查和检测。防雷接地装置接地电阻不应大于 10 Ω，仅做防感应雷接地时，接地电阻不应大于 30 Ω。每组专设的防静电接地装置的接地电阻不应大于 100 Ω。

4．安全保护设施

（1）对存在超压可能的承压设备，应设置安全阀。

（2）安全阀、调压阀、ESD 系统等安全保护设施及报警装置应完好，并应定期进行检测和调试。

（3）安全阀的定压应小于或等于承压设备、容器的设计压力。

（4）进出天然气站场的天然气管道应设置截断阀，进站截断阀的上游和出站截断阀的下游应设置泄压放空设施。

5．站场设备

（1）设备不应超温、超压、超速、超负荷运行。

（2）输油泵机组应有安全自动保护装置，并明确操作控制参数。

（3）应定期对原油加热炉炉体、炉管进行检测。间接加热炉还应定期检测热媒性能。

（4）对调节阀、减压阀、安全阀、高（低）压泄压阀等主要阀门应接相应运行和维护规程进行操作和维护，并按规定定期校验。

（5）管道的自动化运行应满足工艺控制和管道设备的保护要求，并应定期检定和校验。

（6）应定时记录设备的运转状况，定期分析输油泵机组、加热设备、储油罐等主要设备的运行状态。

（7）应对压力调节器、限压安全切断阀、线路减压阀和安全泄压阀设定参数进行测试。

（8）每台压缩机组至少应设置下列安全保护：

①进出口压力超限保护；

②原动机转速超限保护；

③启动气和燃料气限流超压保护；

④振动及喘振超限保护；

⑤润滑保护系统；

⑥轴承位移超限保护；

⑦干气密封系统超限保护；

⑧机组温度保护。

（9）输气站压缩机房的每一操作层及其高出地面 3 m 以上的操作平台（不包括单独的发动机平台），应至少有两个安全出口通向地面。操作平台的任意点沿通道中心线与安全出口之间的最大距离不得大于 25 m。安全出口和通往安全地带的通道，应保持畅通。

输油气站的进口处，应设置明显的安全警示牌及进站须知，并应对进入输油气站的外来人员告知安全注意事项及逃生路线等。

（三）防腐绝缘与阴极保护

（1）埋地输油气管道应采取防腐绝缘与阴极保护措施。

（2）应定期检测管道防腐绝缘与阴极保护情况，及时修补损坏的防腐层，调整阴极保护参数。

（3）埋地输油管道需要加保温层时，在钢管的表面应涂敷良好的防腐绝缘层。在保温层外应有良好的防水层。

（4）裸露或架空的管道应有良好的防腐绝缘层。带保温层的，应有良好的防水措施。

（5）对输油气站内的油罐、埋地管道，应实施区域性阴极保护。

（6）输油气管道全线阴极保护电位应达到或低于-0.85 V（相对 $Cu/CuSO_4$ 电极），但最低电位不应过负。

（7）输油气管道应避开有地下杂散电流干扰大的区域。电气化铁路与输油气管道平行时，应保持一定距离。管道因地下杂散电流干扰阴极保护时，应采取排流措施。

（8）管道阴极保护电位达不到规定要求的，经检测确认防腐层发生老化时，应及时安排防腐层大修。

（9）输油气站的进出站两端管道，应采取防雷击感应电流的措施。防雷击接地措施不应影响管道阴极保护效果。

（10）大型跨越管段有接地时穿跨越两端应采取绝缘措施。

（四）管道监控与通信

1．管道监控

（1）输油气生产的重要工艺参数及状态，应连续监测和记录；大型油气管道宜设置计算机监控与数据采集系统，对输油气工艺过程、输油气设备及确保安全生产的压力、温度、流量、液位等参数设置联锁保护和声光报警功能。

（2）安全检测仪表和调节回路仪表信号应单独设置。

（3）SCADA系统配置应采用双机热备用运行方式，网络采用冗余配置，且在一方出现故障时应能自动进行切换。

（4）重要场站的站控系统应采取安全可靠的冗余配置。

2．通信

（1）用于调控中心与站控系统之间的数据传输通道、通信接口应采用两种通信介质，双通道互为备用运行。

（2）输油气站场与调控中心应设立专用的调度电话。

（3）调度电话应与社会常用的服务、救援电话系统联网。

3．辅助系统

（1）SCADA系统以及重要的仪表检测控制回路应采用不间断电源供电。

（2）在下列情况下应加装电涌防护器：

①室内重要电子设备总电源的输入侧；

②室内通信电缆、模拟量仪表信号传输线的输入侧；

③重要或贵重测量仪表信号线的输入侧。

（五）管道试运投产

1．一般要求

（1）应制定投产方案并经审查批准。

（2）投产前应对管道清管。

（3）管道与设备投用前应进行强度试压和严密性试验。

（4）投产前应按照设计文件和施工验收规范对管道、站场、自动化、供配电、通信、安全等系统及其他辅助工程进行投产条件检查。

（5）投产前应对各单体设备进行试运。

（6）全线整体联合试运前，各单体设备、分系统应调试合格。

2．原油管道投产的安全技术要求

（1）应根据管道设备配置、管道原油的物性、管道沿线地温、管道敷设状况及社会依托情况确定投产方式。

（2）高凝原油投产应采取防凝管的安全技术措施。

3．天然气管道投产的安全技术要求

（1）管道投产进气前应进行干燥，干燥合格后的管道应采取防回潮措施。

（2）应对管道内的空气用氮气或其他惰性气体进行置换，氮气或惰性气体段的长度应保证到达置换管线末端时空气与天然气不混合。

（3）向管道内注氮时，进入管道的氮气温度不宜低于 5 ℃。

（4）置换过程中的混合气体应利用放空系统放空。并以放空口为中心设立隔离区并禁止烟火。

（5）置换进行时管道中氮气的排放应防止大量氮气聚集造成人员的窒息。管道中氮气量过大时应考虑提前多点排放。

（六）管道清管与检测

1．管道清管

（1）管道清管应制定科学合理的清管周期。对于首次清管或较长时间没有清管的管道，清管前应制定清管方案。

（2）对于结蜡严重的原油管道，应在清管前适当提高管道运行温度和输量，从管道的末端开始逐段清管。

（3）清管实施过程中应至少做好以下安全事项：

①清管器在管道内运行时，应保持运行参数稳定，及时分析清管器的运行情况，对异常情况应采取相应措施；

②进行收发清管器作业时，操作人员不应正面对盲板进行操作；

③在从收球筒中取出清管器和排除筒内污油、污物、残液时，应考虑风向；

④清除的液体和污物应收集处理，不应随意排放；

⑤输气管线清管应有防止硫化亚铁自燃的措施。

2．管道检测

（1）应按照国家有关规定对管道进行检测，并根据检测结果和管道运行安全状况，合理确定管道检测周期。

（2）管道内检测作业单位具有国家安全生产监督管理部门认可的检测资质。

（3）内检测实施过程中应落实以下安全事项：

①收发球筒的尺寸应满足内检测器安全运行的技术要求；

②管道及其三通、弯头、阀门、运行参数等应满足内检测器的通过要求；

③发送管道内检测器前，应对管道进行清管和测径；

④内检测器应携带定位跟踪装置。检测器发送前应调试运转正常，投运期间应进行跟踪和设标。

（4）内检测结束后，应根据检测结果，对存在的缺陷进行评估，确定合理的维修、维护措施，对于影响管道安全的严重缺陷，应立即安排修理。

（七）管道维抢修

应根据管道分布合理配备专职维抢修队伍，并定期进行技术培训。对管道沿线依托条件可行的，宜通过协议方式委托相应的管道维抢修专业队伍负责管道的维抢修工作。

应合理储备管道抢修物资。管材储备数量不应少于同规格管道中最大一个穿、跨越段长度；对管道的阀门、法兰、弯头、堵漏工（卡）具等物资应视具体情况进行相应的储备。

应合理配备管道抢修车辆、设备、机具等装备，并定期进行维护保养。

管道维抢修过程应至少落实以下安全事项：

（1）维抢修现场应划分安全界限，设置警戒线、警示牌。进入作业场地的人员应穿戴劳动防护用品。与作业无关的人员不应进入警戒区。

（2）对管道施焊前，应对焊点周围可燃气体的浓度进行测定，并制定防护措施。焊接操作期间，应对焊接点周围和可能出现的泄漏进行跟踪检查和监测。

（3）用于管道带压封堵、开孔的机具和设备在使用前应认真检查，确保灵活好用。必要时，应提前进行模拟试验。

（4）管道封堵作业时，管道内的介质压力应在封堵设备的允许压力之内。采用囊式封堵器进行封堵时，应避免产生负压封堵。

（5）管道维抢修作业坑应能满足施工人员的操作和施工机具的安装及使用。作业坑与地面之间应有安全逃生通道，安全逃生通道应设置在动火点的上风向。

管道维抢修结束后，应及时恢复地貌，整理竣工资料并归档。

第三章　案例分析

案例一　某铁矿采场危险有害因素分析和对策措施

某铁矿矿体埋深 0～600 m，倾角 75°，铁矿属鞍山式磁铁角闪石英岩型贫铁矿，控制走向长 1350 m，竖井开拓。本矿体埋藏均在第四系（厚 45～70 m）表土层以下，第四系为富含水层，矿体上盘直接顶板为变粒岩，石英岩，局部为黑云变粒岩，岩石较破碎，矿体下盘直接底板为碎裂岩，岩性为碎裂状黑云变粒岩，破碎带最厚可达 100 m，岩石破碎。顶板岩石的完整性和强度均优于底板岩石。地表为大片良田村庄，不允许塌落。矿山生产规模为 100 万 t/a 原矿。采矿方法选用分段空场法，矿石体重平均 3.44 t/m³，岩石体重 2.95 t/m³，松散系数均为 1.5，矿石抗压强度 2720～3140 kg/cm²，岩石抗压强度 170~1520 kg/cm²。留矿法有效矿块 23 个，矿块利用系数分别为 0.3。

一、问题

运用危险辨识理论对铁矿采场危险有害因素分析进行分析。

二、参考答案与分析

采场安全事故的类型相对比较多，主要为突水、地压、热害、电气事故等。地压事故是最危险的，由于采场作业，人员暴露在顶板下，顶板随时有垮落的危险；在生产过程中，由于打眼、爆破等作业，不甚同地下水沟通，造成突水事故等，同时由于开采深度的增加，地温增加，作业空间的温度升高，造成卫生条件恶化等，因而采场危险有害因素分析要全面，提出的措施要有针对性。

采场存在的危险、有害因素主要有地压、突水、热害、电气伤害等。

1. 引起矿井水害的原因

（1）地表雨水直接进入井下。

（2）探矿巷道贯通未探明的采空区、巷道或其他贮水体。

（3）地压作用使采空区、巷道或其他贮水体与生产场所连通。

（4）探矿巷道或掘进影响使井下巷道与含水层连通。

2. 地压危害

地压危害主要表现为巷道或采掘工作面的片帮、冒顶。巷道或采掘工作面的片帮、冒顶产生的直接危害是：

（1）巷道内人员的伤亡。

（2）破坏巷道内的设备、设施。

（3）破坏正常的生产系统。

（4）破坏巷道等。

3．热危害

（1）工作人员中暑。

（2）因过热消耗体力太大造成脱水甚至休克。

（3）工作效率下降，安全防护意识降低，容易诱发事故。

（4）由于环境温度高，设备周围散热不良，容易引起设备的损坏。

（5）由于环境温度升高，使矿石的氧化速率增大，从而产生大量的有毒有害气体。

4．电伤害

（1）人体触及正常状态下不带电，而当设备或线路故障（如漏电）时意外带电的金属导体（如设备外壳）发生电击。

（2）人体进入地面带电区域时，两脚之间承受到跨步电压造成电击。

（3）直接烧伤：当带电体与人体之间发生电弧时，有电流流过人体形成烧伤。

（4）接电弧烧伤是与电击同时发生的。

（5）间接烧伤：当电弧发生在人体附近时，对人体产生烧伤。包括融化了的炽热金属溅出造成的烫伤。

（6）电流灼伤：人体与带电体接触，电流通过人体由电能转换为热能造成的伤害。

案例二　某矿山企业应急预案编制及演练

为避免重大事故发生，某矿山企业决定编制应急救援预案。矿长将该任务指派给安全科，安全科成立了以科长为组长，科员甲、乙、丙、丁为成员的应急救援预案编制小组。

编制小组找来了一个相同类型企业 A 的应急救援预案，编制人员将企业 A 应急救援预案中的企业名称、企业介绍、科室名称、人员名称及有关联系方式全部按本厂的实际情况进行了更换，按期向矿长提交了应急救援预案初稿。此后，编制小组根据矿长的审阅意见，修改完善后形成了应急救援预案的最终版本，经厂长批准签字后下发全全厂有关部门。

一、问题

（1）指出该企业本次应急救援预案编制到下发的过程中存在的不足。

（2）该企业可采用哪些形式的应急演练？

（3）简要说明该企业应建立的应急预案体系结构。

二、参考答案

（1）存在的不足。

①预案编制小组组成不合理；

266

②预案未作危险分析；

③预案未评审；

④预案未组织宣传（教育、培训）；

⑤未作应急能力评估（应急分析）。

（2）桌面演练、现场演练、单项演练、综合演练。

（3）综合应急预案、专项应急预案、现场处置方案。

三、分析

1. 生产经营单位编制应急预案步骤

依据《生产经营单位生产安全事故应急预案编制导则》（GB/T 29639—2013）生产经营单位编制应急预案包括成立应急预案编制工作组、资料收集、风险评估、应急能力评估、编制应急预案和应急预案评审 6 个步骤。

1）成立应急预案编制工作组

生产经营单位应结合本单位部门职能和分工，成立以单位主要负责人（或分管负责人）为组长，单位相关部门人员参加的应急预案编制工作组，明确工作职责和任务分工，制定工作计划，组织开展应急预案编制工作。

2）资料收集

应急预案编制工作组应收集与预案编制工作相关的法律法规、技术标准、应急预案、国内外同行业企业事故资料，同时收集本单位安全生产相关技术资料、周边环境影响、应急资源等有关资料。

3）风险评估

风险评估主要内容包括：

（1）分析生产经营单位存在的危险因素，确定事故危险源；

（2）分析可能发生的事故类型及后果，并指出可能产生的次生、衍生事故；

（3）评估事故的危害程度和影响范围，提出风险防控措施。

4）应急能力评估

在全面调查和客观分析生产经营单位应急队伍、装备、物资等应急资源状况基础上开展应急能力评估，并依据评估结果，完善应急保障措施。

5）编制应急预案

依据生产经营单位风险评估及应急能力评估结果，组织编制应急预案。应急预案编制应注重系统性和可操作性，做到与相关部门和单位应急预案相衔接。

6）应急预案评审

应急预案编制完成后，生产经营单位应组织评审。评审分为内部评审和外部评审，内部评审由生产经营单位主要负责人组织有关部门和人员进行。外部评审由生产经营单位组织外部有关专家和人员进行评审。应急预案评审合格后，由生产经营单位主要负责人（或分管负责人）签发实施，并进行备案管理。

依据《生产安全事故应急演练指南》（AQ/T 9007—2011）应急演练按照演练内容分为综合演练和单项演练，按照演练形式分为现场演练和桌面演练，不同类型的演练可相互组合。

综合演练是针对应急预案中多项或全部应急响应功能开展的演练活动。

单项演练是针对应急预案中某项应急响应功能开展的演练活动。

现场演练是选择（或模拟）生产经营活动中的设备、设施、装置或场所，设定事故情景，依据应急预案而模拟开展的演练活动。

桌面演练是针对事故情景，利用图纸、沙盘、流程图、计算机、视频等辅助手段，依据应急预案而进行交互式讨论或模拟应急状态下应急行动的演练活动。

2. 生产经营单位应急预案体系

依据《生产经营单位生产安全事故应急预案编制导则》（GB/T 29639—2013）生产经营单位的应急预案体系主要由综合应急预案、专项应急预案和现场处置方案构成。生产经营单位应根据本单位组织管理体系、生产规模、危险源的性质以及可能发生的事故类型确定应急预案体系，并可根据本单位的实际情况，确定是否编制专项应急预案。风险因素单一的小微型生产经营单位可只编写现场处置方案。

1）综合应急预案

综合应急预案是生产经营单位应急预案体系的总纲，主要从总体上阐述事故的应急工作原则，包括生产经营单位的应急组织机构及职责、应急预案体系、事故风险描述、预警及信息报告、应急响应、保障措施、应急预案管理等内容。

2）专项应急预案

专项应急预案是生产经营单位为应对某一类型或某几种类型事故，或者针对重要生产设施、重大危险源、重大活动等内容而制定的应急预案。专项应急预案主要包括事故风险分析、应急指挥机构及职责、处置程序和措施等内容。

3）现场处置方案

现场处置方案是生产经营单位根据不同事故类别，针对具体的场所、装置或设施所制定的应急处置措施，主要包括事故风险分析、应急工作职责、应急处置和注意事项等内容。生产经营单位应根据风险评估、岗位操作规程以及危险性控制措施，组织本单位现场作业人员及相关专业人员共同进行编制现场处置方案。

案例三 某铝矾土矿事故调查分析

铝矾土矿井深 42 m，东西向为倾斜主巷道，主巷道两侧每隔 7～10 m 分 6 个中段开采。2002 年 5 月 16 日 22 时，矿主李某、技术员王某指挥 7 名矿工在井下第六中段作业。17日凌晨1时许，矿工刘某等4人打了9个炮眼，并装上炸药，由矿工张某放炮。张某点炮后到第五中段巷道躲炮，矿工邵某在第三中段巷道躲炮，甘某在第一中段巷道躲炮。响完两炮后，从第三中段巷道透出水来，5 min后第四中段以下巷道淹没。井下电缆被水冲毁，失去照明。邵某摸黑沿主巷道来到绞车旁，与甘某一起上井，将井下情况告诉技术员王某。王某立即带着矿工下井，发现水已漫到第三中段，井下5名矿工失踪，马上上井报告有关事故情况。接到事故报告后，有关部门立即组织县有关部门组织抢救，经过33 h的抢救，于18日15时将5名遇难矿工尸体运到地面。

一、问题

（1）请根据《企业职工伤亡事故分类标准》按事故发生的原因指出这次事故的类别。

（2）该事故的事故等级。

（3）请计算这次事故造成的损失工作日。

（4）发生事故后，企业应该向政府管理部门报告什么内容？政府管理部门应该上报到什么级别？

（5）指出此次事故调查组应该由哪些人组成？

二、参考答案

（1）透水事故。

（2）较大事故。

（3）30000 d。

（4）企业报告事故应当包括下列内容：

①事故发生单位概况；

②事故发生的时间、地点以及事故现场情况；

③事故的简要经过；

④事故已经造成或者可能造成的伤亡人数（包括下落不明的人数）和初步估计的直接经济损失；

⑤已经采取的措施；

⑥其他应当报告的情况。

该事故级别为较大事故，因此应逐级上报至省、自治区、直辖市人民政府安全生产监督管理部门和负有安全生产监督管理职责的有关部门。

（5）事故调查组由设区的市级关人民政府、安全生产监督管理部门、负有安全生产监督管理职责的有关部门、监察机关、公安机关以及工会派人组成，并应当邀请人民检察院派人参加。事故调查组可以聘请有关专家参与调查。

三、分析

1．事故类别

根据《企业职工伤亡事故分类标准》，事故类别包括以下 20 类：

（1）物体打击。

（2）车辆伤害。

（3）机械伤害。

（4）起重伤害。

（5）触电。

（6）淹溺。

（7）灼烫。

（8）火灾。

（9）高处坠落。

（10）坍塌。

（11）冒顶片帮。

（12）透水。

（13）爆破。

（14）火药爆炸。

（15）瓦斯爆炸。

（16）锅炉爆炸。

（17）容器爆炸。

（18）其他爆炸。

（19）中毒和窒息。

（20）其他伤害。

2．事故等级

《生产安全事故报告和调查处理条例》中根据生产安全事故（以下简称事故）造成的人员伤亡或者直接经济损失，事故一般分为以下等级：

（1）特别重大事故是指造成 30 人以上死亡，或者 100 人以上重伤（包括急性工业中毒，下同），或者 1 亿元以上直接经济损失的事故。

（2）重大事故是指造成 10 人以上 30 人以下死亡，或者 50 人以上 100 人以下重伤，或者 5000 万元以上 1 亿元以下直接经济损失的事故。

（3）较大事故是指造成 3 人以上 10 人以下死亡，或者 10 人以上 50 人以下重伤，或者 1000 万元以上 5000 万元以下直接经济损失的事故。

（4）一般事故是指造成 3 人以下死亡，或者 10 人以下重伤，或者 1000 万元以下直接经济损失的事故。

其中，所称的"以上"包括本数，所称的"以下"不包括本数。

依据《事故伤害损失工作日标准》（GB/T 15499—1995）死亡或永久性全失能伤害的损失工日定为 6000 d。本案例死亡 5 分，因此，共损失 30000 d。

3．事故上报规定

依据《生产安全事故报告和调查处理条例》第十条安全生产监督管理部门和负有安全生产监督管理职责的有关部门接到事故报告后，应当依照下列规定上报事故情况，并通知公安机关、劳动保障行政部门、工会和人民检察院：

（1）特别重大事故、重大事故逐级上报至国务院安全生产监督管理部门和负有安全生产监督管理职责的有关部门。

（2）较大事故逐级上报至省、自治区、直辖市人民政府安全生产监督管理部门和负有安全生产监督管理职责的有关部门。

（3）一般事故上报至设区的市级人民政府安全生产监督管理部门和负有安全生产监督管理职责的有关部门。

4．报告事故内容

（1）事故发生单位概况。

（2）事故发生的时间、地点以及事故现场情况。

（3）事故的简要经过。

（4）事故已经造成或者可能造成的伤亡人数（包括下落不明的人数）和初步估计的直接经济损失。

（5）已经采取的措施。

（6）其他应当报告的情况。

依据《生产安全事故报告和调查处理条例》第十九条特别重大事故由国务院或者国务院授权有关部门组织事故调查组进行调查。

重大事故、较大事故、一般事故分别由事故发生地省级人民政府、设区的市级人民政府、县级人民政府负责调查。省级人民政府、设区的市级人民政府、县级人民政府可以直接组织事故调查组进行调查，也可以授权或者委托有关部门组织事故调查组进行调查。

未造成人员伤亡的一般事故，县级人民政府也可以委托事故发生单位组织事故调查组进行调查。

事故调查组的组成应当遵循精简、效能的原则。根据事故的具体情况，事故调查组由有关人民政府、安全生产监督管理部门、负有安全生产监督管理职责的有关部门、监察机关、公安机关以及工会派人组成，并应当邀请人民检察院派人参加。事故调查组可以聘请有关专家参与调查。

案例四　某铁矿事故案例分析

2011 年 11 月 29 日 4 时，A 铁矿 390 平巷直竖井的罐笼在提升矿石时发生卡罐故障，罐笼被撞破损后卡在距离井口 2.5 m 处，当班绞车工甲随即升井向矿长乙和维修工丙报告后，乙和丙下井检修。丙在没有采取任何防护措施的情况下，3 次对罐笼角、井筒护架进行切割与焊接，切割与焊接作业至 7 时结束。随后，乙和丙升井返回地面。丙在切割与焊接作业时，切割下来的高温金属残块及焊渣掉落在井槽充填护壁的荆笆上，造成荆笆着火，引燃井筒木质护架可燃物，引发火灾。

当日 7 时 29 分，甲在绞车房发现提升罐笼的钢丝绳异动，前往井口观察，发现直竖井内起火，当即返回绞车房，关闭向井下送电的电源开关。并立即升井向乙和丙报告。随后甲和丙一起下井，到达 390 平巷时烟雾很大，能见度不足 5 m，甲和丙前行到达离起火直竖井约 300 m 处，无法继续前行，遂返回地面向乙汇报，乙立即报警，调矿山救护队救援，并启动 A 矿山应急救援预案。

截至 11 月 27 日 10 时，核实井下被困人员共 122 人，其中救护队救出 52 人，70 人遇难，遇难人员中包括周边的 4 座铁矿 61 名井下作业人员。事故调查发现，A 铁矿与周边的 4 座铁矿越巷开采，井下巷道及未回填的采空区互相贯通，各矿均未形成独立的矿井通风系统，且安全出口和标志均不符合安全规定。

事故发生后，人员伤亡后所支出的费用 9523 万元，善后处理费用 3052 万元，财产损失 1850 万元，停产损失 580 万元，处理环境污染费用 5 万元。

一、问题

（1）该起事故的直接经济损失为（　　）万元。

A　8523　　B　12575　　C　14425　　D　15005　　E　15010

（2）试分析该事故的直接原因和间接原因。

二、参考答案

（1）C。

（2）直接原因：丙没有采取任何防护措施的情况下，对罐笼角、井筒护架进行切割与焊接。

间接原因：可能有作业人员安全教育不够、安全管理制度缺失、安全操作规程不健全、对现场工作缺乏检查或指导错误。

三、分析

（一）依据一

依据《企业职工伤亡事故经济损失统计标准》（GB 6721—1986），事故直接经济损失的统计范围为：

272

1．人身伤亡后所支出的费用。

（1）医疗费用（含护理费用）。

（2）丧葬及抚恤费用。

（3）补助及救济费用。

（4）歇工工资。

2．善后处理费用

（1）处理事故的事务性费用。

（2）现场抢救费用。

（3）清理现场费用。

（4）事故罚款和赔偿费用。

3．财产损失价值。

（1）固定资产损失价值。

（2）流动资产损失价值。

4．间接经济损失的统计范围

（1）停产、减产损失价值。

（2）工作损失价值。

（3）资源损失价值。

（4）处理环境污染的费用。

（5）补充新职工的培训费用（见附录）。

（6）其他损失费用。

（二）依据二

依据《企业职工伤亡事故调查分析规则》（GB 6442—1986）

1．属于下列情况者为直接原因

（1）机械、物质或环境的不安全状态。

（2）人的不安全行为。

2．属下列情况者为间接原因

（1）技术和设计上有缺陷—工业构件、建筑物、机械设备、仪器仪表、工艺过程、操作方法、维修检验等的设计、施工和材料使用存在问题。

（2）教育培训不够、未经培训、缺乏或不懂安全操作技术知识。

（3）劳动组织不合理。

（4）对现场工作缺乏检查或指导错误。

（5）没有安全操作规程或不健全。

（6）没有或不认真实施事故防范措施，对事故隐患整改不力。

（7）其他。

案例五 某尾矿库溃坝事故案例分析

2008 年 7 月 30 日 18 时 24 分,某黄金矿业有限责任公司在进行尾矿库坝体加高施工时发生溃坝,约 12 万 m^3 尾矿下泄,造成 15 人死亡、2 人失踪、5 人受伤、76 间房屋毁坏。直接经济损失 200.65 万元。

事故经过:2008 年 7 月 30 日下午,某黄金矿业有限责任公司组织 1 台推土机和一台自卸汽车及 4 名作业人员在尾矿库进行坝体加高作业。18 时 24 分左右,在第四期坝体外坡,坝面出现蠕动变形,并向坝外移动,随后产生剪切破坏,沿剪切口有泥浆喷出,瞬间发生溃坝,形成泥石流,冲向坝下游的左山坡,然后转向右侧,约 12 万 m^3 尾矿下泄到距坝脚约 200 余米处,其中绝大部分尾矿渣滞留在坝脚下方的 200 m 至 70 m 范围内,少部分尾矿及污水流入米粮河。正在施工的 1 台推土机和 1 台自卸汽车及 4 名作业人员随溃坝尾矿渣滑下。下泄的尾矿造成 15 人死亡,2 人失踪,5 人受伤,76 间房屋毁坏淹没的特大尾矿库溃坝事故。

1997 年 7 月、2000 年 5 月和 2002 年 7 月,该公司在没有勘探资料、没有进行安全条件论证、没有正规设计的情况下擅自实施了三期坝、四期坝和五期坝加高扩容工程;使得尾矿库的实际坝顶标高达到+750 m,实际坝高达 50 m,均超过原设计 16 m;下游坡比实为 1:1.5,低于安全稳定的坡比,形成高陡边坡,造成尾矿库坝体处于临界危险状态。

该矿山的矿石属氧化矿,经选矿后,尾矿颗粒较细,在排放的尾矿粒度发生变化后,该公司没有采取相应的筑坝和放矿方式,并且超量排放尾矿,造成库内尾矿升高过快,尾矿固结时间缩短,坝体稳定性变差。

由于尾矿库坝体稳定性处于临界危险状态,2008 年 4 月,该公司又在未报经安监部门审查批准的情况下进行六期坝加高扩容施工,将 1 台推土机和 1 台自卸汽车开上坝顶作业,使总坝的坝顶标高达到+754 m,实际坝高达 54 m,加大了坝体承受的动静载荷,加大了高陡边坡的坝体滑动力,加速了坝体失稳。

在此过程中,工程师王某私自为该黄金矿业公司提供了不符合工程建设强制性标准和行业技术规范的增容加坝设计图。某安全技术服务有限公司没有针对该矿业公司尾矿库实际坝高已经超过设计坝高和企业擅自三次加高扩容而使该尾矿库已成危库的实际状况,作出不符合现状的安全评价结论。

一、问题

(1)指出该事故的事故等级。

(2)指出此次事故调查组应该由哪些人组成?

(3)试分析该事故的直接原因和间接原因。

二、参考答案

（1）重大事故。

（2）事故调查组由省级关人民政府、安全生产监督管理部门、负有安全生产监督管理职责的有关部门、监察机关、公安机关以及工会派人组成，并应当邀请人民检察院派人参加。事故调查组可以聘请有关专家参与调查。

（3）直接原因：

①该公司在尾矿库坝体达到最终设计坝高后，未进行安全论证和正规设计，而擅自进行三次加高扩容，形成了实际坝高 50 米、下游坡比为 1:1.5 的临界危险状态的坝体。

②在 2008 年 4 月，该公司未进行安全论证、环境影响评价和正规设计，又违规组织对尾矿库坝体加高扩容，致使坝体下滑力大于极限抗滑强度，导致坝体失稳，发生溃坝事故。

（4）间接原因：

①工程师王某私自为该黄金矿业公司提供了不符合工程建设强制性标准和行业技术规范的增容加坝设计图。对该矿决定并组织实施增容加坝起到误导作用，是造成事故的主要原因。

②某安全技术服务有限公司没有针对该矿业公司尾矿库实际坝高已经超过设计坝高和企业擅自三次加高扩容而使尾矿库已成危库的实际状况，作出不符合现状的安全评价结论。评价报告的内容与尾矿库的实际现状不符，作出该尾矿库属运行正常库的错误结论。对继续使用危库和实施第四次坝体加高起到误导作用。

③该公司安全管理不到位、安全责任不落实，没有进行安全条件论证、采用非正规设计，未报经安监部门审查批准的情况下进行坝加高扩容施工。

三、分析

《生产安全事故报告和调查处理条例》规定"指造成 10 人以上 30 人以下死亡，或者 50 人以上 100 人以下重伤，或者 5000 万元以上 1 亿元以下直接经济损失的事故"为重大事故。

依据《生产安全事故报告和调查处理条例》第十九条重大事故由事故发生地省级人民政府负责调查。事故调查组由有关人民政府、安全生产监督管理部门、负有安全生产监督管理职责的有关部门、监察机关、公安机关以及工会派人组成，并应当邀请人民检察院派人参加。事故调查组可以聘请有关专家参与调查。

依据《企业职工伤亡事故调查分析规则》（GB 6442—1986）。

1．属于下列情况者为直接原因

（1）机械、物质或环境的不安全状态。

（2）人的不安全行为。

2．属下列情况者为间接原因

（1）技术和设计上有缺陷—工业构件、建筑物、机械设备、仪器仪表、工艺过程、操作方法、维修检验等的设计、施工和材料使用存在问题。

（2）教育培训不够、未经培训、缺乏或不懂安全操作技术知识。

（3）劳动组织不合理。

（4）对现场工作缺乏检查或指导错误。

（5）没有安全操作规程或不健全。

（6）没有或不认真实施事故防范措施，对事故隐患整改不力。

（7）其他。

附　录　A
（资料性附录）
上游式尾矿坝的渗流计算简法

将计算条件下的滩长换算为化引滩长，从而得到高于计算库水位的化引库水位。

化引滩长可按下式计算：

（1）放矿水覆盖绝大部分滩面时：

$$L_h=3.3L^{0.48}$$

（2）放矿水覆盖部分滩面时：

$$L_h=2.26L^{0.645}$$

式中　L_h——化引滩长，mm；

　　　L　——计算滩长，m。

按化引库水位和化引滩长，用二相均质渗流计算方法确定浸润线。取其下游坝坡范围内的线段作为坝下游坡部分的浸润线。

从下游坡浸润线上端点至计算库水位水边线用对数曲线连接成光滑曲线，即为沉积滩部分的浸润线。